普通高等教育“十二五”规划教材

机电工程控制基础

主　编　吴炳胜
副主编　荀　杰

北　京
冶金工业出版社
2020

内容简介

本书是普通高等教育“十二五”规划教材，主要作为机械设计制造及自动化专业基础课教材使用。全书共分9章。第1章对机电工程控制理论进行介绍，通过实例讲述控制技术在工程实践中的应用；第2章讲述传递函数的定义及典型环节的传递函数以及系统传递函数方框图的绘制方法；第3章讨论了系统在典型输入信号作用下的时间响应，介绍了提高系统快速性的方法；第4章对误差与偏差进行分析，介绍了求取系统稳态误差的方法；第5章介绍了频率特性的基本概念，详细讨论了各典型环节的极坐标图及对数坐标图的绘制；第6章介绍了两种判据形式和稳定性储备的定义以及求取方法；第7章根据时域和频域性能指标分析了系统性能，并介绍了系统校正的方法；第8章对非线性系统的特性进行了介绍，提出了非线性系统性能的改善方法以及非线性的应用；第9章讲述了线性离散系统的构成以及开闭环系统的脉冲传递函数的建立方法。本书附录中的拉氏变换、z变换内容可供读者阅读时查询。

本书也可作为机械设计制造及自动化专业大专师生的参考书，同时可供相关专业科研与技术人员阅读。

图书在版编目(CIP)数据

机电工程控制基础/吴炳胜主编．—北京：冶金工业出版社，2011.8（2020.2重印）
普通高等教育“十二五”规划教材

ISBN 978-7-5024-5704-4

Ⅰ.①机…　Ⅱ.①吴…　Ⅲ.①机电工程—控制系统—高等学校—教材　Ⅳ.①TH-39

中国版本图书馆CIP数据核字(2011)第167222号

出 版 人　陈玉千
地　　址　北京市东城区嵩祝院北巷39号　邮编　100009　电话　(010)64027926
网　　址　www.cnmip.com.cn　电子信箱　yjcbs@cnmip.com.cn
责任编辑　杜婷婷　美术编辑　彭子赫　版式设计　孙跃红
责任校对　王永欣　责任印制　李玉山
ISBN 978-7-5024-5704-4
冶金工业出版社出版发行；各地新华书店经销；北京虎彩文化传播有限公司印刷
2011年8月第1版，2020年2月第2次印刷
787mm×1092mm　1/16；13.5印张；323千字；204页
29.00元

冶金工业出版社　投稿电话　(010)64027932　投稿信箱　tougao@cnmip.com.cn
冶金工业出版社营销中心　电话　(010)64044283　传真　(010)64027893
冶金工业出版社天猫旗舰店　yjgycbs.tmall.com
（本书如有印装质量问题，本社营销中心负责退换）

前　言

随着现代科学技术的发展，机电液产品已经越来越多地应用到了工程实践中，而作为主要技术之一的控制技术则在其中起着越来越重要的作用。机电工程控制基础作为机械工程类专业一门重要的专业基础课，其内容需要随着技术进步不断地更新。本书针对于普通高校本科生的理解能力，对机电工程控制的内容进行了适当调整，对重点内容进行了细化，删除了非线性的内容，增加了拉氏变换的环节，特别是在如何把控制论使用在机电工程生产过程的问题上进行了详细的阐述，使学生能够清楚地理解控制技术的作用及如何使用控制技术。

机电工程控制作为一门重要学科，它的形成、发展以及对该理论的论述过程本身体现了科学的方法论。为了培养学生客观、理性和实证的科学精神，本书强调基本概念和基本方法，注重方法论述的逻辑性和严谨性。实践教学对于现代本科学生来说是必不可少的环节，本书在论述过程中根据工科学生的具体情况，紧密结合控制理论与机电工程实际，增加了工程实践中的机械和电气例题来解释说明相应的基本理论和基本方法，以使其能很好地在理论学习和实践应用之间起到桥梁的作用。

本书的主要内容包括：绪论、系统数学模型的建立、系统的时域和频域分析、系统稳定性分析、系统校正、非线性系统、离散系统初步及拉普拉斯变换 z 变换等，其中标 * 的章节为选学或自学内容。

本书由吴炳胜任主编，荀杰任副主编，王蕊、商德勇、吴迪参编。具体分工为：第 1 章、第 8 章由商德勇执笔，第 2 章、第 3 章、附录由荀杰执笔，第 5 章由吴炳胜执笔，第 6 章、第 9 章由王蕊执笔，第 4 章、第 7 章由吴迪执笔，最后由吴炳胜、荀杰定稿。

限于编者的水平，不足之处在所难免，希望读者提出批评建议，我们衷心地表示感谢！

编　者

2011 年 6 月于河北工程大学

前 言

目　　录

1 绪 论

1.1 概 述

在科学技术飞速发展的今天，自动控制技术和理论已经成为现代化社会不可缺少的组成部分。自动控制技术及理论已经广泛地应用于机械、冶金、石油、化工、电子、电力、航空、航海、航天、核反应堆等各个领域。近年来，控制学科的应用范围还扩展到交通管理、生物医学、生态环境、经济管理、社会科学和其他许多社会生活领域，并为各学科之间的相互渗透起到了促进作用。自动控制技术的应用不仅使生产过程实现自动化，从而提高了劳动生产率和产品质量，降低生产成本，提高经济效益，改善劳动条件，使人们从繁重的体力劳动和单调重复的脑力劳动中解放出来，而且在人类征服大自然、探索新能源、发展空间技术和创造人类社会文明等方面都具有十分重要的意义。

自动控制理论是研究关于自动控制系统组成、分析和设计的一般性理论，是研究自动控制共同规律的技术科学。学习和研究自动控制理论是为了探索自动控制系统中变量的运动规律和改变这种运动规律的可能性和途径，为建立高性能的自动控制系统提供必要的理论根据。作为现代的工程技术人员和科学工作者，都必须具备一定的自动控制理论基础知识。

在机电工程问题上，机械、电气、液压和计算机被广泛采用，而且常常互相渗透、相互配合，这就需要结合机电液系统阐述工程上共同遵循的基本控制规律，即“机电工程控制基础”。例如，电梯可以不受乘员多少的影响按照人的要求准确地停在任一楼层，机床的数字控制可以实现工件的自动加工，导弹能够击中正在运动的目标，这些都离不开自动控制。

1.2 自动控制系统的基本概念

所谓自动控制，是指在无人直接参与的情况下，利用控制装置使被控对象（如机器、设备或生产过程等）的某些物理量（或工作状态）（如温度、压力、位置、速度等）准确地按照预期规律变化（或运行），如使空调能保持恒温；使数控机床能加工出预期的几何形状；使火炮控制系统能准确击中目标等。一般地说，如何使被控制量按照给定量的规律而变化，是控制系统所要完成的基本任务。学习机电工程控制基础要解决两个问题：**一是如何分析某个给定控制系统的工作原理、稳定性和过渡过程品质；二是如何根据实际需要来进行控制系统的设计，并用机、电、液、光等设备来实现这一设计系统。**前者主要涉及分析系统，后者是对控制系统的设计与综合实现。无论解决哪类问题，都必须具有丰富的控制理论知识，同时能以系统的而不是孤立的、动态的而不是静态的观点和方法来处理问题，才能实现预期的控制目的。

1.2.1 自动控制系统工作原理

在许多工业生产过程或生产设备运行中，为了保证正常的工作条件，往往需要对某些物理量（如温度、压力、流量、液位、电压、位移、转速等）进行控制，使其尽量维持在某个数值附近，或使其按一定规律变化。要满足这种需要，就应该对生产机械或设备进行及时的操作，以抵消外界干扰的影响。这种操作通常称为控制，用人工操作称为人工控制；用自动装置来完成称为自动控制。

图 1-1a 所示为人工控制水位保持恒定的供水系统。水池中的水位是被控制的物理量，简称被控量。水池这个设备是被控制的对象，简称被控对象。当水位在给定位置且流入、流出量相等时，它处于平衡状态。当流出量发生变化或水位给定值发生变化时，就需要对流入量进行必要的控制。在人工控制方式下，工人用眼观看水位情况，用脑比较实际水位与期望水位的差异并根据经验做出决策，确定进水阀门的调节方向与幅度，然后用手操作进水阀门进行调节，最终使水位等于给定值。只要水位偏离了期望值，工人便要重复上述调节过程。

图 1-1b 所示为水池水位自动控制系统的一种简单形式。图中用浮子代替人的眼睛，用来测量水位高低；另用一套杠杆机构代替人的大脑和手的功能，用来进行比较、计算误差并实施控制。杠杆的一端由浮子带动，另一端则连向进水阀门。当用水量增大时，水位开始下降，浮子也随之降低，通过杠杆的作用将进水阀门开大，使水位回到期望值附近。反之，若用水量变小，水位及浮子上升，进水阀关小，水位自动下降到期望值附近。整个过程中无需人工直接参与，控制过程是自动进行的。

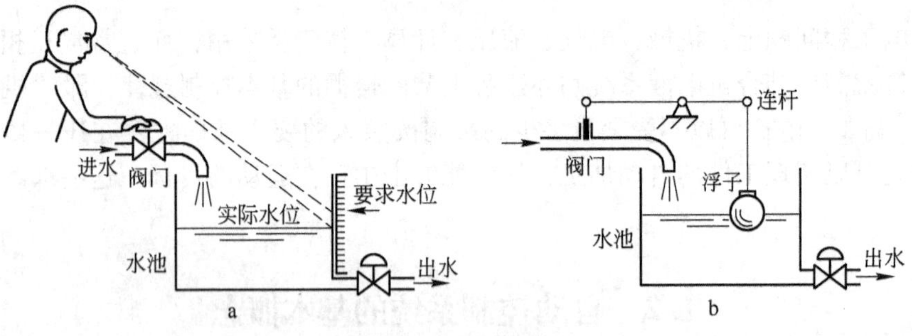

图 1-1 水位控制系统

a—人工控制的水位系统；b—简单的水位自动控制系统

图 1-1b 所示的系统虽然可以实现自动控制，但由于结构简陋而存在缺陷，主要表现在被控制的水位高度将随着出水量的变化而变化。出水量越多，水位就越低，偏离期望值就越远，误差越大。控制的结果，总存在着一定范围的误差值。这是因为当出水量增加时，为了使水位基本保持恒定不变，就得开大阀门，增加进水量。要开大进水阀，唯一的途径是浮子要下降得更多，这意味着实际水位要偏离期望值更多。这样，整个系统就会在较低的水位上建立起新的平衡状态。

为克服上述缺点，可在原系统中增加一些设备而组成较完善的自动控制系统，如图 1-2所示。这里，浮子仍是测量元件，连杆起着比较作用，它将期望水位与实际水位两者进行比较，得出误差，同时推动电位器的滑臂上下移动。电位器输出电压反映了误差的性质（大小和方向）。电位器输出的微弱电压经放大器放大后驱动直流伺服电动机，其转轴经减速器后拖动进水阀门，对系统施加控制作用。

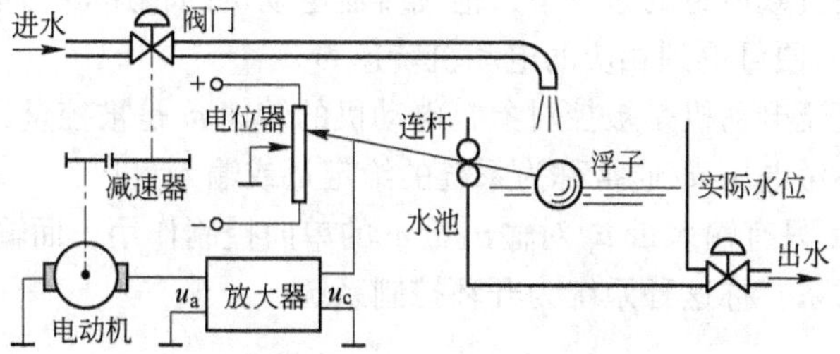

图 1-2 水位控制系统

在正常情况下，实际水位等于期望值，此时，电位器的滑臂居中，$u_c=0$。当出水量增大时，浮子下降，带动电位器滑臂向上移动，$u_c>0$，经放大后成为 u_a，控制电动机正向旋转，以增大进水阀门开度，促使水位回升。当实际水位回复到期望值时，$u_c=0$，系统达到新的平衡状态。

可见，该系统在运行时，无论何种干扰引起水位出现偏差，系统都要进行调节，最终总是使实际水位等于期望值，大大提高了控制精度。

上述人工控制系统和自动控制系统是极其相似的，执行机构类似于人手，测量装置相当于人的眼睛，控制器类似于人脑。另外，它们还有一个共同的特点，就是都要检测偏差，并根据检测到的偏差去纠正偏差，可见没有偏差便没有调节过程。在自动控制系统中，这一偏差是通过反馈建立起来的。给定信号也称为激励，给定量也叫控制系统的输入量；被控制量称为系统的输出量，输出信号也称为响应。反馈就是指输出量通过适当的测量装置将信号全部或部分返回输入端，并与之同时作用于系统的过程。反馈量与输入量的比较结果叫偏差。**因此，基于反馈基础上的“检测偏差用以纠正偏差”的原理又称为反馈控制原理**。利用反馈控制原理组成的系统称为反馈控制系统。实现自动控制的装置可以各不相同，但反馈控制的原理却是相同的，可以说，反馈控制是实现自动控制最基本的方法。

1.2.2 开环控制与闭环控制

工业上用的控制系统，根据有无反馈作用又可分为两类：开环控制系统与闭环控制系统。

（1）开环控制系统。如果系统的输出端和输入端之间不存在反馈回路，输出量对系统的控制作用没有影响，这样的系统称为开环控制系统。图 1-3 表示了开环控制系统输入量与输出量之间的关系。

（2）闭环控制系统。反馈控制系统也叫做闭环控制系统。这种系统的特点是系统的输出端和输入端之间存在反馈回路，即输出量对控制作用有直接影响。闭环的作用就是应用反馈来减少偏差。闭环控制突出的优点是精度高，不管出现什么干扰，只要被控制量的实际值偏离给定值时，闭环控制就会产生控制作用来减小这一偏差。图 1-4 表示了闭环控制系统输入量、输出量和反馈量之间的关系。

图 1-3a 所示的他励直流电动机转速控制系统就是一个开环控制系统。它的任务是控制直流电动机以恒定的转速带动负载工作。系统的工作原理是：调节电位器 R 的滑臂，使其输出给定参考电压 u_r。u_r 经电压放大和功率放大后成为 u_a，送到电动机的电枢端，用来控制电动机转速。在负载恒定的条件下，他励直流电动机的转速 ω 与电枢电压 u_a 成正比，只要改变给定电压 u_r,便可得到相应的电动机转速 ω 。

在本系统中，直流电动机是被控对象，电动机的转速 ω 是被控量，也称为系统的输出量或输出信号。把参考电压 u_r 通常称为系统的给定量或输入量。

就图 1-3a 而言，只有输入量 u_r 对输出量 ω 的单向控制作用，而输出量 ω 对输入量 u_r 却没有任何影响和联系，称这种系统为开环控制系统。

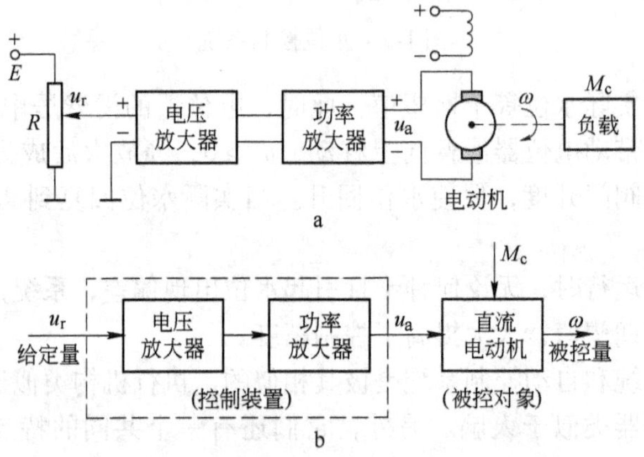

图 1-3 直流电动机转速控制系统

a—直流电动机转速开环控制系统；b—直流电动机转速开环控制系统方框图

直流电动机转速开环控制系统可用图 1-3b 所示的方框图表示。图中用方框代表系统中具有相应职能的元部件；用箭头表示元部件之间的信号及其传递方向。电动机负载转矩 M_c 的任何变动，都会使输出量 ω 偏离希望值，这种作用称之为干扰或扰动，在图 1-3b 中用一个作用在电动机上的箭头来表示。

开环控制系统精度不高和适应性不强的主要原因是缺少从系统输出到输入的反馈回路。若要提高控制精度，必须把输出量的信息反馈到输入端，通过比较输入值与输出值，产生偏差信号，该偏差信号以一定的控制规律产生控制作用，逐步减小以至消除这一偏差，从而实现所要求的控制性能。

在图 1-3a 所示的直流电动机转速开环控制系统中，加入一台测速发电机，并对电路稍作改变，便构成了如图 1-4a 所示的直流电动机转速闭环控制系统。

图 1-4a 中，测速发电机由电动机同轴带动，它将电动机的实际转速 ω（系统输出量）测量出来，并转换成电压 u_f，再反馈到系统的输入端，与给定值电压 u_r（系统输入量）进行比较，从而得出电压 $u_e = u_r - u_f$。由于该电压能间接地反映出误差的性质（即大小和正负方向），通常称之为偏差信号，简称偏差。偏差 u_e 经放大器放大后成为 u_a，用以控制电动机转速 ω。

直流电动机转速闭环控制系统可用图 1-4b 的方框图来表示。通常，把从系统输入量到输出量之间的通道称为前向通道；从输出量到反馈信号之间的通道称为反馈通道。方框图中用符号“⊗”表示比较环节，其输出量等于各个输入量的代数和。因此，各个输入量均须用正、负号表明其极性。图中清楚地表明，由于采用了反馈回路，信号的传输路径形成闭合回路，输出量反过来直接影响控制作用。这种通过反馈回路使系统构成闭环，并按偏差产生控制作用以减小或消除偏差的控制系统，即为闭环控制系统，或称为反馈控制系统。

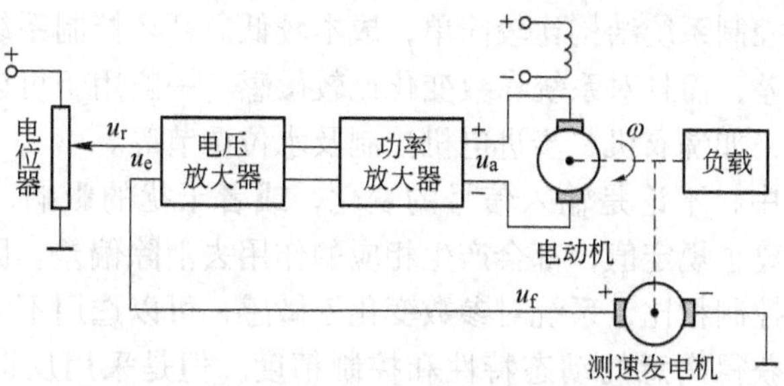

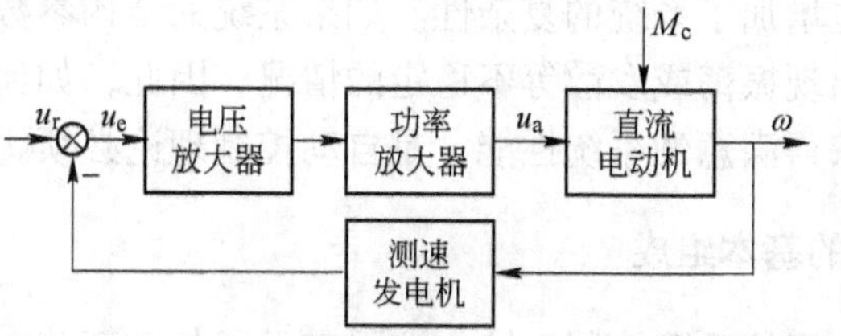

图 1-4　直流电动机转速闭环控制系统

a—直流电动机转速闭环控制系统；b—直流电动机转速闭环控制系统方框图

反馈分为正反馈和负反馈。正反馈是指扩大对系统的干扰，导致系统失稳。典型的正反馈的例子如：多年前，美国有人设计了一个别出心裁的游戏。他安排了一串多米诺骨牌，其中每一块是前一块的 1.5 倍。只要第一块多米诺骨牌倒翻，它马上撞击比它大的骨牌使其相继倒塌。他证明，只要按这种程序排列 32 块多米诺骨牌，最后一块将如纽约世界贸易中心的一座摩天大楼那么大。前一块多米诺骨牌的倒塌是对后一块骨牌的干扰，多米诺骨牌的机制是干扰的传递，当这种传递逐级放大时，就产生了干扰的放大，这就是正反馈机制了。在生产、生活中，正反馈的例子虽然没有负反馈多，但却也是常见的。一般所谓“恶性循环”导致系统的破坏，大都是由于正反馈的作用。

负反馈主要是通过输入、输出之间的差值作用于控制系统的其他部分。这个差值就反映了我们要求的输出和实际的输出之间的差别。控制器的控制策略是不停减小这个差值，以使差值变小。负反馈形成的系统，控制精度高，系统运行稳定。例如：当人打算要拿桌子上的水杯时，人首先要看到自己的手与杯子之间的距离，然后确定自己手的移动方向，手始向水杯移动。同时人的眼睛不停观察手与杯子的距离（该距离就是输入与输出的差值），而人脑（控制器）的作用就是不停控制手移动，以消除这个差值。直到手拿到杯子为止，整个过程也就结束了。从上面的例子可以看出，由负反馈形成的偏差是人准确完成拿杯子动作的关键。如果这个差值不能得到的话，整个动作也就没有办法完成了。负反馈一般是由测量元件测得输出值后，送入比较元件与输入值进行比较而得到的。

必须指出，在系统主反馈通道中，只有采用负反馈才能达到控制的目的。若采用正反馈，将使偏差越来越大，导致系统发散而无法工作。

闭环系统工作的本质机理是：将系统的输出信号引回到输入端，与输入信号相比较，利用所得的偏差信号对系统进行调节，达到减小偏差或消除偏差的目的。这就是负反馈控制原理，它是构成闭环控制系统的核心。

闭环控制是最常用的控制方式，我们所说的控制系统，一般都是指闭环控制系统。闭环控制系统是本课程讨论的重点。

一般来说，开环控制系统结构比较简单，成本较低。开环控制系统的缺点是控制精度不高，抑制干扰能力差，而且对系统参数变化比较敏感。一般用于可以不考虑外界影响或精度要求不高的场合，如洗衣机、步进电机控制及水位调节等。

在闭环控制系统中，不论是输入信号的变化，或者干扰的影响，或者系统内部的变化，只要是被控量偏离了规定值，都会产生相应的作用去消除偏差。因此，闭环控制抑制干扰能力强，与开环控制相比，系统对参数变化不敏感，可以选用不太精密的元件构成较为精密的控制系统，获得满意的动态特性和控制精度。但是采用反馈装置需要添加元部件，造价较高，同时也增加了系统的复杂性。如果系统的结构参数选取不适当，控制过程可能变得很差，甚至出现振荡或发散等不稳定的情况，因此，如何分析系统，合理选择系统的结构参数，从而获得满意的系统性能，是自动控制理论必须研究解决的问题。

1.2.3 反馈控制系统的基本组成

图1-5就是一个典型的反馈控制系统，该图表示了各个环节在系统中的位置及其相互间的关系。由图可以看出，一个典型的反馈控制系统主要包括测量环节、给定环节、比较环节、放大运算环节、执行环节及校正环节等。

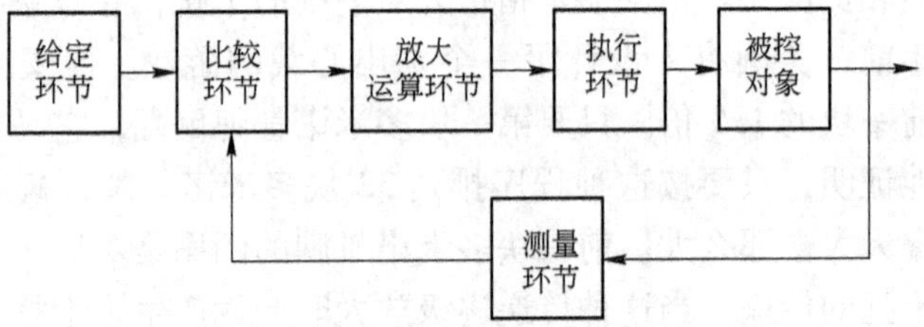

图1-5 反馈控制系统组成

（1）给定环节。主要用于产生给定信号或输入信号。

（2）测量环节。它测量被控量或输出量，产生反馈信号，该信号与输出量存在着确定的函数关系（通常为比例关系），如轮速传感器、光栅传感器等。

（3）比较环节。它用来比较输入信号和反馈信号之间的偏差。可以是一个差接的电路，它往往不是一个专门的物理元件。而自整角机、旋转变压器、机械式差动装置都是物理的比较元件。

（4）放大环节。它包括对偏差信号进行放大和功率放大的元件，如伺服功率放大器、电液伺服阀等。

（5）执行环节。它包括直接对控制对象进行操作的元件，如执行电动机、液压马达等。

（6）控制对象。控制系统所要操纵的对象，它的输出量即为系统的被控制量，如水箱、机床工作台等。

此外，有的控制系统还含有校正环节，或称为校正装置，用以稳定、提高控制系统性能。

1.2.4 自动控制系统的分类

自动控制系统的类型很多，它们的结构类型和所完成的任务也各不相同。

（1）按数学模型分。

1）线性控制系统。组成控制系统的元件都具有线性特性。这种系统的输入与输出的关系是线性的，符合叠加原理，一般可以用微分（差分）方程、传递函数、状态方程来描述其运动过程。线性系统的主要特点是满足叠加原理。

2）非线性控制系统。只要系统中含有一个元件具有非线性特性，系统不能用线性微分方程来描述，则称该系统为非线性控制系统。非线性系统一般不具备叠加性。

（2）按时间概念分。

1）定常系统。控制系统中所有的参数都不随时间而变化，这样的系统输入与输出关系可以用常系数的数学模型描述；若为线性系统，则称为线性定常系统。

2）时变系统。控制系统中的参数随时间的变化而变化。

实际中遇到的系统多少都有一些非线性和时变性，但多数都可以在一定的条件下合理地近似用线性定常系统处理。在经典控制论中研究的对象主要是单输入、单输出的线性定常控制系统。

（3）按信号的性质分。

1）连续系统。系统中各个参量的变化都是连续进行的，即系统中各处信号均为时间的连续函数。

2）离散系统。控制系统的给定量、反馈量、偏差量都是数字量，数值上不连续，时间上也是离散的。这种系统一般有采样控制系统和数字控制系统两种，其测量、放大、比较、给定等信号处理均由微处理器实现，主要特征是系统中含有采样开关或D/A、A/D转换装置。现在这种系统已随着微处理器的发展而日益增多。

连续系统中处理的变量为模拟量，如工业过程中出现的压力、流量、温度、位移等。离散系统中处理的变量为开关量或者数字量，如计算机内部处理的变量。在现代的控制形式中，多以计算机控制为主，即以计算机作为控制器，控制模拟量。在控制过程中涉及数模转换和模数转换。

（4）按给定量的运动规律分。

1）恒值调节系统。这类系统的输入是不随时间而变化的常数。当系统在扰动作用下，被控量偏离要求值时，主要的控制任务是克服各种扰动的影响，使被控量始终与给定输入要求值保持一致，如稳压电源、恒温系统、压力、流量等过程控制系统等。对于这类系统，分析重点在于克服扰动对输出量的影响。

2）程序控制系统。当系统输入量为已知给定的时间函数时，称为程序控制系统。这种系统控制的主要目的是保证被控制量能够按给定的时间函数变化。例如，热处理的升温过程，根据材料特性的要求，温度的升高必须按要求的时间函数进行；汽轮机启动时的升速过程等均需按时间函数进行。近年来，由于微处理器的发展，大量的数字程序控制系统投入了运行。

3）随动系统。这种系统的给定量是时间的未知函数，即给定量的变化规律事先无法确定，要求输出量能够准确、快速地复现给定量，这样的系统称为随动系统，也称伺服系统，如火炮自动瞄准飞机的系统、液压仿形刀架随动系统等。

除此以外，还可按系统参数特征分为集中参数系统和分布参数系统，按系统组成元件的物理性质又可分为电气控制系统、液压控制系统；按系统的被控量可分为液位控制系统、转速控制系统、流量控制系统等。

1.3　对控制系统的基本要求

自动控制系统根据其控制目标的不同，其要求也往往不一样。但自动控制技术是研究各类控制系统共同规律的一门技术，对控制系统有一个共同的要求，一般可归结为稳定性、准确性与快速性三个方面。

（1）系统的稳定性。由于系统存在着惯性，当系统的各个参数匹配不妥时，将会引起系统的振荡而失去正常工作的能力。稳定性就是指动态过程的振荡倾向和系统能否恢复平衡状态的能力，稳定性的要求是系统工作的首要条件。

（2）响应的准确性。这是指在调整过程结束后输出量与给定量之间的偏差，或称为静态精度，这也是衡量系统工作性能的重要指标。例如数控机床精度越高，则加工精度也越高。而一般恒温和恒速系统的控制精度都可在给定值的1%以内。

（3）响应的快速性。这是在系统稳定的前提下提出的，快速性是指当系统输出量与给定量之间产生偏差时，消除这种偏差过程的快速程度。

综上所述，对控制系统的基本要求是在稳定的前提下，系统要稳、准、快。由于受控对象的具体情况不同，各种系统对稳、准、快的要求各有侧重。例如，随动系统对快速性要求较高，而调速系统则对稳定性提出较严格的要求。同一系统的稳、准、快是相互制约的。快速性好，可能会有强烈振荡；改善稳定性，控制过程可能又过于迟缓，精度也可能变坏。分析和解决这些矛盾，也是本学科讨论的重要内容。对于机械动力学系统的要求，首要的也是稳定性，因为过大的振荡将会使部件过载而损坏，此外还要降低噪声、增加刚度等，这些都是控制理论研究的主要问题。

本书将从控制系统的三个特性着手，分别讨论系统的时域和频域响应、稳态误差、稳定性判据等。

1.4　自动控制简史

以“三论”（系统论、信息论、控制论）为代表的科学方法论，是一门新兴的学科，是20世纪以来最伟大的成果。它的崛起为人类认识世界和改造世界提供了新的有力武器。作为“三论”之一的“控制论”中的“控制”的概念，人们并不陌生。控制活动是一种普遍现象，自人类文明始，人类就有控制的尝试。人类文明是从制造第一把石刀开始的。与此同时，也就开始了“制造工艺过程”，开始了对制造工艺过程的“控制”。这时，对劳动着的原始人而言，手是执行装置，用以操作生产工具——石刀；感觉器官是检测装置，感受着制造过程中的各种消息；人脑是中枢控制装置，对所得的信息进行分析、比较、做出判断、决策。在制造石刀的过程中，人是控制者，工具（石刀）是被控制对象。控制就是反映人和工具关系的一个概念，控制工程是一门研究“控制论”在工程中应用的科学。“控制工程基础”主要阐述自动控制技术的基础理论及其分析问题与解决问题的基本方法。

控制论的产生有其自身的实践基础和理论基础。中国古代的指南车、风磨漏斗、木牛流马、地动仪、水运仪象台等，18 世纪英国的蒸汽机的调节器、19 世纪以来出现的以电信号为主的控制过程如数控机床等，这些都是人类生产过程中自动控制的实践证明。控制理论随着生产的机械化及电气技术的发展得到丰富与不断完善。第二次世界大战期间控制论创始人维纳（N. Wiener）在对火炮自动控制的研究中发现了极为重要的反馈（feedback）概念，他总结了包括生理学、信息论等诸多学科在内的前人成果，于 1948 年发表了著名的《控制论——关于在动物和机器中控制和通讯的科学》一文，奠定了控制论这门科学的基础。维纳发现，机器系统、生命系统甚至社会经济系统都有一个共同的特点，即通过信息的传递、加工处理和反馈来进行控制，也就具备了控制论的信息、反馈与控制三个要素，这就是控制论的中心思想。在控制论建立后的不长时间内，其中心思想便迅速渗透到其他许多学科领域，大大推动了近代科学技术的发展，并派生出许多新的边缘学科。1954 年我国学者钱学森运用控制论的思想和方法，首创了“工程控制论”，把控制论推广到其他领域。此后出现了生物控制论——运用控制论研究生命系统的控制与信息处理，经济控制论——运用控制论研究经济运行与发展问题，社会控制论——运用控制论研究社会管理与社会服务问题。

随着科技进步特别是计算机科学技术的发展，控制论无论是在三要素的内涵上，还是在其深度与广度上，均处于动态发展状态，对促进社会生产的发展与社会进步产生着深远的影响，就其发展过程，大体可分为以下三个阶段：

第一阶段：20 世纪 40 ~ 50 年代为经典控制理论发展时期。

经典控制论的内容是以传递函数为基础，主要研究单输入、单输出控制系统的分析和设计问题，实现的是单机、局部的自动化，如自动调节器、伺服系统等。对线性定常系统，这种方法是成熟而有效的。

第二阶段：20 世纪 60 ~ 70 年代为现代控制理论发展时期。

这期间随着计算机技术的发展和空间技术的进步，产生了把经典控制论中的高阶常微分方程转化为一阶微分方程组来描述系统的方法，即所谓状态空间法。这种方法可以解决多输入、多输出问题，实现的是多变量控制、最优控制，可以考虑多种变化因素，对非线性、时变系统也同样有效，如航天系统、导弹系统等。

第三阶段：20 世纪 70 年代末至今，控制论向着“大系统理论”和“智能控制论”发展。“大系统理论”是用控制和信息的观点研究大系统的结构方案、总体设计中的分析方法和协调问题，“智能控制论”是研究与模拟人类活动的机理，可实现规模庞大、结构复杂、变量参数多、多目标控制系统的控制，如智能机器人技术、生物系统、社会系统等。

回顾控制论发展的历程，它反映了人类社会由机械化步入电气化，继而走向自动化、信息化和智能化的时代特征。控制论的基本概念和研究方法是人类认识史上的一个飞跃，开辟了认识世界的新途径。从控制论的发展中可以看出，经典控制论是基础，现代控制论、智能控制论等都是在此基础上发展起来的。本书将主要介绍经典控制理论。

1.5 控制工程实践

1.5.1 电压调节系统

电压调节系统工作原理如图1-6所示。系统在运行过程中，不论负载如何变化，都要求发电机能够提供由给定电位器设定的规定电压值。在负载恒定、发电机输出规定电压的情况下，偏差电压 $\Delta u = u_r - u = 0$ ，放大器输出为零，电动机不动，励磁电位器的滑臂保持在原来的位置上，发电机的励磁电流不变，发电机在原动机带动下维持恒定的输出电压。当负载增加使发电机输出电压低于规定电压时，输出电压在反馈口与给定电压经比较后所得的偏差电压 $\Delta u = u_r - u > 0$ ，放大器输出电压 u_1 便驱动电动机带动励磁电位器的滑臂顺时针旋转，使励磁电流增加，发电机输出电压 u 上升。直到 u 达到规定电压 u_r 时，电动机停止转动，发电机在新的平衡状态下运行，输出满足要求的电压。

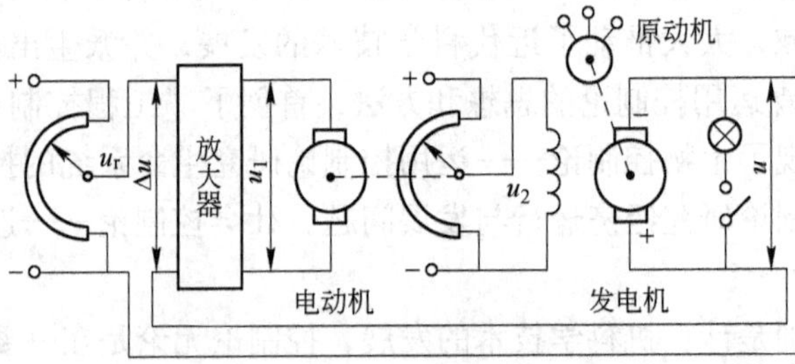

图1-6　电压调节系统原理图

系统中，发电机是被控对象，发电机的输出电压是被控量，给定量是给定电位器设定的电压 u_r 。系统方框图如图1-7所示。

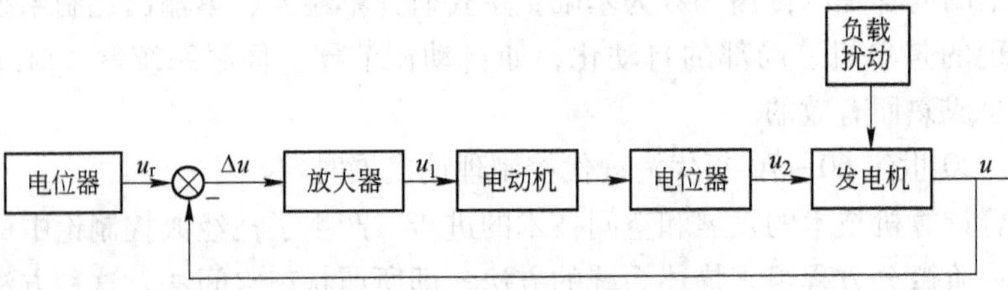

图1-7　电压调节系统方框图

1.5.2 函数记录仪

函数记录仪是一种通用记录仪，它可以在直角坐标上自动描绘两个电量的函数关系。同时，记录仪还带有走纸机构，用以描绘一个电量对时间的函数关系。

函数记录仪通常由衰减器、测量元件、放大元件、伺服电动机—测速机组、齿轮系及绳轮等组成，其工作原理如图1-8所示。系统的输入（给定量）是待记录电压，被控对象是记录笔，笔的位移是被控量。系统的任务是控制记录笔位移，在纸上描绘出待记录的电压曲线。

在图1-8中，测量元件是由电位器 R_Q 和 R_M 组成的桥式测量电路，记录笔就固定在电位器 R_M 的滑臂上，因此，测量电路的输出电压 u_p 与记录笔位移成正比。当有慢变的输入

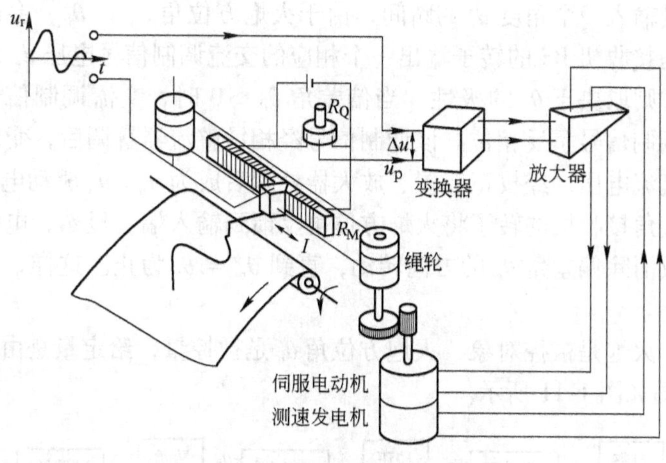

图 1-8　函数记录仪工作原理图

电压 u_r 时，在放大元件输入口得到偏差电压 $\Delta u = u_r - u_p$，经放大后驱动伺服电动机，并通过齿轮减速器及绳轮带动记录笔移动，同时使偏差电压减小。当偏差电压 $\Delta u = 0$ 时，电动机停止转动，记录笔也静止不动。此时 $u_p = u_r$，表明记录笔位移与输入电压相对应。如果输入电压随时间连续变化，记录笔便描绘出相应的电压曲线。

函数记录仪方框图见图 1-9。其中，测速发电机是校正元件，它测量电动机转速并进行反馈，用以增加阻尼，改善系统性能。

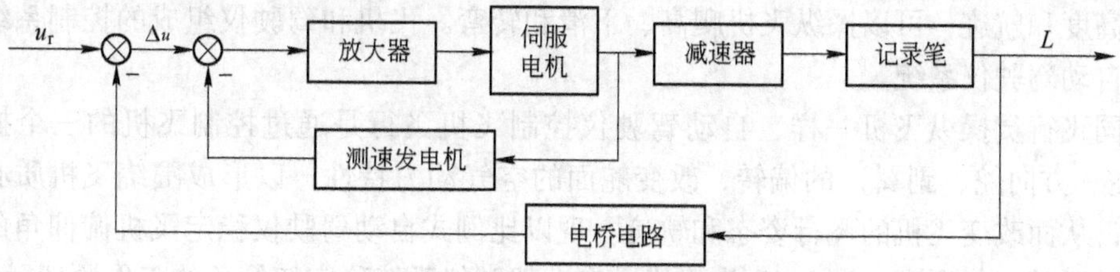

图 1-9　函数记录仪控制系统方框图

1.5.3　火炮方位角控制系统

采用自整角机作为角度测量元件的火炮方位角控制系统如图 1-10 所示。图中的自整角机工作在变压器状态，自整角发送机 BD 的转子与输入轴连接，转子绕组通入单相交流电；自整角接收机 BS 的转子则与输出轴（炮架的方位角轴）相连接。

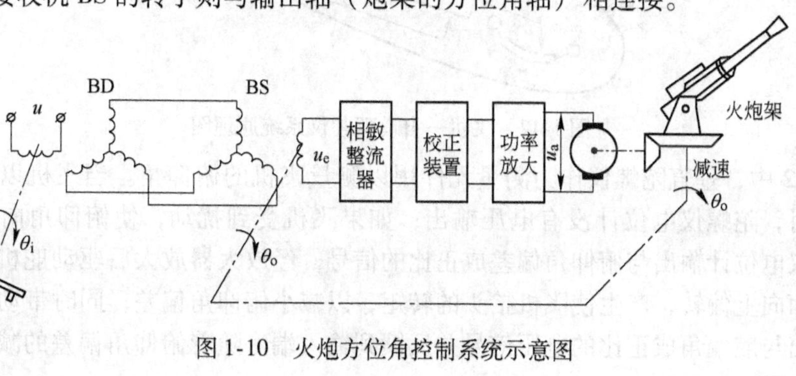

图 1-10　火炮方位角控制系统示意图

当转动瞄准具输入一个角度 θ_i 的瞬间，由于火炮方位角 $\theta_o \neq \theta_i$，会出现角位置偏差 θ_e。这时，自整角接收机 BS 的转子输出一个相应的交流调制信号电压 u_e，其幅值与 θ_e 的大小成正比，相位则取决于 θ_e 的极性。当偏差角 $\theta_e > 0$ 时，交流调制信号呈正相位；当 $\theta_e < 0$ 时，交流调制信号呈反相位。该调制信号经相敏整流器解调后，变成一个与 θ_e 的大小和极性对应的直流电压，经校正装置、放大器处理后成为 u_a。u_a 驱动电动机带动炮架转动，同时带动自整角接收机的转子将火炮方位角反馈到输入端。显然，电动机的旋转方向必须是朝着减小或消除偏差角 θ_e 的方向转动，直到 $\theta_o = \theta_i$ 为止。这样，火炮就指向了手柄给定的方位角上。

在该系统中，火炮是被控对象，火炮方位角 θ_o 是被控量，给定量是由手柄给定的方位角 θ_i。系统方框图如图 1-11 所示。

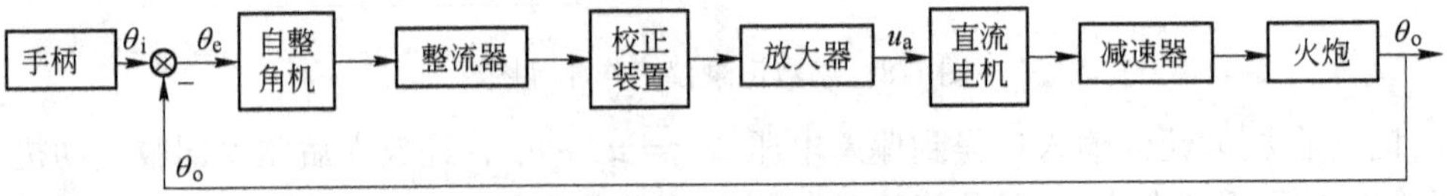

图 1-11 火炮方位角控制系统方框图

1.5.4 飞机—自动驾驶仪系统

飞机—自动驾驶仪是一种能保持或改变飞机飞行状态的自动装置。它可以稳定飞机的姿态、高度和航迹；可以操纵飞机爬高、下滑和转弯。飞机和驾驶仪组成的控制系统称为飞机—自动驾驶仪系统。

如同飞行员操纵飞机一样，自动驾驶仪控制飞机飞行是通过控制飞机的三个操纵面（升降舵、方向舵、副翼）的偏转，改变舵面的空气动力特性，以形成围绕飞机质心的旋转力矩，从而改变飞机的飞行姿态和轨迹。现以比例式自动驾驶仪稳定飞机俯仰角的过程为例，说明其工作原理。图 1-12 为飞机—自动驾驶仪系统稳定俯仰角的工作原理示意图。

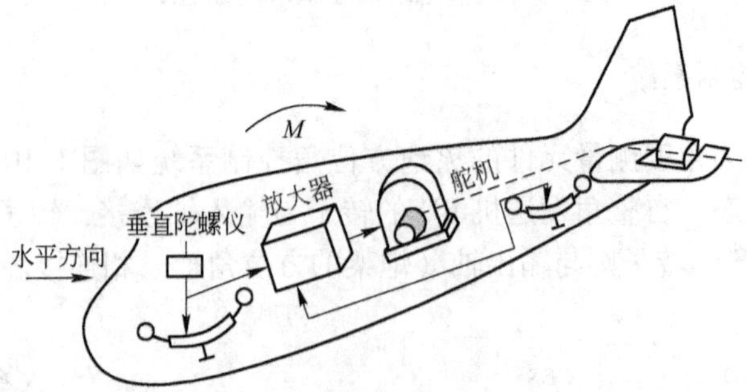

图 1-12 飞机—自动驾驶仪系统原理图

图 1-12 中，垂直陀螺仪作为测量元件用以测量飞机的俯仰角。当飞机以给定俯仰角水平飞行时，陀螺仪电位计没有电压输出；如果飞机受到扰动，使俯仰角向下偏离期望值，陀螺仪电位计输出与俯仰角偏差成正比的信号，经放大器放大后驱动舵机。一方面推动升降舵面向上偏转，产生使飞机抬头的转矩，以减小俯仰角偏差；同时带动反馈电位计滑臂，输出与舵偏角成正比的电压信号并反馈到输入端。随着俯仰角偏差的减小，陀螺仪

电位计输出的信号越来越小，舵偏角也随之减小，直到俯仰角回到期望值，这时，舵面也恢复到原来状态。

图 1-13 是飞机—自动驾驶仪俯仰角控制系统方框图。图 1-13 中，飞机是被控对象，俯仰角是被控量，放大器、舵机、垂直陀螺仪、反馈电位计等组成控制装置，即自动驾驶仪。参考量是给定的常值俯仰角，控制系统的任务就是在任何扰动（如阵风或气流冲击）作用下，始终保持飞机以给定俯仰角飞行。

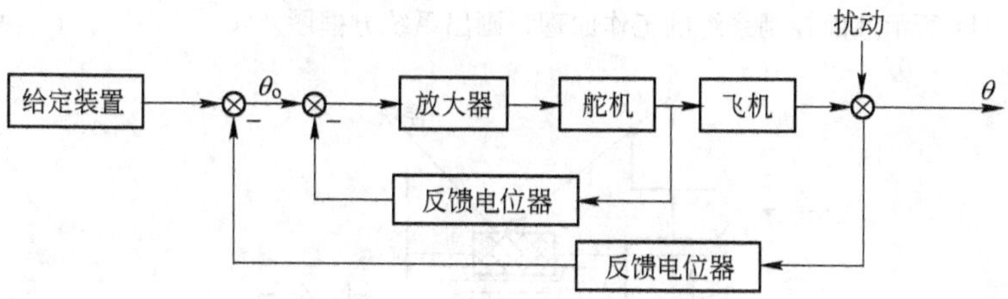

图 1-13　俯仰角控制系统方框图

1.6　本课程的特点与学习方法

本课程是一门技术基础课，以数学、物理及有关学科理论为基础，以机电工程中有关系统的动力学为研究对象，运用信息论、系统论和控制论的方法，建立起数理基础与专业课程之间的联系。本课程比较抽象，与理论力学、机械原理、电工电子学等技术基础课相比，概括性更高，涉及的范围更为广泛。读者在学习过程中将会清楚地了解到这一点。

本课程几乎涉及机电工程类专业在学习本课程前所学的全部数学知识，特别是工程数学中的复变函数和积分变换，还要用到所了解过的有关动力学的知识。因此学习本课程要求应有良好的数学、力学、电学的基础，有一定的机电工程（包括机械制造）方面的专业知识，还要有一定的其他学科领域的知识。

在学习本课程时，既要重视抽象思维，了解一般规律，又要充分注意与实际相结合，联系专业，努力实践；既要重视理论基础，善于从个性中概括出共性，又要注意工程实践，善于从共性出发深刻分析了解个性，努力学习用控制论的方法去抽象与解决实际问题的思路。当然，本课程还只能、也只能为此打下初步的基础。在学习的过程中，要重视实验，重视习题，尤其是要独立完成作业，要重视 Matlab 的实践，这些都有助于对基本概念的理解与基本方法的运用。

控制理论不仅是一门重要的学科，还是一门卓越的方法论。它提出、思考、分析与解决问题的思想方法符合唯物辩证法，符合现代物理学前沿领域中的成就。“他山之石，可以攻玉”，将控制论与机电工程结合起来，运用控制论的理论与方法来考察、提出、分析与解决机电工程中的问题，毕竟还有不完善之处。因此在学习本课程时，更应该大胆地思考问题，提出问题，研究问题，运用学习中反馈所获得的信息来总结经验，指导学习，不为教材所束缚。

思考题及习题

1-1　控制论的中心思想是什么？简述其发展过程。

1-2 试述控制系统的工作原理。

1-3 何谓开环控制与闭环控制？试比较它们的优缺点。

1-4 在下列这些持续运动的过程中，都存在信息的传输与反馈，试加以分析。

(1) 人骑自行车；(2) 人驾驶汽车；(3) 行驶中的船。

1-5 反馈控制原理是什么？试用框图表示反馈控制系统的组成及各部分之间的连接关系。

1-6 试述自动控制系统的基本类型。

1-7 试述对控制系统的基本要求。

1-8 试说明图 1-14 所示液面控制系统的工作原理，画出系统方框图。

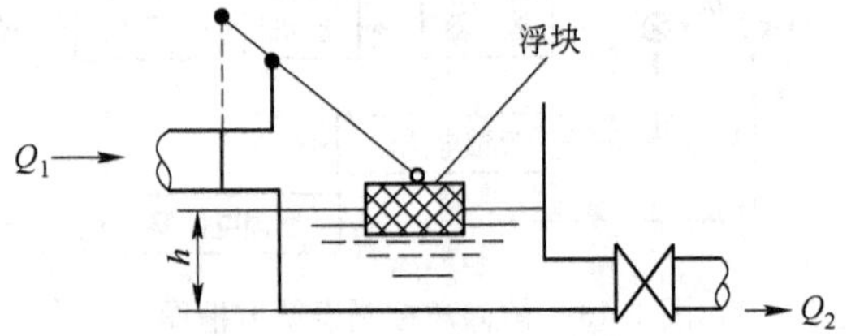

图 1-14 题 1-8 图示

1-9 图 1-15 为一恒温箱自动控制系统图。试分析该系统的工作原理，确定该系统的被控制对象和被控制量，并画出系统方框图。

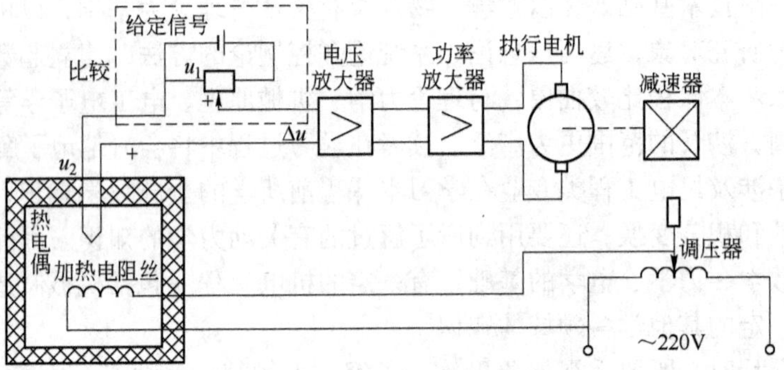

图 1-15 题 1-9 图示

1-10 某仓库大门自动控制系统的原理如图 1-16 所示，试说明自动控制大门开启和关闭的工作原理，并画出系统方框图。

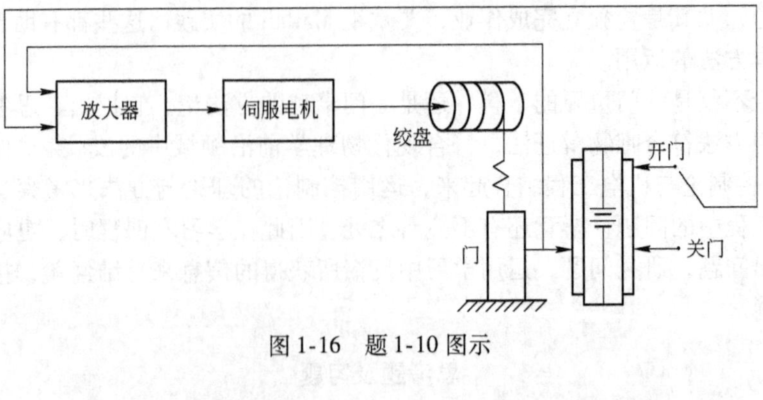

图 1-16 题 1-10 图示

2 控制系统的数学模型

控制系统的数学模型，是描述系统输入、输出以及内部各变量之间关系的数学表达式。建立描述控制系统的数学模型，是控制理论分析与设计的基础。一个系统，无论它是机械的、电气的、热力的、液压的，还是化工的等都可以用微分方程加以描述。对这些微分方程求解，就可以获得系统在输入作用下的响应（即系统的输出）。对数学模型的要求是，既要能准确地反映系统的动态本质，又便于系统的分析和计算工作。

建立控制系统的数学模型，一般采用解析法和实验法两种。解析法是对系统各部分的运动机理进行分析，根据所依据的物理规律或化学规律（例如，电学中有克希荷夫定律，力学中有牛顿定律，热力学中有热力学定律等）分别列写相应的运动方程。实验法是人为地给系统施加某种测试信号，记录其响应，按照物理量随时间的变化规律，用适当的数学模型去逼近，这种方法又称为系统辨识。近些年来，系统辨识已发展成一门独立的学科分支。本章主要采用解析法建立系统的数学模型。

数学模型有多种形式。时域中常用的数学模型有微分方程、差分方程和状态方程；复数域中有传递函数、方框图；频域中有频率特性等。本章只研究微分方程、传递函数和方框图等数学模型的建立及应用。

2.1 物理系统动态描述

微分方程是在时域中描述系统（或元件）动态特性的数学模型，利用它可以得到描述系统（或元件）动态特性的其他形式的数学模型。这里主要运用机理建模法对常见的机械、电气等物理系统建立其数学模型。

2.1.1 列写微分方程的一般方法

列写系统或元件的微分方程，目的在于确定系统输入量与输出量之间的数学关系，而系统由元件组成。用解析法列写系统或元部件微分方程的一般步骤是：

（1）根据系统的具体工作情况，确定系统或元部件的输入、输出变量；

（2）从输入端开始，按照信号的传递顺序，依据各变量所遵循的物理（或化学）定律，列写出各元部件的动态方程，一般为微分方程组；

（3）消去中间变量，写出输入、输出变量的微分方程；

（4）将微分方程标准化，即将与输入有关的各项放在等号右侧，与输出有关的各项放在等号左侧，各阶导数项按降幂排列。

2.1.2 机械系统的微分方程

机械系统的微分方程可以运用牛顿定律进行推导。下面通过举例说明机械系统微分方程的求取方法。

例 2-1 设有一个由弹簧、质量、阻尼器组成的机械平移系统，如图 2-1 所示。试列写出系统的数学模型。

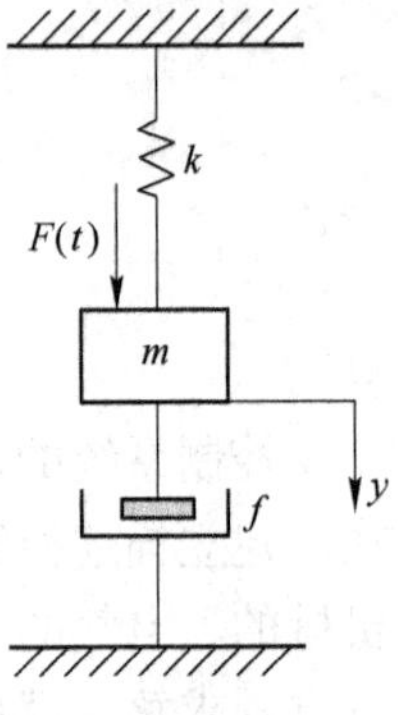

图 2-1 机械平移系统

解： 由牛顿第二定律有 $ma(t) = \sum F(t)$ ，即

$$m\frac{d^2y(t)}{dt^2} = F(t) - F_f(t) - F_k(t) = F(t) - f\frac{dy(t)}{dt} - ky(t)$$

整理得 $$\frac{m}{k}\times\frac{d^2y(t)}{dt^2} + \frac{f}{k}\times\frac{dy(t)}{dt} + y(t) = \frac{1}{k}F(t) \tag{2-1}$$

式中 m ——运动物体质量，kg；

y——运动物体位移，m；

f——阻尼器黏性阻尼系数，N · s/m；

$F_f(t)$ ——阻尼器黏滞摩擦阻力，它的大小与物体移动的速度成正比，方向与物体移动的方向相反，$F_f(t) = f\frac{dy(t)}{dt}$ ；

k——弹簧刚度，N/m；

$F_k(t)$ ——弹簧的弹性力，它的大小与物体位移（弹簧拉伸长度）成正比，$F_k(t) = ky(t)$ 。

运动方程式 2-1 即为此机械平移系统的数学模型。

例 2-2 设有一个由惯性负载、黏性摩擦阻尼器和弹性扭转弹簧组成的机械回转系统，如图 2-2 所示。外力矩 $M(t)$ 为输入信号，角位移 $\theta(t)$ 为输出信号，试列写出系统的数学模型。

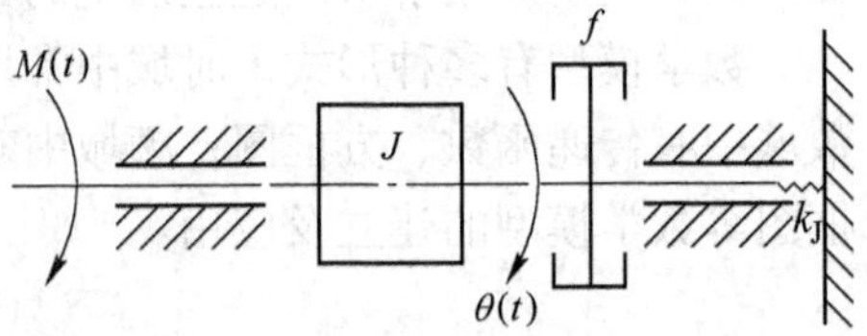

图 2-2 机械回转系统

解： 由牛顿第二定律，有 $J_e(t) = \sum M(t)$ ，即

$$J\frac{d^2\theta(t)}{dt^2} = M(t) - M_f(t) - Mk_J(t) = M(t) - f\frac{d\theta(t)}{dt} - k_J Q(t)$$

整理得 $$J\frac{d^2\theta(t)}{dt^2} + f\frac{d\theta(t)}{dt} + k_J Q(t) = M(t) \tag{2-2}$$

式中 J ——惯性负载的转动惯量，kg · m²；

θ ——转角，rad；

f ——黏性摩擦阻尼器的黏滞阻尼系数，N · m · s/rad；

k_J——扭转弹簧刚度，N · m/rad。

运动方程式 2-2 就是此机械旋转系统的数学模型。

例 2-3 设有如图 2-3 所示的齿轮传动链，试对传动链进行动力学分析。

解： 由电动机 M 输入的转矩为 T_m，L 为输出端负载，T_L 为负载转矩。图 2-3 中所示的 z_i 为各齿轮齿数，J_1、J_2、J_3 及 θ_1、θ_2、θ_3 分别为各轴及相应齿轮的转动惯量和转角。

假设各轴均为绝对刚性，即 $k_J\to\infty$ ，根据牛顿第二定律式可得如下动力学方程组

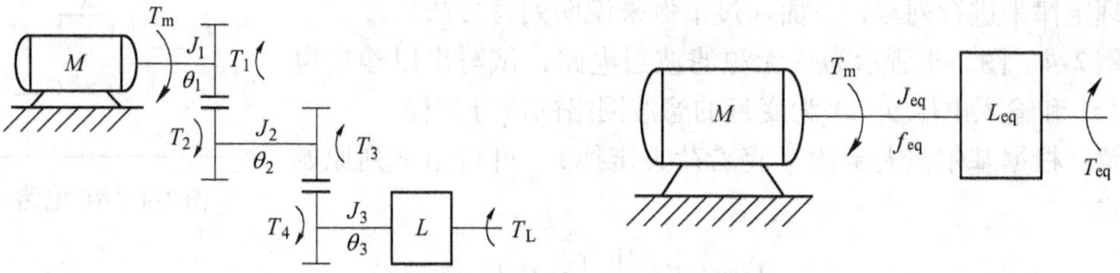

图 2-3 齿轮传动链

a—原始轮系图；b—等效轮系

$$\left.\begin{aligned} T_m &= J_1\ddot{\theta}_1 + f_1\dot{\theta}_1 + T_1 \\ T_2 &= J_2\ddot{\theta}_2 + f_2\dot{\theta}_2 + T_3 \\ T_4 &= J_3\ddot{\theta}_3 + f_3\dot{\theta}_3 + T_L \end{aligned}\right\} \tag{2-3}$$

式中 f_1，f_2，f_3——传动中各轴及齿轮的黏性阻尼系数；

T_1——齿轮 z_1 对 T_m 的反转矩，N·m；

T_2——z_1 对 T_1 的反转矩，N·m；

T_3——z_3 对 T_2 的反转矩，N·m；

T_4——z_4 对 T_3 的反转矩，N·m；

T_L——输出端负载对 T_4 的反转矩，即负载转矩。

由齿轮传动的基本关系可知：

$$T_2 = \frac{z_2}{z_1}T_1,\ \theta_2 = \frac{z_1}{z_2}\theta_1;\ T_4 = \frac{z_4}{z_3}T_3,\ \theta_3 = \frac{z_3}{z_4}\theta_2 = \frac{z_1z_3}{z_2z_4}\theta_1$$

于是由式 2-3 可得

$$T_m = J_1\ddot{\theta}_1 + f_1\dot{\theta}_1 + \frac{z_1}{z_2}\left[J_2\ddot{\theta}_2 + f_2\dot{\theta}_2 + \frac{z_3}{z_4}(J_3\ddot{\theta}_3 + f_3\dot{\theta}_3 + T_L)\right]$$

$$= \left[J_1 + \left(\frac{z_1}{z_2}\right)^2 J_2 + \left(\frac{z_1z_3}{z_2z_4}\right)^2 J_3\right]\ddot{\theta}_1 + \left[f_1 + \left(\frac{z_1}{z_2}\right)^2 f_2 + \left(\frac{z_1z_3}{z_2z_4}\right)^2 f_3\right]\dot{\theta}_1 + \left(\frac{z_1z_3}{z_2z_4}\right)T_L \tag{2-4}$$

令 $J_{eq} = J_1 + \left(\frac{z_1}{z_2}\right)^2 J_2 + \left(\frac{z_1z_3}{z_2z_4}\right)^2 J_3$，$J_{eq}$ 称为等效转动惯量；

令 $f_{eq} = f_1 + \left(\frac{z_1}{z_2}\right)^2 f_2 + \left(\frac{z_1z_3}{z_2z_4}\right)^2 f_3$，$f_{eq}$ 称为等效阻尼系数；

令 $T_{Leq} = \left(\frac{z_1z_3}{z_2z_4}\right)T_L$，$T_{Leq}$ 称为等效输出转矩。

则有

$$T_m = J_{eq}\ddot{\theta}_1 + f_{eq}\dot{\theta}_1 + T_{Leq} \tag{2-5}$$

则图 2-3a 所示传动装置可简化为图 2-3b 所示的等效齿轮传动装置。

2.1.3 电气系统的微分方程

电气系统的微分方程根据欧姆定律、基尔霍夫定律（克希荷夫定律）、电磁感应定律等物理定律来进行列写，下面通过举例来说明列写方法。

例 2-4 图 2-4 所示为一无源滤波器电路，试写出以输出电压 $u_o(t)$ 和输入电压 $u_i(t)$ 为变量的滤波网络的微分方程。

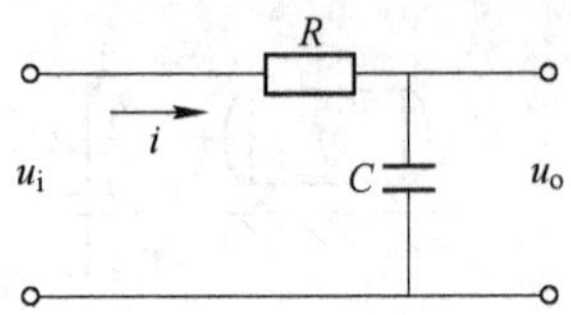

图 2-4 RC 电路

解： 根据基尔霍夫定律（克希荷夫定律），可写出下列原始方程式

$$\begin{cases} i(t)R + \dfrac{1}{C}\int i(t)\,\mathrm{d}t = u_i(t) \\ \dfrac{1}{C}\int i(t)\,\mathrm{d}t = u_o(t) \end{cases} \tag{2-6}$$

消去中间变量 $i(t)$ 后得到

$$RC\frac{\mathrm{d}u_o(t)}{\mathrm{d}t} + u_o(t) = u_i(t) \tag{2-7}$$

式 2-7 就是所求系统的微分方程。

以上所讨论的系统均具有线性微分方程，将具有线性微分方程的控制系统称为线性系统。对于一般研究的系统，其微分方程式的系数均为常数，称之为线性定常（或线性时不变）系统。线性系统具有以下特性：

（1）**叠加性**。线性系统满足叠加原理，即几个外作用施加于系统所产生的总响应等于各个外作用单独作用时产生的响应之和。

（2）**均匀性**。均匀性也称为齐次性，线性系统具有均匀性，就是说当加于同一线性系统的外作用数值增大几倍时，则系统的响应亦相应地增大几倍。

在线性系统分析中，线性系统的叠加性和齐次性是很重要的。

2.2 非线性系统及其数学模型的线性化

2.2.1 非线性系统

本章第 1 节讨论的元件和系统，假设都是线性的，因而，描述它们的数学模型也都是线性微分方程。系统或元件的输出与输入间的关系不满足叠加原理及均匀性原理的，称为非线性系统或元件。事实上，任何一个元件或系统总是存在一定程度的非线性。例如，弹簧的刚度与其形变有关，并不一定是常数；电阻 R、电感 L、电容 C 等参数值与周围环境（温度、湿度、压力等）及流经它们的电流有关，也不一定是常数；电动机本身的摩擦、死区等非线性因素会使其运动方程复杂化而成为非线性方程等。严格地说，实际系统的数学模型一般都是非线性的，而非线性微分方程没有通用的求解方法。因此，在研究系统时总是力图将非线性问题在合理、可能的条件下简化为线性问题处理。如果做某些近似处理或缩小一些研究问题的范围，可以将大部分非线性方程在一定的工作范围内近似用线性方程来代替，这样就可以用线性理论来分析和设计系统。虽然这种方法是近似的，但它便于分析计算，在一定的工作范围内能反映系统的特性，在工程实践中具有实际意义。

判别系统的数学模型微分方程是否是非线性的，可根据其中的函数及其各阶导数来断定，如出现高于一次的项，或导数项的系数是输出变量的函数，则此微分方程是非线性的。

机械系统中常见的一些非线性特性举例如下：

（1）**传动间隙**。由齿轮及丝杠螺母副组成的机床进给传动系统中，经常存在有传动间隙Δ（图2-5），使输入转角X_i和输出位移X_o间有滞环关系。只有消除了传动间隙，X_i与X_o才具有线性关系。

（2）**死区**。在死区范围内，有输入而无输出动作。负开口液压伺服阀具有典型死区特性，如图2-6所示。

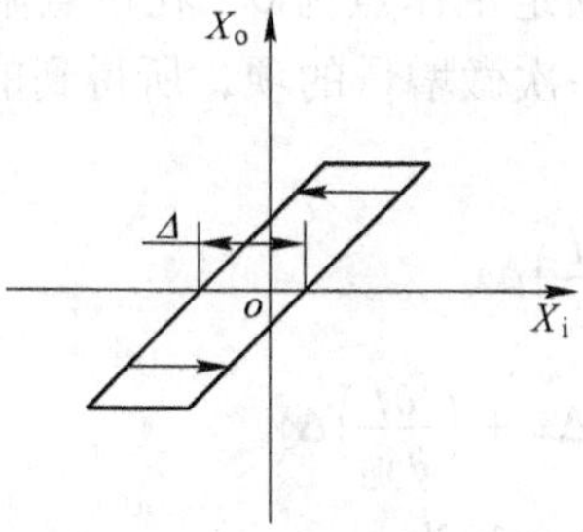

图2-5　传动间隙

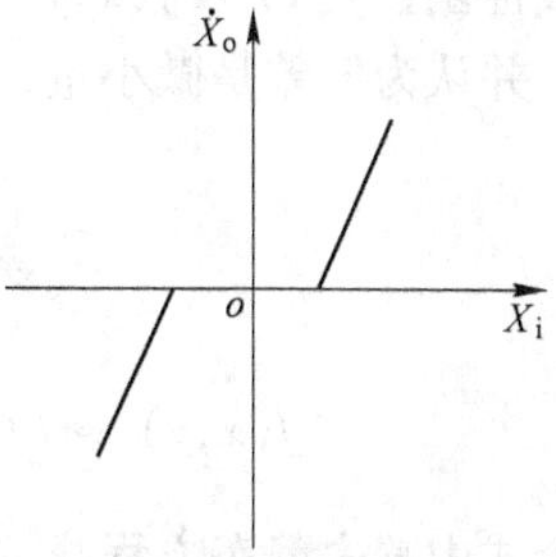

图2-6　死区

（3）**摩擦力**。机械滑动运动副，如机床滑动导轨运动副、主轴套筒运动副、活塞液压缸运动副等，在运动中都存在摩擦力。若假定为干摩擦力（也称库伦摩擦力），如图2-7所示，其大小为F，方向总是和速度x'的方向相反。实际上，运动副中的摩擦力与运动速度大小及其方向有关，如图2-8所示。图2-8中曲线可大致分为起始点的静动摩擦力、低速时混合摩擦力（摩擦力呈下降特性）以及黏性摩擦力（摩擦力随速度的增加而增加）。

由以上各种非线性性质可以看出，在工作点附近存在着不连续直线、跳跃、折线以及非单值关系等严重非线性性质的，称为**本质非线性性质**。在建立数学模型时，为得到线性方程，只能略去这些因素，得到近似解。若这种略去及近似带来的误差较大，那就只能用复杂的非线性处理方法来求解了。

不是像以上所说的严重非线性性质，称为**非本质非线性性质**。对于这种非线性性质，就可以在工作点附近用切线来代替。这时的线性化只有变量在其工作点附近作微小变化，即变量发生微小偏差时，误差才不致太大。非线性微分方程经线性化处理后，就变成线性微分方程了，可以采用普通的线性方法来分析和设计系统。因而这种近似方法，给我们带来了很大的方便。

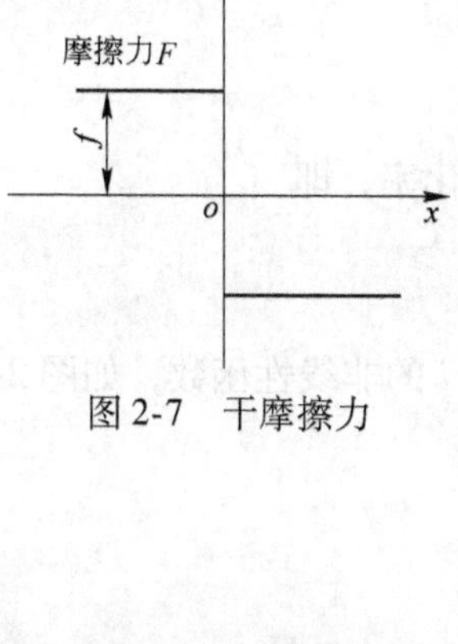

图2-7　干摩擦力

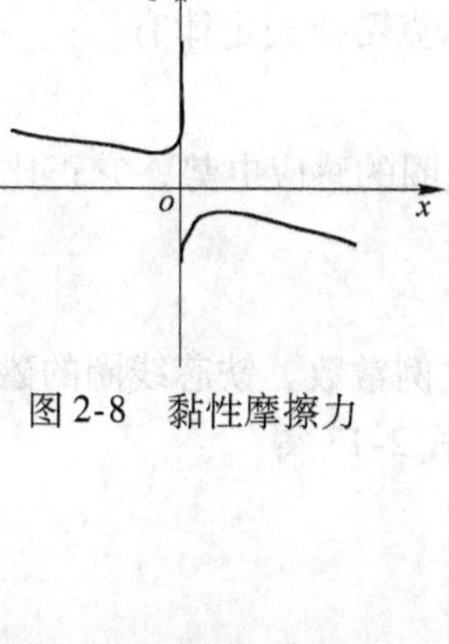

图2-8　黏性摩擦力

2.2.2 线性化方法——泰勒级数展开法

通常系统在正常工作时，都有一个预定工作点，即系统处于这一平衡位置。当系统受到扰动后，系统变量就会偏离预定点，也就是系统变量产生了不大的偏差。自动调节系统将进行调节，力图使偏离的系统变量达到平衡位置。因此，只要非线性函数的这一变量在预定工作点处有导数或偏导数存在，就可以在预定工作点附近将此非线性函数展成泰勒级数。

对于非线性函数$f(x)$及$f(x,y)$，假定系统的预定工作点为0，在该点附近将函数展成泰勒级数，并认为偏差是微小量，因而略去高于一次微增量的项，所得到的近似线性函数如下

$$f(x) \approx f(x_0) + \left(\frac{\mathrm{d}f}{\mathrm{d}x_0}\right)\Delta x \tag{2-8}$$

$$f(x,y) \approx f(x_0,y_0) + \left(\frac{\partial f}{\partial x_0}\right)\Delta x + \left(\frac{\partial f}{\partial y_0}\right)\Delta y \tag{2-9}$$

以上两个式中减去静态方程式，得以增量表示的方程为

$$\Delta f(x) \approx \left(\frac{\mathrm{d}f}{\mathrm{d}x_0}\right)\Delta x \tag{2-10}$$

$$\Delta f(x,y) \approx \left(\frac{\partial f}{\partial x_0}\right)\Delta x + \left(\frac{\partial f}{\partial y_0}\right)\Delta y \tag{2-11}$$

式2-10及式2-11就是非线性函数的线性化表达式。在应用中需注意以下几点：

(1) 式中的变量不是绝对量，而是增量。公式称为增量方程式。

(2) 预定工作点（额定工作点），若看做是系统广义坐标的原点，则有$x_0=0$，$y_0=0$，$f(x_0,y_0)=0$，$\Delta x=x-x_0$，$\Delta y=y-y_0=y$，因而式2-10、式2-11中的Δ去掉，增量可写为绝对量，公式中的变量为绝对量了。

(3) 若预定工作点不是系统冠以坐标的原点，这是普遍的情况。另外，系统的非线性微分方程$f(x)=f_1(x)+f_2(x)$（假定变量只有一个x）中$f_2(x)$仅为非线性项，那么当把$f_2(x)$应用式2-10线性化后，由于$f_2(x)$成为增量方程式，则$f(x)$及$f_1(x)$也必须把其中的变量改为增量，以组成系统的线性化微分方程。

(4) 如果增量并不很小，在进行线性化时，为了验证容许的误差值，需要分析泰勒公式中的余项。

例2-5 铁芯线圈如图2-9a所示。试列写以电压u_r为输入，电流i为输出的铁芯线圈的微分方程。

解： 根据克希荷夫定律有

$$u_r = u_1 + Ri \tag{2-12}$$

式中，u_1为线圈的感应电势，它正比于线圈中磁通变化率，即

$$u_1 = K_1\frac{\mathrm{d}\phi(i)}{\mathrm{d}t} \tag{2-13}$$

式中，K_1为比例常数。铁芯线圈的磁通是线圈中电流i的非线性函数，如图2-9b所示。将式2-12代入式2-13得

$$K_1 \frac{\mathrm{d}\phi(i)}{\mathrm{d}i} \times \frac{\mathrm{d}i}{\mathrm{d}t} + Ri = u_r \tag{2-14}$$

显然这是一个非线性微分方程。

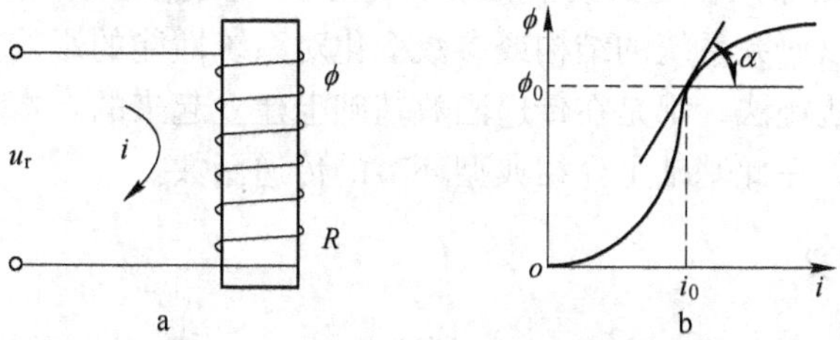

图 2-9 铁芯线圈及磁通 $\phi(i)$ 曲线

a—铁芯线圈原理图；b—磁通与线圈电流关系

如果在工作过程中，线圈的电压、电流只在平衡工作点（u_0, i_0）附近作微小的变化，$\phi(i)$ 在 i_0 的邻域内连续可导，则在平衡点 i_0 邻域内，磁通 ϕ 可表示成泰勒级数，即

$$\phi = \phi_0 + \left.\frac{\mathrm{d}\phi}{\mathrm{d}i}\right|_{i_0} \Delta i + \frac{1}{2!} \left.\frac{\mathrm{d}^2\phi}{\mathrm{d}i^2}\right|_{i_0} (\Delta i)^2 + \cdots$$

式中，$\Delta i = i - i_0$，当 Δi"足够小"时，略去高阶项，取其一次近似，有

$$\phi = \phi_0 + \left.\frac{\mathrm{d}\phi}{\mathrm{d}i}\right|_{i_0} \Delta i$$

式中，$\left.\frac{\mathrm{d}\phi}{\mathrm{d}i}\right|_{i_0}$ 为平衡点 i_0 处 $\phi(i)$ 的导数值，令它为 C_1，则有

$$\phi \approx \phi_0 + C_1 \Delta i$$

$$\phi - \phi_0 = \Delta\phi \approx C_1 \Delta i$$

上式表明，经小扰动线性化处理后，线圈中电流增量与磁通增量之间已经近似为线性关系了。

将式 2-14 中 u_r、ϕ、i 均表示成平衡点附近的增量方程，即

$$u_r = u_0 + \Delta u_r$$

$$i = i_0 + \Delta i$$

$$\phi \approx \phi_0 + C_1 \Delta i$$

将上述三式代入方程 2-14，消去中间变量并整理，可得

$$K_1 C_1 \frac{\mathrm{d}\Delta i}{\mathrm{d}t} + R\Delta i = \Delta u_r \tag{2-15}$$

式 2-15 就是铁芯线圈的线性化增量微分方程。在实际使用中，为简便起见，常常略去增量符号而写成

$$K_1 C_1 \frac{\mathrm{d}i}{\mathrm{d}t} + Ri = u_r \tag{2-16}$$

但必须明确，u_r 和 i 均为相对于平衡工作点的增量（小变化量），而不是本身的真正值。

2.3 系统的传递函数

控制系统的微分方程，是在时间域内描述系统动态性能的数学模型。通过求解描述系

统的微分方程，可以把握其运动规律，但计算量烦琐，尤其是对于高阶系统，难以根据微分方程的解，找到改进控制系统品质的有效方案。在 Laplace 变换的基础上，引入描述系统线性定常系统（或元件）在复数域中的数学模型——传递函数，不仅可以表征系统的动态特性，而且可以借以研究系统的结构或参数变化对系统性能的影响。经典控制理论中广泛应用的频率法和根轨迹法，都是在传递函数基础上建立起来的。本节首先讨论传递函数的基本概念及其性质，在此基础上介绍典型环节的传递函数。

2.3.1 传递函数的定义

设有线性定常系统，若输入为 $x_i(t)$，输出为 $x_o(t)$，则系统微分方程的一般形式为

$$a_n\frac{d^n x_o(t)}{dt^n}+a_{n-1}\frac{d^{n-1}x_o(t)}{dt^{n-1}}+\cdots+a_0x_o(t)=b_m\frac{d^m x_i(t)}{dt^m}+b_{m-1}\frac{d^{m-1}x_i(t)}{dt^{m-1}}+\cdots+b_0x_i(t)$$

式中，$n\geqslant m$，a_n、$b_m(n,m=0,1,2,\cdots)$ 均为实数。

在零初始条件下，即当外界输入作用前，输入、输出的初始条件 $x_i(0^-)$，$x_i^{(1)}(0^-)$，$\cdots$，$x_i^{(m-1)}(0^-)$ 和 $x_o(0^-)$，$x_o^{(1)}(0^-)$，$\cdots$，$x_i^{(n-1)}(0^-)$ 均为零时，对上式作 Laplace 变换可得

$$(a_ns^n+a_{n-1}s^{n-1}+\cdots+a_1s+a_0)X_o(s)=(b_ms^m+b_{m-1}s^{m-1}+\cdots+b_1s+b_0)X_i(s)$$

在外界输入作用前，输入、输出的初始条件为零时，线性定常系统的输出 $x_o(t)$ 的 Laplace 变换 $X_o(s)$ 与输入 $x_i(t)$ 的 Laplace 变换 $X_i(s)$ 之比，称为线性定常系统的传递函数 $G(s)$。

由此可得

$$G(s)=\frac{L[x_o(t)]}{L[x_i(t)]}=\frac{X_o(s)}{X_i(s)}=\frac{b_ms^m+b_{m-1}s^{m-1}+\cdots+b_1s+b_0}{a_ns^n+a_{n-1}s^{n-1}+\cdots+a_1s+a_0}\qquad(n\geqslant m)$$

则

$$X_o(s)=G(s)X_i(s)$$

传递函数是在零初始条件下定义的。零初始条件有以下两方面含义：一是指输入作用是在 $t=0$ 以后才作用于系统，因此，系统输入量及其各阶导数在 $t\leqslant 0$ 时均为零；二是指输入作用于系统之前，系统是“相对静止”的，即系统输出量及各阶导数在 $t\leqslant 0$ 时的值也为零。大多数实际工程系统都满足这样的条件。零初始条件的规定不仅能简化运算，而且有利于在同等条件下比较系统性能。所以，这样规定是必要的。

例 2-6 求图 2-1 所示机械平移系统的传递函数。

解： 已知该系统的微分方程是式 2-1，即

$$\frac{m}{k}\times\frac{d^2y(t)}{dt^2}+\frac{f}{k}\times\frac{dy(t)}{dt}+y(t)=\frac{1}{k}F(t)$$

设初始条件为零，对上式进行拉氏变换得

$$\frac{m}{k}s^2Y(s)+\frac{f}{k}sY(s)+Y(s)=\frac{1}{k}F(s)$$

由定义可得机械平移系统的传递函数为

$$G(s)=\frac{Y(s)}{F(s)}=\frac{1/k}{\frac{m}{k}s^2+\frac{f}{k}s+1}\tag{2-17}$$

2.3.2 传递函数的性质

由线性定常系统传递函数的定义可以分析得知，传递函数具有下列性质：

（1）系统（或元件）的传递函数，是一种描述其动态特性的数学模型，它和系统（或元件）的运动方程式一一对应。若给定系统（或元件）的运动方程式，则可确定与之相对应的传递函数。

（2）传递函数是复变量 s 的有理真分式函数，$s = \sigma + j\omega$，其中 σ 为实部，$j\omega$ 为虚部。分子的阶数 m 低于分母的阶数 n，且所有系数均为实数。$m \leqslant n$，这是由于物理系统具有惯性；各系数均为实数，是因为它们都是系统元件参数的函数，而元件参数只能是实数。

（3）传递函数只与系统（或元件）本身内部的结构有关，与输入信号和初始条件无关。即传递函数只表征系统（或元件）本身的特性。

（4）一定的传递函数有一定的零点、极点分布图与之对应，因此传递函数的零点、极点分布图也表征了系统的动态特性。将传递函数定义式中的分母、分子多项式分解后，可以得到下式：

$$G(s) = \frac{X_o(s)}{X_i(s)} = K\frac{(s+z_1)(s+z_2)\cdots(s+z_m)}{(s+p_1)(s+p_2)\cdots(s+p_n)}$$

（5）一个传递函数只能表示一个输入对一个输出的函数关系，如果传递函数已知，则可针对各种不同形式的输入量研究系统的输出或响应。如果传递函数未知，则可通过引入已知输入量并研究系统输出量的实验方法，确定系统的传递函数。

（6）传递函数与脉冲响应函数一一对应，脉冲响应函数 $g(t)$ 是指系统在单位脉冲输入量 $\delta(t)$ 作用下的输出。因为单位脉冲输入时，$X_i(s) = L[\delta(t)] = 1$，因此，系统的输出 $X_o(s) = G(s)X_i(s) = G(s)$。而 $X_o(s)$ 的拉氏反变换即为脉冲函数 $g(t)$，它正好等于传递函数的拉氏反变换，即 $L^{-1}[X_o(s)] = g(t)$。因此，系统的脉冲响应 $g(t)$ 与系统的传递函数 $G(s)$ 有单值函数对应关系，都可以用于表征系统的动态特性。

2.3.3 典型环节的传递函数

由于控制系统的微分方程往往是高阶的，因此其传递函数也往往是高阶的。不管控制系统的阶次有多高，均可化为一阶、二阶的一些典型环节，如比例环节、惯性环节、微分环节、积分环节、振荡环节和延时环节等。熟悉掌握这些环节的传递函数，有助于对复杂系统的分析与研究。

2.3.3.1 比例环节

比例环节又称为放大环节，其输出量与输入量成正比，输出不失真也不延迟而按比例地反映输入的环节称为比例环节。

动力学方程为

$$x_o(t) = Kx_i(t)$$

式中 $x_o(t)$——输出量；

$x_i(t)$——输入量；

K——环节的放大系数或增益（常数）。

传递函数为

$$G(s) = \frac{X_o(s)}{X_i(s)} = K \tag{2-18}$$

例 2-7 图 2-10 所示为运算放大器，其输出电压 $u_o(t)$ 与输入电压 $u_i(t)$ 之间有如下关系

$$u_o(t) = \frac{-R_2}{R_1}u_i(t)$$

式中，R_1、R_2 为电阻。经 Laplace 变换后得其传递函数为

$$G(s) = \frac{U_o(s)}{U_i(s)} = \frac{-R_2}{R_1} = K$$

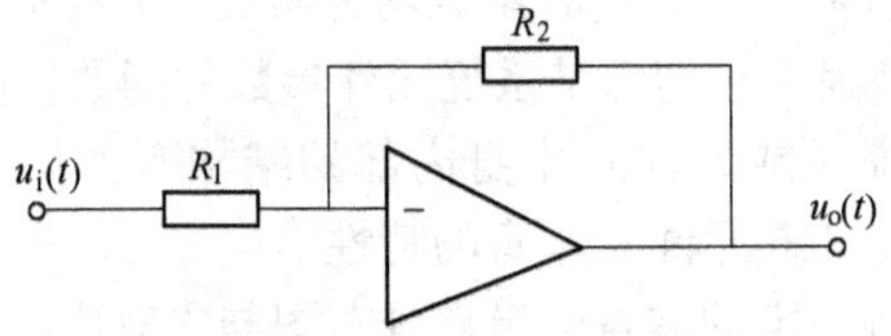

图 2-10 运算放大器

2.3.3.2 惯性环节（或一阶惯性环节）

惯性环节又称非周期环节，在这类环节中，因含有储能元件，所以对突变形式的输入信号不能立即输送出去。凡动力学方程为一阶微分方程 $T\frac{dx_o(t)}{dt} + x_o(t) = x_i(t)$ 形式的环节，称为惯性环节。其传递函数为

$$G(s) = \frac{1}{Ts + 1} \tag{2-19}$$

式中 T——惯性环节的时间常数。

例 2-8 图 2-11 为无源滤波电路，$u_i(t)$ 为输入电压，$u_o(t)$ 为输出电压，i 为电流，R 为电阻，C 为电容，试求其传递函数。

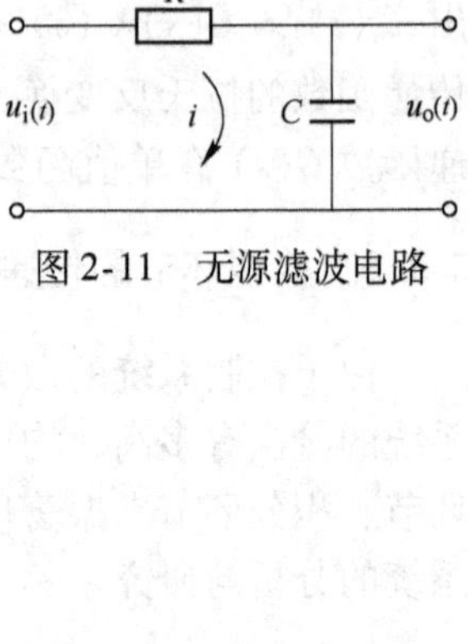

图 2-11 无源滤波电路

解：根据克希荷夫定律有

$$\begin{cases} u_i(t) = iR + \frac{1}{C}\int i\mathrm{d}t \\ u_o(t) = \frac{1}{C}\int i\mathrm{d}t \end{cases}$$

消除中间变量，得 $RC\frac{du_o(t)}{dt} + u_o(t) = u_i(t)$

经 Laplace 变换后，得 $RC_sU_o(s) + U_o(s) = U_i(s)$

故传递函数为 $G(s) = \frac{U_o(s)}{U_i(s)} = \frac{1}{Ts + 1}$

式中，$T = RC$ 为惯性环节的时间常数。

2.3.3.3 微分环节

凡具有输出正比于输入的微分的环节，称为微分环节，即 $x_o(t) = T\dot{x}_i(t)$。

其传递函数为

$$G(s) = \frac{X_o(s)}{X_i(s)} = Ts \tag{2-20}$$

式中 T——微分时间常数。

如液压油缸的流量与活塞的位移关系为 $q(t) = A\dot{x}(t)$

故流量对位移的传递函数为 $\dfrac{Q(s)}{X(s)} = As$

2.3.3.4 积分环节

凡具有输出正比于输入的积分的环节称为积分环节，即 $x_o(t) = \dfrac{1}{T}\int x_i(t)\mathrm{d}t$。

其传递函数为

$$G(s) = \frac{X_o(s)}{X_i(s)} = \frac{1}{Ts} \tag{2-21}$$

式中 T——积分环节的时间常数。

液压缸活塞位移对流量的传递关系即为积分环节，$x(t) = \dfrac{1}{A}\int q(t)\mathrm{d}t$。

其传递函数为 $G(s) = \dfrac{X(s)}{Q(s)} = \dfrac{1}{As}$

2.3.3.5 一阶微分环节

描述该环节输出、输入间的微分方程的形式为：$x_o(t) = T\dot{x}_i(t) + x_i(t)$，

其传递函数为 $G(s) = \dfrac{X_o(s)}{X_i(s)} = Ts + 1$ (2-22)

2.3.3.6 振荡环节（或称二阶振荡环节）

振荡环节含有两种储能元件，在信号传递过程中，因能量的转换而使其输出带有振荡的性质，其微分方程为

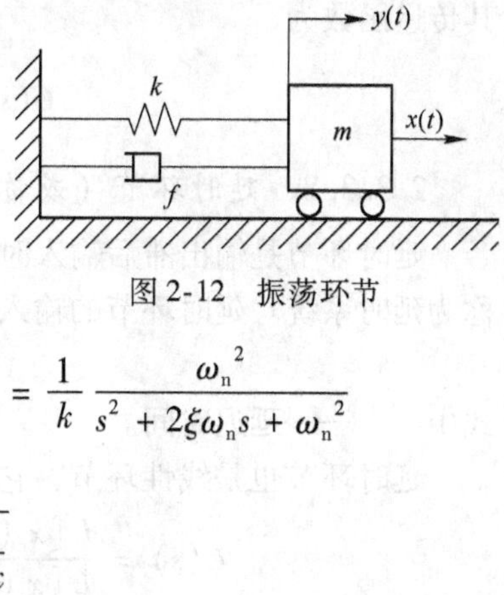

图 2-12 振荡环节

$$m\ddot{y}(t) + f\dot{y}(t) + ky(t) = x(t)$$

图 2-12 所示振荡环节的传递函数为

$$G(s) = \frac{Y(s)}{X(s)} = \frac{1}{ms^2 + fs + k} = \frac{1}{k}\,\frac{1}{\dfrac{s^2}{\omega_n^2} + \dfrac{2\xi}{\omega_n}s + 1} = \frac{1}{k}\,\frac{\omega_n^2}{s^2 + 2\xi\omega_n s + \omega_n^2}$$

$$\omega_n = \sqrt{\frac{k}{m}}; \quad \xi = \frac{f}{2}\sqrt{\frac{1}{mk}}$$

振荡环节为二阶环节，通常传递函数可写成

$$G(s) = \frac{\omega_n^2}{s^2 + 2\xi\omega_n s + \omega_n^2} \quad 或 \quad G(s) = \frac{1}{T^2s^2 + 2\xi Ts + 1} \tag{2-23}$$

式中 ω_n——无阻尼固有频率；

T——振荡环节的时间常数，$T = 1/\omega_n$；

ξ——阻尼比，$0 \leqslant \xi < 1$。

例 2-9 图 2-13 所示为一质量—弹簧—阻尼器系统，位能和动能可以相互转换，它是一个典型机械振荡环节。例 2-1 已经推出系统的力平衡方程式为

$$\frac{m}{k}\times\frac{d^2y(t)}{dt^2}+\frac{f}{k}\times\frac{dy(t)}{dt}+y(t)=\frac{1}{k}F(t)$$

令
$$T=\sqrt{\frac{m}{k}};\quad \xi=\frac{f}{2}\sqrt{\frac{1}{mk}}$$

上式拉氏变换后，可得系统传递函数为

$$G(s)=\frac{Y(s)}{F(s)}=\frac{1}{k}\times\frac{1}{T^2s^2+2\xi Ts+1}$$

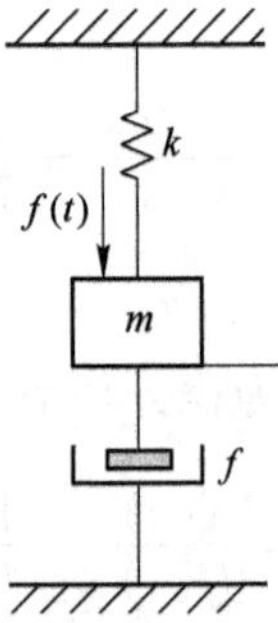

图 2-13 质量—弹簧—阻尼器系统

2.3.3.7 二阶微分环节

描述该环节输出、输入间的微分方程具有形式 $x_o(t)=T^2\ddot{x}_i(t)+2\xi T\dot{x}_i(t)+x_i(t)$，其传递函数为

$$G(s)=\frac{X_o(s)}{X_i(s)}=T^2s^2+2\xi Ts+1 \tag{2-24}$$

2.3.3.8 延时环节（或称迟延环节）

延时环节是输出滞后输入时间、但不失真地反映输入的环节。具有延时环节的系统便称为延时系统。延时环节的输入 $x_i(t)$ 与输出 $x_o(t)$ 之间有如下关系

$$x_o(t)=x_i(t-\tau)$$

式中 τ——延迟时间。

延时环节也是线性环节，它符合叠加原理。延时环节的传递函数为

$$G(s)=\frac{L[x_o(t)]}{L[x_i(t)]}=\frac{L[x_i(t-\tau)]}{L[x_i(t)]}=\frac{X_i(s)e^{-\tau s}}{X_i(s)}=e^{-\tau s} \tag{2-25}$$

延时环节与惯性环节不同，惯性环节的输出需要延迟一段时间才接近于所要求的输出量，但它从输入开始时刻起就已有了输出。延时环节在输入开始之初的时间 τ 内并无输出，在 τ 后，输出就完全等于从一开始起的输入，且不再有其他滞后过程；简言之，输出等于输入，只是在时间上延时了一段时间间隔 τ。

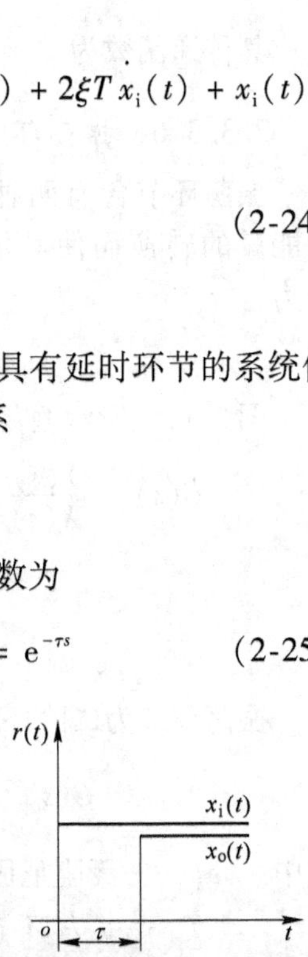

图 2-14 延时环节输入、输出关系

当延时环节受到阶跃信号作用时，其特性如图 2-14 所示。

例 2-10 图 2-15 所示为轧钢时的带钢厚度检测示意图。带钢在 A 点轧出时，产生厚

度偏差 Δh_1（图中为 $h+\Delta h_1$，h 为要求的理想厚度）。但是，这一厚度偏差在到达 B 点时才为测厚仪所检测到。测厚仪检测到的带钢厚度偏差 Δh_2 即为其输出信号 $x_o(t)$ 。若测厚仪距机架的距离为 L，带钢速度为 v，则延迟时间为 $\tau = L/v$ 。故测厚仪输出信号 Δh_2 与厚度偏差这一输入信号 Δh_1 之间有如下关系：

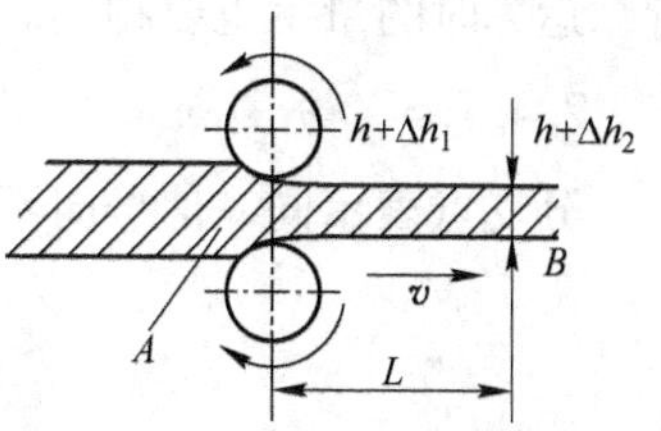

图 2-15 轧钢时带钢厚度检测示意图

$$\Delta h_2 = \Delta h_1(t-\tau)$$

此式表示，在 $t<\tau$ 时，$\Delta h_2 = 0$，即测厚仪不反映 Δh_1 的量。这里，Δh_1 为延时环节的输入量，Δh_2 为其输出量。故有

$$x_o(t) = x_i(t-\tau)$$

因而有

$$G(s) = \frac{X_o(s)}{X_i(s)} = e^{-\tau s}$$

2.4 系统框图及其简化

一个系统由若干环节按一定的关系组成，将这些环节以方框表示，其间用相应的变量及信号流向联系起来，就构成系统的方框图。系统方框图具体而形象地表示了系统内部各环节的数学模型、各变量之间的相互关系以及信号流向。事实上系统方框图是系统数学模型的一种图解表示方法，它提供了关于系统动态性能的有关信息，并且可以揭示和评价每个组成环节对系统的影响。根据方框图，通过一定的运算变换可求得系统传递函数，故方框图对于系统的描述、分析、计算是很方便的，因而被广泛地应用。

2.4.1 方框图结构要素

2.4.1.1 函数方框

函数方框是传递函数的图解表示，如图 2-16 所示。

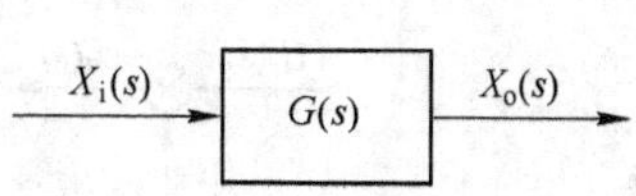

图 2-16 系统传递函数方框图

图 2-16 中，指向方框的箭头表示输入，离开方框的箭头表示输出，方框中表示的是该输入与输出之间环节的传递函数。所以，方框的输出应是方框中的传递函数乘以其输入，即

$$X_o(s) = G(s)X_i(s)$$

应当指出，输出信号的量纲等于输入信号的量纲与传递函数量纲的乘积。

2.4.1.2 比较点

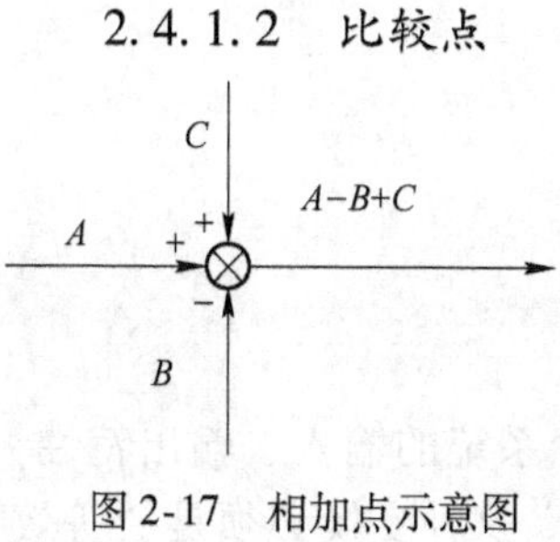

图 2-17 相加点示意图

比较点是两个或两个以上输入信号之间代数求和运算元件，也称比较器，如图 2-17 所示。

在比较点处，输出信号（离开相加点的箭头表示）等于各输入信号（指向相加点的箭头表示）的代数和，每一个指向相加点的箭头前方的“+”号或“−”号表示该输入信号在代数运算中的符号。在相加点处加减的信号必须是同种变

量，运算时的量纲也要相同。相加点可以有多个输入，但输出是唯一的。

2.4.1.3 分支点

分支点表示同一信号向不同方向的传递，如图2-18所示。

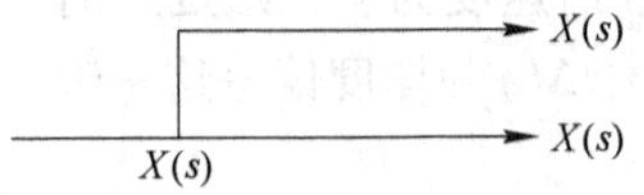

图2-18 分支点示意图

在分支点引出的信号不仅量纲相同，而且数值也相等。

2.4.2 方框图构成方式

根据描述系统运动的微分方程组，分别建立相应的子结构图，按信号传递顺序连接起来，可得到系统的结构图。

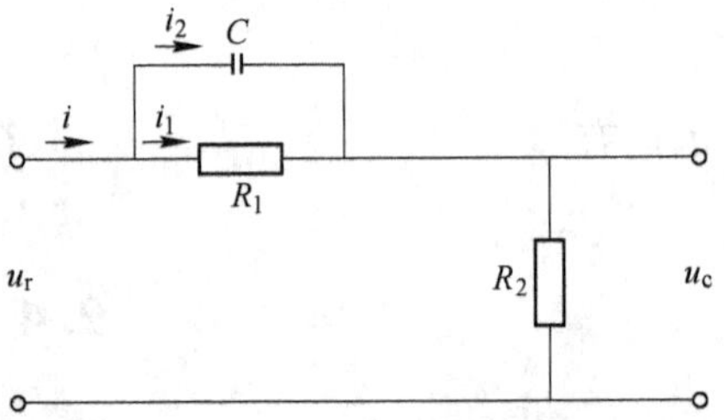

图2-19 RC无源网络

例2-11 图2-19中，u_r、u_c 分别是 RC 电路的输入、输出电压，试建立相应的系统方框图。

解：根据克希荷夫定律，应用复阻抗法可写出以下方程：

$$U_r(s) - U_c(s) = U_1(s)$$

$$I(s) = \frac{U_1(s)}{\dfrac{R_1/(Cs)}{R_1 + 1/(Cs)}} = \frac{1 + R_1 Cs}{R_1} U_1(s)$$

$$U_c(s) = R_2 I(s)$$

根据各方程可绘出相应的子系统的方框图，分别如图2-20a、b和c所示，按信号的传递顺序，将各子结构图依次连接起来，便得到无源网络的结构图，如图2-20d所示。

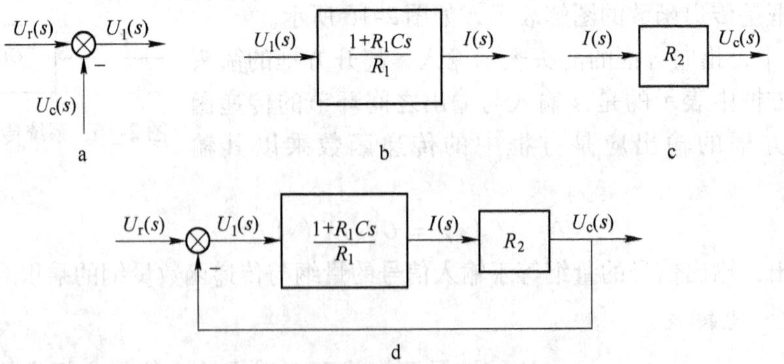

图2-20 RC无源网络的结构图

a～c—子系统框图；d—系统框图

2.4.3 方框图的等效简化

方框图是从具体系统中抽象出来的数学结构图形，当只讨论系统的输入、输出特性，而不考虑它的具体结构时，完全可以对其进行必要的变换，当然，这种变换必须是“等效的”，应使变换前后输入量与输出量之间总的数学关系保持不变。

系统各环节之间一般有串联、并联和反馈连接三种基本连接方式，方框图等效变换法是用于指导求取框图不同连接方式下的等效传递函数的方法。

2.4.3.1 串联环节

前一环节的输出为后一环节的输入的连接方式称为环节的串联，如图2-21所示。

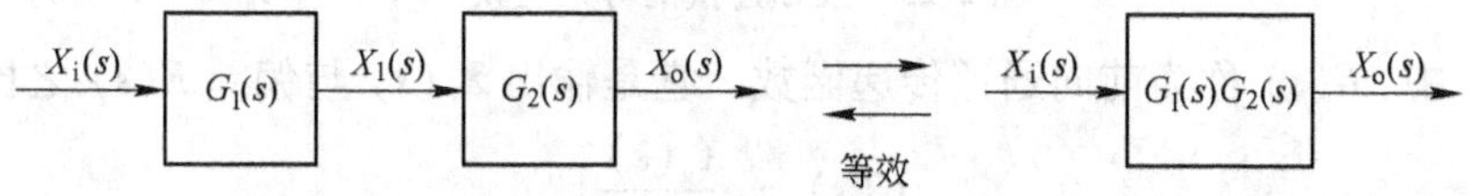

图2-21 串联环节等效变换

当各环节之间不存在（或可忽略）负载效应时，则串联连接后的传递函数为：

$$G(s) = \frac{X_o(s)}{X_i(s)} = \frac{X_1(s)}{X_i(s)}\frac{X_o(s)}{X_1(s)} = G_1(s)G_2(s)$$

故环节串联时等效传递函数等于各串联环节的传递函数之积。当系统由 n 个环节串联时，系统的传递函数为

$$G(s) = \prod_{i=1}^{n} G_i(s)$$

式中 $G_i(s)$——第 i 个串联环节的传递函数（$i=1, 2, \cdots, n$）。

2.4.3.2 并联环节

各环节的输入相同，输出为各环节输出的代数和，这种连接方式称为环节的并联，如图2-22所示。则有

$$G(s) = \frac{X_o(s)}{X_i(s)} = \frac{X_{o1}(s)}{X_i(s)} \pm \frac{X_{o2}(s)}{X_i(s)} = G_1(s) \pm G_2(s)$$

故环节并联时等效传递函数等于各并联环节的传递函数之代数和。

推广到 n 个环节并联，则总的传递函数等于各并联环节传递函数的代数和，即

$$G(s) = \sum_{i=1}^{n} G_i(s)$$

式中 $G_i(s)$——第 i 个并联环节的传递函数($i = 1,2,\cdots,n$)。

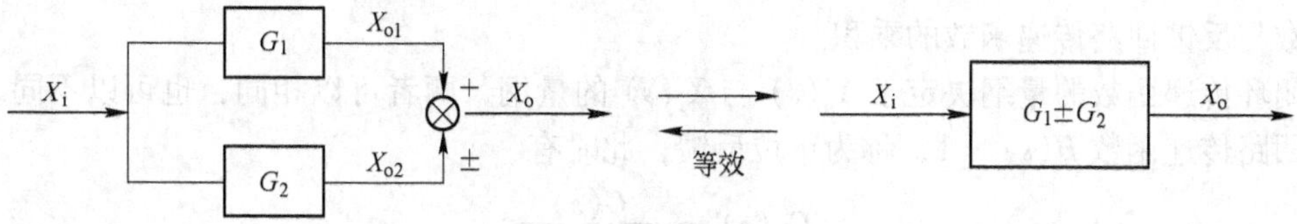

图2-22 并联环节等效变换

2.4.3.3 反馈连接

所谓反馈，是将系统或某一环节的输出量，全部或部分地通过反馈回路返回到输入端，又重新输入到系统中去的连接方式称为反馈连接，如图2-23所示。反馈连接实际上也是闭环系统传递函数方框图的最基本形式。单输入作用的闭环系统，无论组成系统的环节有多复杂，其传递函数方框图总可以简化成图2-23所示的基本形式。

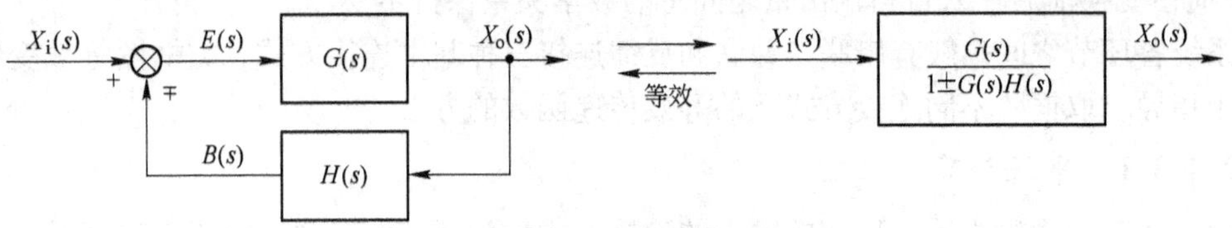

图 2-23 反馈连接的等效变换

图 2-23 中，$G(s)$ 称为前向通道传递函数，它是输出 $X_o(s)$ 与偏差 $E(s)$ 之比，即

$$G(s) = \frac{X_o(s)}{E(s)}$$

$H(s)$ 称为反馈回路传递函数，即 $H(s) = \frac{B(s)}{X_o(s)}$

前向通道传递函数 $G(s)$ 与反馈回路传递函数 $H(s)$ 之乘积定义为系统的开环传递函数 $G_k(s)$，它也是反馈信号 $B(s)$ 与偏差 $E(s)$ 之比，即

$$G_k(s) = \frac{B(s)}{E(s)} = G(s)H(s)$$

开环传递函数可以理解为：封闭回路在相加点断开以后，以 $E(s)$ 作为输入，经 $G(s)$、$H(s)$ 而产生输出 $B(s)$，此输出与输入的比值 $B(s)/E(s)$，可以认为是一个无反馈的开环系统的传递函数。由于 $B(s)$ 与 $E(s)$ 在相加点的量纲相同，因此，开环传递函数无量纲，而且 $H(s)$ 的量纲是 $G(s)$ 的量纲的倒数。

输出信号 $X_o(s)$ 与输入信号 $X_i(s)$ 之比，定义为系统的闭环传递函数 $G_B(s)$，即

$$G_B(s) = \frac{X_o(s)}{X_i(s)}$$

由图 2-23 可知

$$E(s) = X_i(s) \mp B(s) = X_i(s) \mp X_o(s)H(s)$$
$$X_o(s) = G(s)E(s) = G(s)[X_i(s) \mp X_o(s)H(s)] = G(s)X_i(s) \mp G(s)X_o(s)H(s)$$

由此可得

$$G_B(s) = \frac{X_o(s)}{X_i(s)} = \frac{G(s)}{1 \pm G(s)H(s)}$$

故反馈连接时，其等效传递函数等于前向通道传递函数除以 1 加（或减）前向通道传递函数与反馈回路传递函数的乘积。

闭环传递函数的量纲决定于 $X_o(s)$ 与 $X_i(s)$ 的量纲，两者可以相同，也可以不同。若反馈回路传递函数 $H(s)=1$，称为单位反馈，此时有

$$G_B(s) = \frac{G(s)}{1 \pm G(s)}$$

开环传递函数、闭环传递函数以及开环系统的传递函数是三个常常容易混淆的概念，开环传递函数和闭环传递函数的概念在上面有所叙述，两者均针对闭环系统而言，而开环系统的传递函数则是针对于开环系统而言的。

2.4.4 相加点与分支点的移动法则

为便于计算分析，常需要对比较复杂的系统框图结构（如多回路、多个输入信号等）

进行变换、组合和简化，以便求出总的传递函数，并有利于分析各输入信号对系统性能的影响。在对框图进行简化时，有两条基本原则：

（1）变换前与变换后前向通道中传递函数的乘积必须保持不变。

（2）变换前与变换后回路中传递函数的乘积必须保持不变。

表 2-1 列出了方框图变换过程中，分支点与相加点的移动规则。

表 2-1　方框图变换法则

序号	原框图	等效框图	说明
1	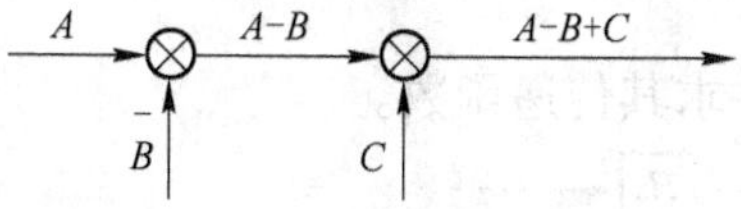	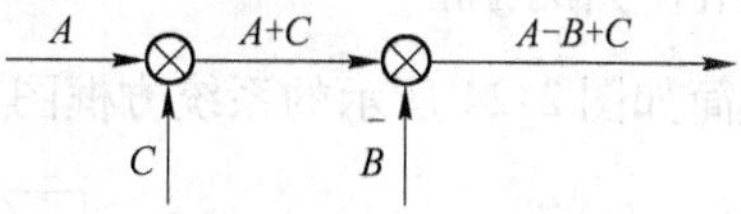	加法交换律
2	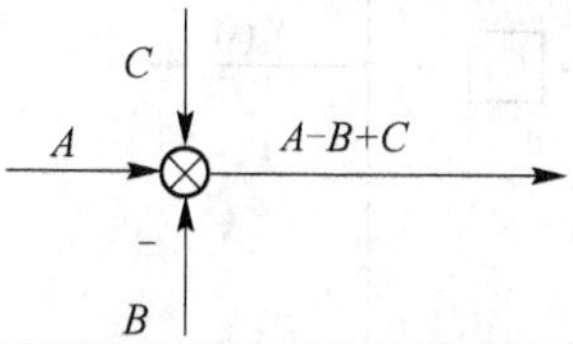	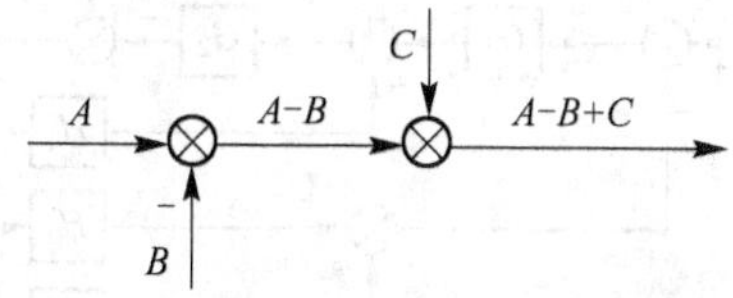	加法结合率
3	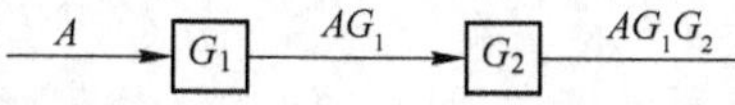	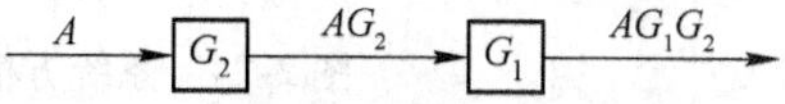	乘法交换律
4	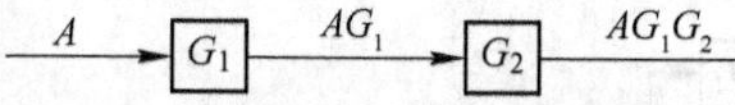	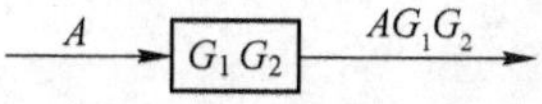	乘法结合率
5	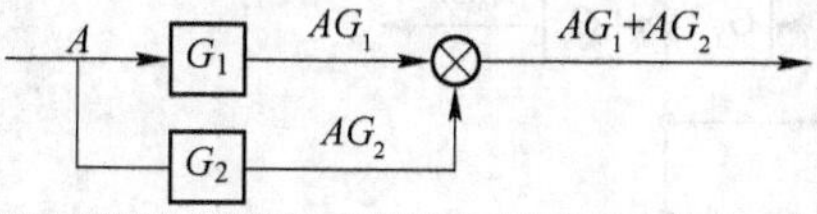	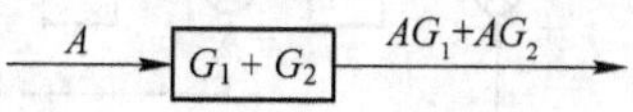	并联环节简化
6	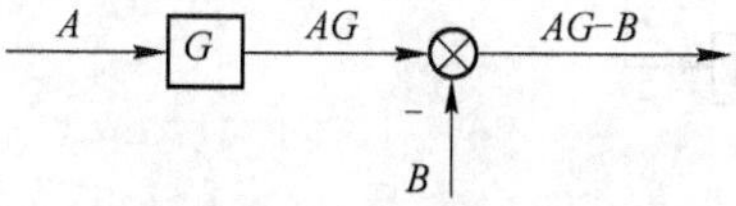	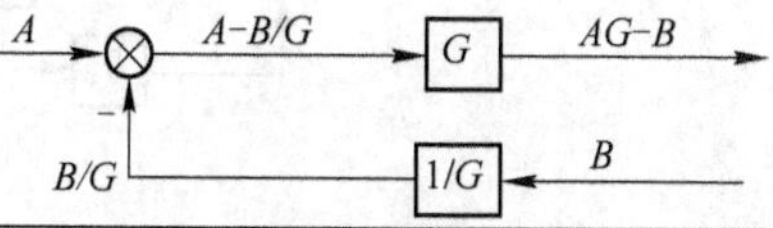	相加点前移
7	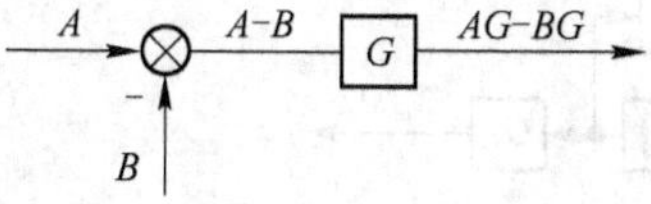	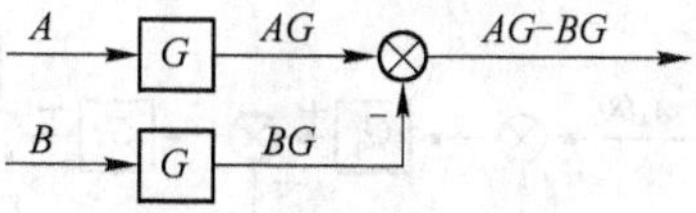	相加点后移
8	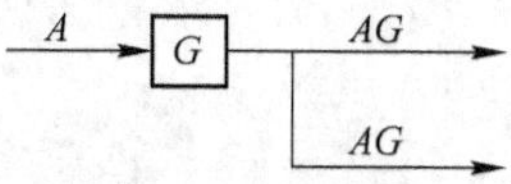	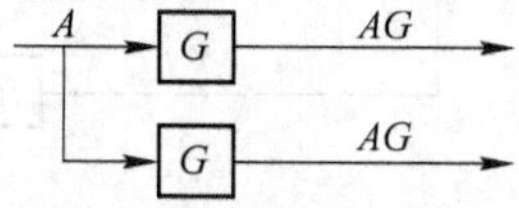	引出点前移
9	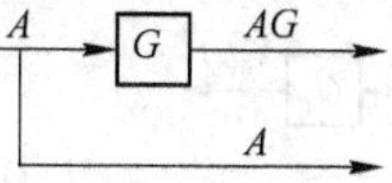	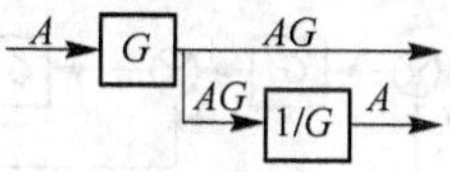	引出点后移
10	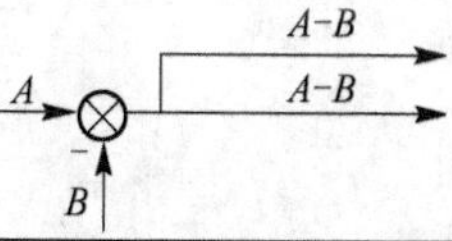	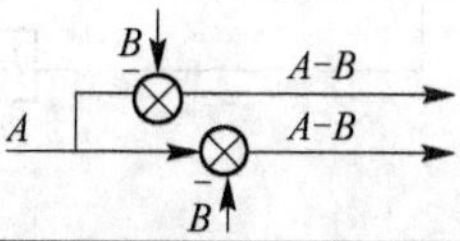	引出点前移越过比较点
11	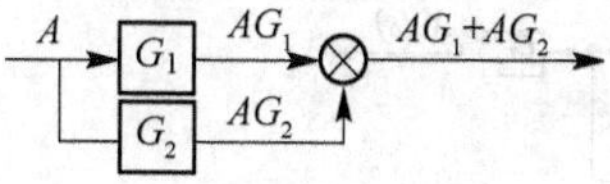	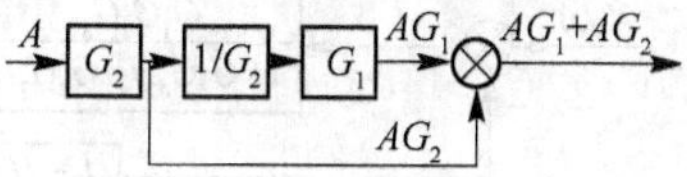	将并联的一路变为1

续表 2-1

序号	原框图	等效框图	说明
12	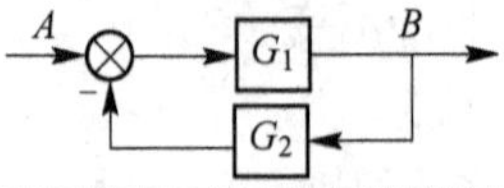	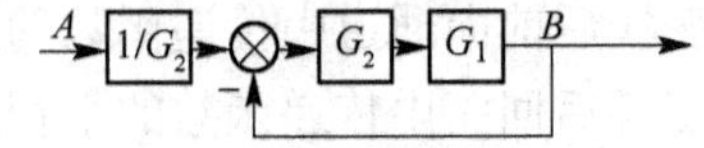	将反馈系统变为单位反馈
13	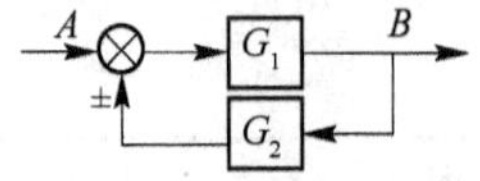	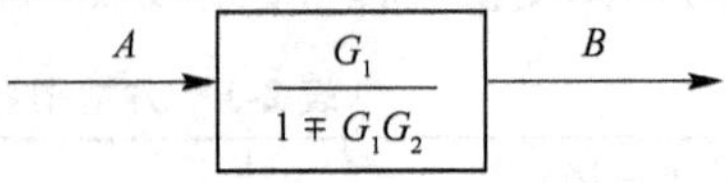	反馈系统简化

注：表中输入量未标注符号的均为正。

例 2-12　试化简如图 2-24 所示的系统方框图，并求其传递函数。

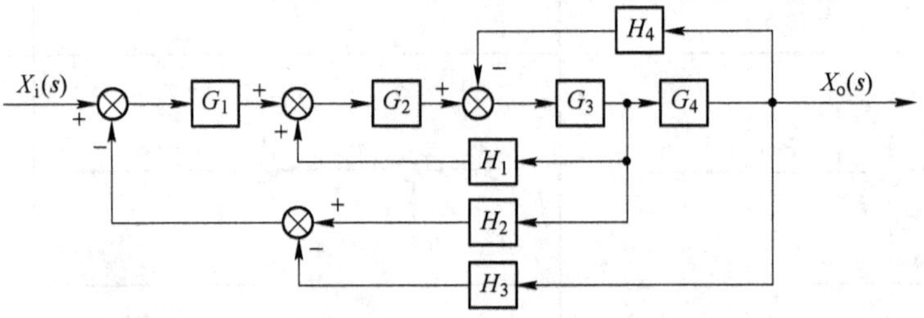

图 2-24　系统方框图

解：

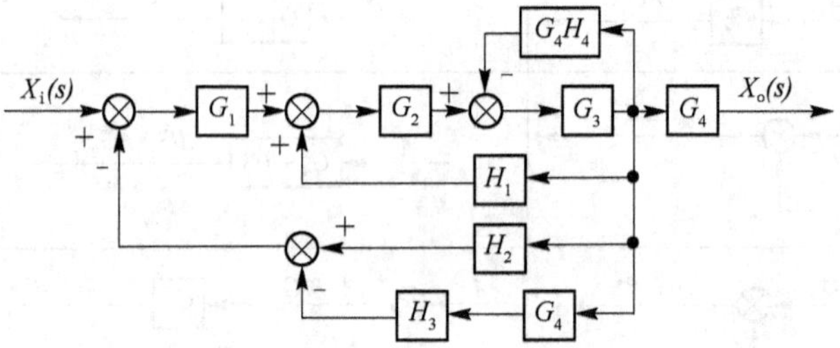

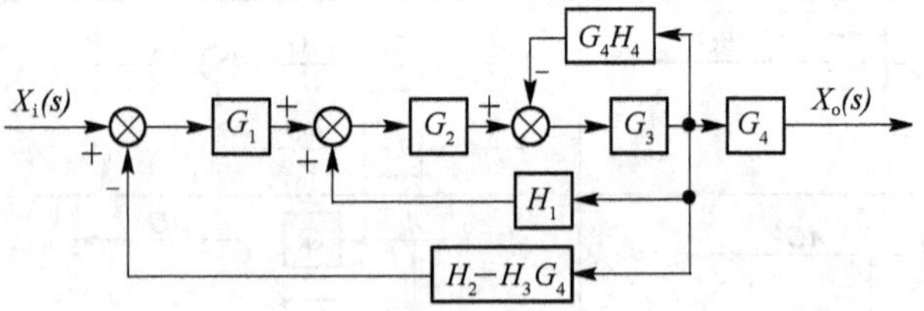

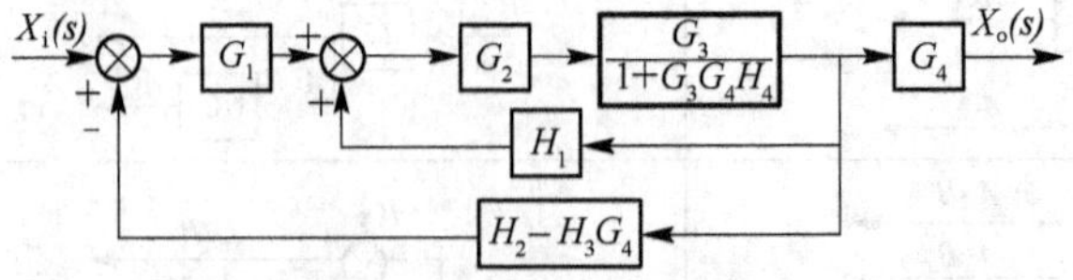

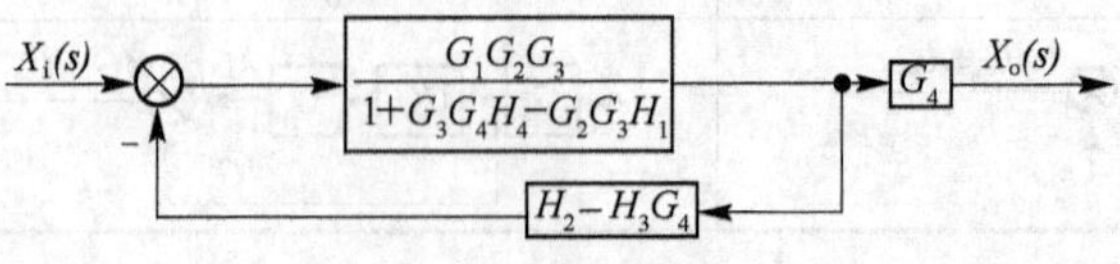

$$G_B(s) = \frac{X_o(s)}{X_i(s)} = \frac{G_1G_2G_3G_4}{1 - G_1G_2G_3G_4H_3 + G_1G_2G_3H_2 - G_2G_3H_1 + G_3G_4H_4}$$

2.5* 系统信号流图及梅荪公式

2.5.1 信号流图

信号流图是信号流程图的简称，是与框图等价的描述变量之间关系的图形表示方法。图2-25中所示的框图可用图2-26所示的信号流图表示。信号流图尤其适用于复杂系统，其简化方法与框图的简化方法是相同的。

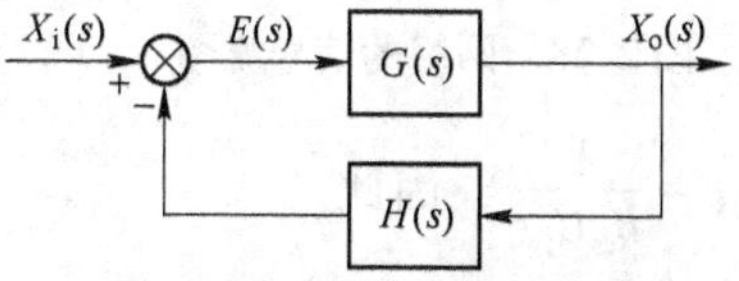

图2-25 框图

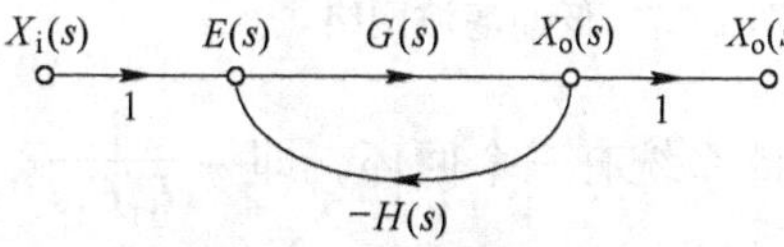

图2-26 信号流图

信号流图由一些定向线段将一些节点连接起来组成。其中节点用来表示变量或信号，输入节点也称源点，输出节点也称阱点、汇点；混合节点是指既有输入，又有输出的节点。

定向线段表示支路，其上的箭头表明信号的流向，各支路上还标明了增益，即支路上的传递函数；沿支路箭头方向穿过各相连支路的路径称为通路，从输入节点到输出节点的通路上通过任何节点不多于一次的通路称为前向通道；起点与终点重合且与任何节点相交不多于一次的通路称为回路。回路中各支路传递函数的乘积，称为回环传递函数，图2-26中回环的传递函数为 $-G(s)H(s)$；若系统中包括若干个回环，回环间没有任何公共节点者，称为不接触回环。

2.5.2 梅荪公式

对于比较复杂的系统，当框图或信号流图的变换和简化方法都显得烦琐费事时，可根据梅荪公式（Mason Rule）直接求取框图的传递函数或信号流图的传输量，梅荪公式为

$$T = \frac{1}{\Delta}\sum_{k=1}^{n} P_k\Delta_k$$

式中 T—— 从源节点至任何节点的传递函数；

P_k——第 k 条前向通道的传递函数；

Δ——信号流图的特征式，是信号流图所表示的方程组的系数行列式，其表达式为

$$\Delta = 1 - \sum L_1 + \sum L_2 - \sum L_3 + \cdots + (-1)^m \sum L_m$$

$\sum L_1$——所有不同回环的传递函数之和；

$\sum L_2$——任何两个互不接触回环传递函数的乘积之和；

$\sum L_3$——任何三个互不接触回环传递函数的乘积之和；

$\sum L_m$——任何 m 个互不接触回环传递函数的乘积之和；

Δ_k——余因子，即第 k 条前向通道的余因子，即对于信号流图的特征式，将与第 k 条前向通道接触的回环传递函数代以零值，余下的 Δ 即为 Δ_k。

梅荪公式的推导可参阅有关文献。

例 2-13 图 2-27 所示的低通滤波网络可以表示为图 2-28 所示的信号流图，试求传递函数 $\dfrac{U_o(s)}{U_i(s)}$。

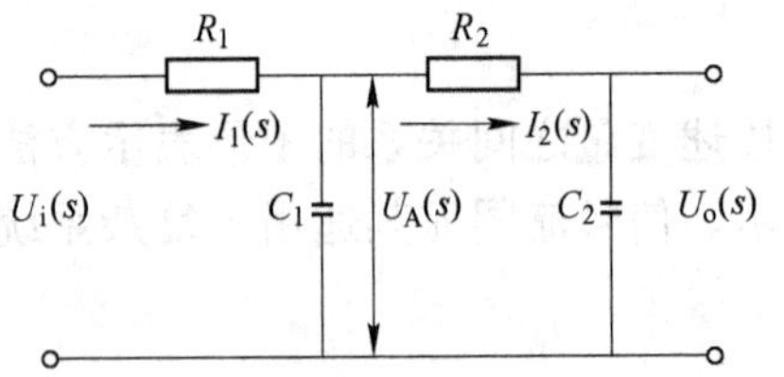

图 2-27 低通滤波网络

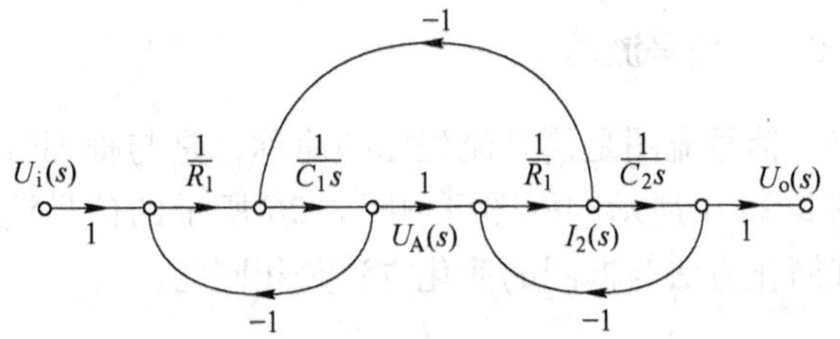

图 2-28 网络的信号流图

解：此系统有三个回环，即 $-\dfrac{1}{R_1C_1s}$、$-\dfrac{1}{R_2C_1s}$、$-\dfrac{1}{R_2C_2s}$，因此

$$\sum L_1 = -\frac{1}{R_1C_1s} - \frac{1}{R_2C_1s} - \frac{1}{R_2C_2s}$$

两个互不接触的回环只有一种组合，即

$$\left(-\frac{1}{R_1C_1s}\right)\left(-\frac{1}{R_2C_2s}\right)$$

所以

$$\sum L_2 = \frac{1}{R_1C_1s} \times \frac{1}{R_2C_2s}$$

由此可求特征式

$$\Delta = 1 - \sum L_1 + \sum L_2 = 1 + \frac{1}{R_1C_1s} + \frac{1}{R_2C_1s} + \frac{1}{R_2C_2s} + \frac{1}{R_1R_2C_1C_2s^2}$$

图 2-28 中只有一条前向通道（$n = 1$），即

$$U_i(s) \to 1 \to \frac{1}{R_1} \to \frac{1}{C_1s} \to 1 \to \frac{1}{R_1} \to \frac{1}{C_2} \to 1 \to U_o(s)$$

它与所有的回环都接触，于是有

$$P_1 = \frac{1}{R_1C_1R_2C_2s^2}, \ \Delta_1 = 1$$

根据梅荪公式，所以有

$$\frac{U_o(s)}{U_i(s)} = \frac{1}{\Delta}\sum_{k=1}^{1} P_k\Delta_k = \frac{P_1\Delta_1}{\Delta} = \frac{1}{R_1R_2C_1C_2s^2 + (R_1C_1 + R_2C_2 + R_1C_2)s + 1}$$

2.6 干扰作用下的反馈控制系统的传递函数

一个反馈控制系统在工作过程中，一般会受到两类信号的作用，统称外作用。一类是有用信号或称输入信号、给定值、指令等，用 $x_i(t)$ 表示。通常 $x_i(t)$ 是加在控制系统的输

入端，也就是系统的输入端；另一类则是扰动，或称干扰 $n(t)$，而干扰 $n(t)$ 可以出现在系统的任何位置，但通常，最主要的干扰信号是作用在被控对象上的扰动，例如电动机的负载扰动等。

一个闭环控制系统的典型结构图，如图 2-29 所示，应用叠加原理可分别求出下面几种传递函数。

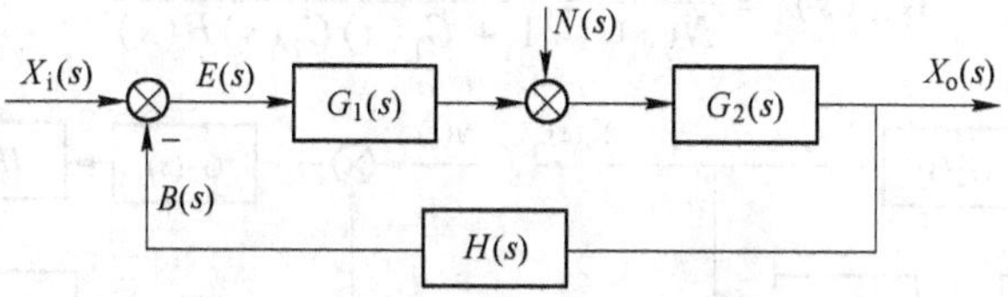

图 2-29　闭环控制系统结构图

（1）输入信号 $x_i(t)$ 作用下的闭环传递函数。令 $n(t)=0$，这时图 2-29 可简化成图 2-30a。输出 $X_o(s)$ 对输入 $X_i(s)$ 之间的传递函数，称输入作用下的闭环传递函数，简称闭环传递函数，用 $G_B(s)$ 表示。

$$G_B(s)=\frac{X_o(s)}{X_i(s)}=\frac{G_1(s)G_2(s)}{1+G_1(s)G_2(s)H(s)} \tag{2-26}$$

而输出的拉氏变换式为

$$X_o(s)=\frac{G_1(s)G_2(s)}{1+G_1(s)G_2(s)H(s)}X_i(s) \tag{2-27}$$

为了分析系统信号的变化规律，寻求偏差信号与输入之间的关系，将结构图简化为图 2-30 b。列写出输入 $X_i(s)$ 与输出 $E(s)$ 之间的传递函数，称为控制作用下偏差传递函数，用 $G_E(s)=\dfrac{E(s)}{X_i(s)}$ 表示。

$$G_E(s)=\frac{E(s)}{X_i(s)}=\frac{1}{1+G_1(s)G_2(s)H(s)} \tag{2-28}$$

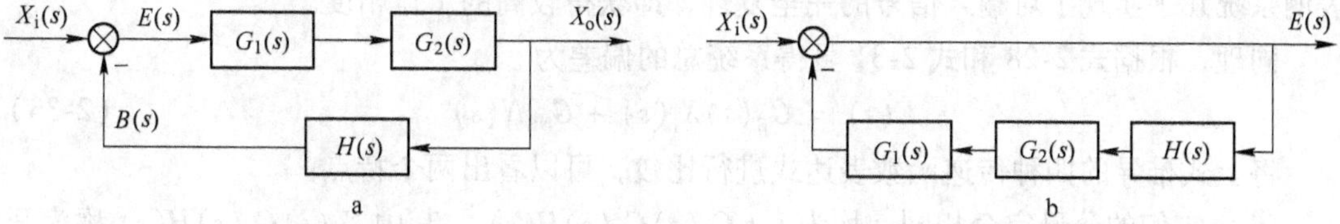

图 2-30　输入作用下的系统结构图（a）及其简化图（b）

（2）干扰 $n(t)$ 作用下的闭环传递函数。同样，令 $x_i(t)=0$，结构图 2-29 可简化为图 2-31a。

以 $N(s)$ 作为输入，$X_o(s)$ 为在扰动作用下的输出，它们之间的传递函数，用 $G_N(s)$ 表示，称为扰动作用下的闭环传递函数，简称干扰传递函数。

$$G_N(s)=\frac{X_o(s)}{N(s)}=\frac{G_2(s)}{1+G_1(s)G_2(s)H(s)} \tag{2-29}$$

系统在扰动作用下所引起的输出为

$$X_o(s) = \frac{G_2(s)}{1+G_1(s)G_2(s)H(s)}N(s) \tag{2-30}$$

同理，干扰作用下的偏差传递函数，称为干扰偏差传递函数，用 $G_{NE}(s)$ 表示。以 $N(s)$ 作为输入，$E(s)$ 作为输出的结构图，如图 2-31b 所示。

$$G_{NE}(s) = \frac{E(s)}{N(s)} = \frac{-G_2(s)H(s)}{1+G_1(s)G_2(s)H(s)} \tag{2-31}$$

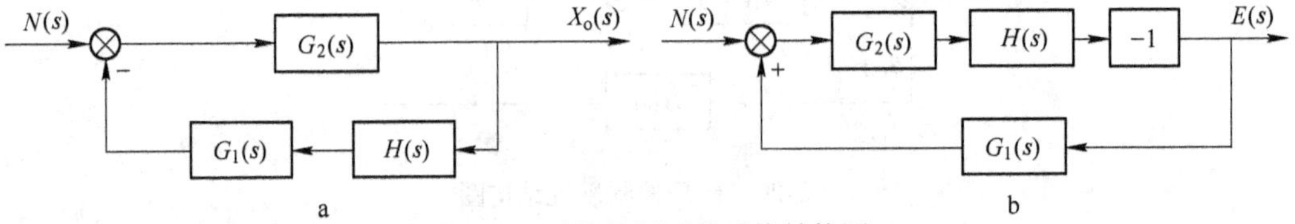

图 2-31 干扰作用下的系统结构图

显然，系统在同时受 $x_i(t)$ 和 $n(t)$ 作用下，根据线性系统的叠加原理，系统总输出应为各外作用分别引起的输出的总和，将式 2-27 和式 2-30 相加，即为总输出的变换式

$$X_o(s) = \frac{G_1(s)G_2(s)}{1+G_1(s)G_2(s)H(s)}X_i(s) + \frac{G_2(s)}{1+G_1(s)G_2(s)H(s)}N(s) \tag{2-32}$$

式中，如果系统中的参数设置能满足 $|G_1(s)G_2(s)H(s)| >> 1$ 及 $|G_1(s)H(s)| >> 1$，则系统总输出表达式 2-32 可近似为

$$X_o(s) \approx \frac{1}{H(s)}X_i(s)$$

上式表明，采用反馈控制的系统，适当地选配元、部件的结构参数，系统就具有很强的抑制干扰的能力。同时，系统的输出只取决于反馈通路传递函数及输入信号，而与前向通路传递函数几乎无关。特别是当 $H(s) = 1$ 时，即系统为单位反馈时，$X_o(s) \approx X_i(s)$，表明系统几乎实现了对输入信号的完全复现，即获得较高的工作精度。

同理，根据式 2-28 和式 2-31 可得系统总的偏差为

$$E(s) = G_E(s)X_i(s) + G_{NE}N(s) \tag{2-33}$$

将上式推导的四种传递函数表达式进行比较，可以看出两个特点：

（1）它们的分母完全相同，均为 $1+G_1(s)G_2(s)H(s)$，其中 $G_1(s)G_2(s)H(s)$ 称为开环传递函数。所谓开环传递函数，是指在图 2-29 所示典型的结构图中，将 $H(s)$ 的输出断开，亦即断开系统主反馈回路，这时从输入 $X_i(s)$（或 $E(s)$）到 $B(s)$ 之间的传递函数。开环传递函数在今后各章讨论中是十分重要的。

（2）它们的分子各不相同，且与其前向通路的传递函数有关。因此，闭环传递函数的分子随着外作用的作用点和输出量的引出点不同而不同。显然，同一个外作用加在系统不同的位置上，对系统运动的影响是不同的。

思考题及习题

2-1 什么是线性系统，其最重要的特性有哪些？

2-2 试建立图 2-32 所示各系统的微分方程，其中电压 $u_i(t)$ 和位移 $x_i(t)$ 为输入量，电压 $u_o(t)$ 和位移 $x_o(t)$ 为输出量，k 为弹簧弹性系数，f 为阻尼系数。

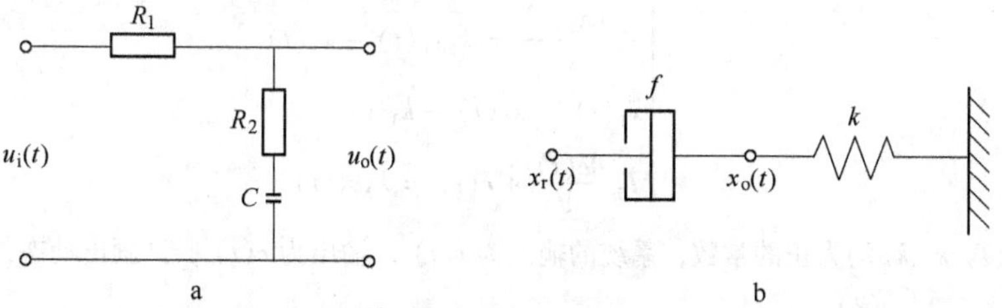

图 2-32 题 2-2 图示

2-3 工业上常用孔板和差压变送器测量流体的流量，通过孔板的流量 Q 与孔板前后的差压 P 的平方根成正比，即 $Q = k\sqrt{P}$，k 为常数，设系统在流量值 Q_0 附近作微小变化，试将流量方程线性化。

2-4 求图 2-33 所示机械系统的微分方程式和传递函数，图中位移 x_i 为输入量，位移 x_o 为输出量，k 为弹簧的弹性系数，f 为黏滞阻尼系数，图 2-33a 的重力忽略不计。

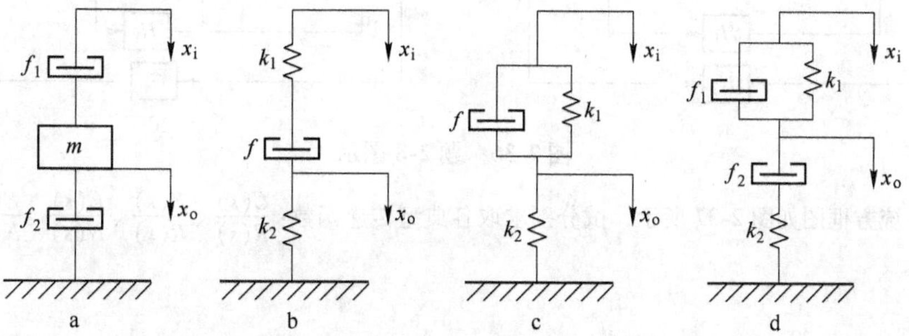

图 2-33 题 2-4 图示

2-5 求图 2-34 所示机械系统的微分方程。图 2-34 中 M 为输入转矩，C_m 为圆周阻尼，J 为转动惯量。

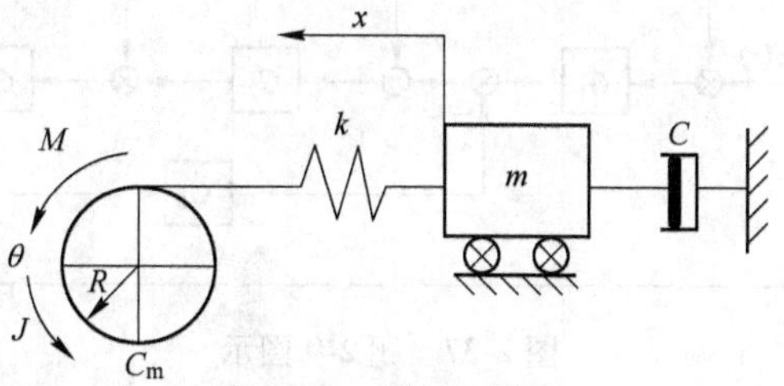

图 2-34 题 2-5 图示

2-6 已知系统方框图如图 2-35 所示，试分别求传递函数 $\frac{C_1(s)}{C_2(s)}$、$\frac{C_2(s)}{R_1(s)}$、$\frac{C_1(s)}{R_2(s)}$、$\frac{C_2(s)}{R_2(s)}$ 各为多少?

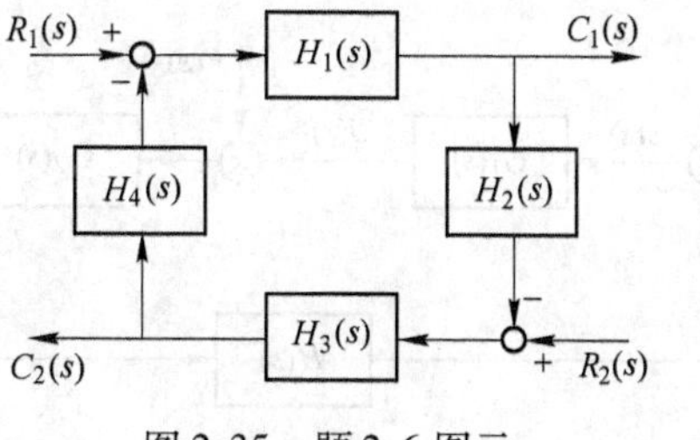

图 2-35 题 2-6 图示

2-7 系统的微分方程组为

$$
\begin{cases}
x_1(t) = r(t) - c(t) \\
T_1 \dfrac{\mathrm{d}x_2(t)}{\mathrm{d}t} = k_1 x_1(t) - x_2(t) \\
x_3(t) = x_2(t) - k_3 c(t) \\
T_2 \dfrac{\mathrm{d}c(t)}{\mathrm{d}t} + c(t) = k_2 x_3(t)
\end{cases}
$$

式中，T_1、T_2、k_1、k_2 均为正的常数，系统的输入为 $r(t)$，输出为 $c(t)$，试画出动态结构图，并求出传递函数 $G(s) = \dfrac{C(s)}{R(s)}$。

2-8 系统方框图如图 2-36 所示，试简化方框图，并求出它们的传递函数 $\dfrac{C(s)}{R(s)}$。

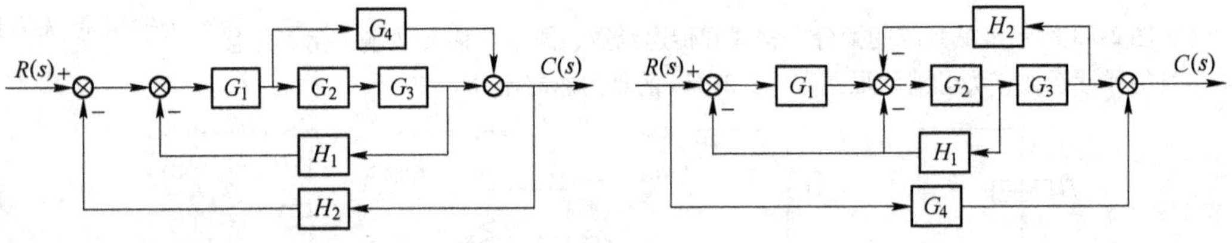

图 2-36 题 2-8 图示

2-9 已知系统方框图如图 2-37 所示，试分别求取各典型传递函数：$\dfrac{C(s)}{R(s)}$、$\dfrac{E(s)}{R(s)}$、$\dfrac{C(s)}{N(s)}$、$\dfrac{E(s)}{N(s)}$、$\dfrac{C(s)}{F(s)}$、$\dfrac{E(s)}{F(s)}$。

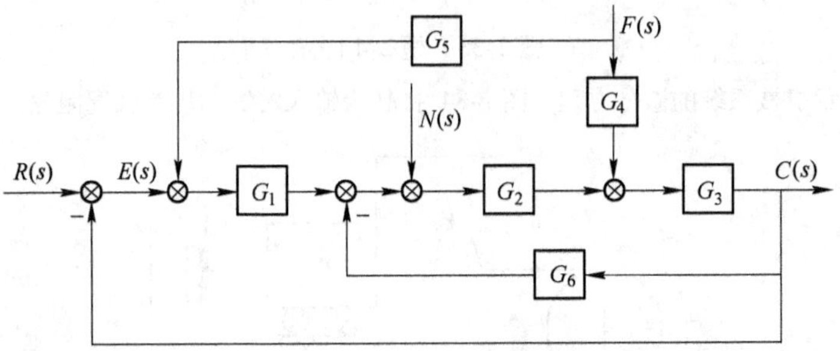

图 2-37 题 2-9 图示

2-10 若系统的方框图如图 2-38 所示，求：

(1) 以 $R(s)$ 为输入，而分别以 $C(s)$、$Y(s)$、$B(s)$、$\varepsilon(s)$ 为输出的闭环传递函数。

(2) 以 $F(s)$ 为输入，而分别以 $C(s)$、$Y(s)$、$B(s)$、$\varepsilon(s)$ 为输出的闭环传递函数。

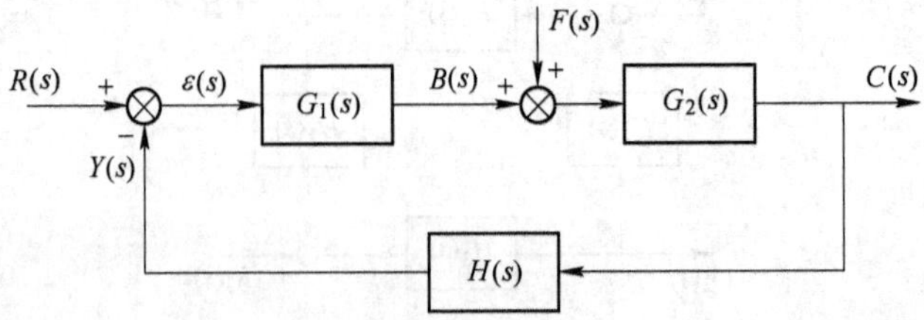

图 2-38 题 2-10 图示

3 系统的时间响应与快速性分析

系统的数学模型建立后，便可对系统进行分析和校正。分析和校正是机电工程控制基础课程的两大任务。系统分析是由已知的系统模型确定系统的性能指标；校正是根据需要在系统中加入一些机构和装置并确定相应的参数，用以改善系统性能，使其满足所要求的性能指标。系统分析的目的在于“认识”系统，系统校正的目的在于“改造”系统。系统的分析校正方法一般有时域法、根轨迹法和频域法，本章介绍时域法。

控制系统的实际运行都是在时间域内进行的。所谓系统的时域分析，就是在时间域内，研究在各种形式的输入信号作用下，系统输出的时间特征。通常采用对研究系统施加一定形式的输入信号，研究系统的输出量随时间的变化规律。在控制论发展早期，由于求解微分方程十分困难，系统在时域中的分析受到很大的限制。20 世纪 60 年代以来，计算机技术的发展，为控制工程的研究提供了强有力的工具，使以时域分析为基础的现代控制理论得到了迅速发展。

时域法是一种直接在时间域中对系统进行分析校正的方法，具有直观、准确的优点，它可以提供系统时间响应的全部信息，但在研究系统参数改变引起系统性能指标变化的趋势这一类问题，以及对系统进行校正设计时，时域法不是非常方便。时域法是最基本的分析方法，该方法引出的概念、方法和结论是以后学习复域法、频域法等其他方法的基础。

本章主要内容是讨论经典控制论中一般简单控制系统的时间响应及快速性分析。由于即使是复杂的高阶系统，也往往存在起主导作用的一阶或二阶环节，故分析简单的低阶系统具有重要意义。分析的方法是求解系统的微分方程，或将其传递函数转换在时域中进行分析。

3.1 系统的时域性能指标

如第 1 章所述，对控制系统的一般要求归纳为稳、准、快。工程上为了定量评价系统性能好坏，必须给出控制系统性能指标的准确定义和定量计算方法。

稳定是控制系统正常运行的基本条件。系统稳定，其响应过程才能收敛，研究系统的性能（包括动态性能和稳态性能）才有意义。

实际物理系统都存在惯性，输出量的改变是与系统所储有的能量有关的。系统所储有的能量的改变需要有一个过程。在外作用激励下系统从一种稳定状态转换到另一种稳定状态需要一定的时间。一个稳定二阶欠阻尼系统的单位阶跃响应如图 3-1 所示。响应过程分为动态过程（也称为过渡过程）和稳态过程，系统的动态性能指标和稳态性能指标就是分别针对这两个阶段定义的。

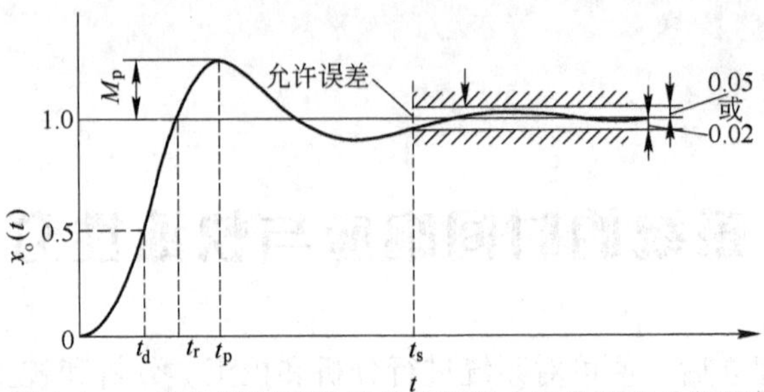

图 3-1 二阶欠阻尼系统的单位阶跃响应及动态性能指标

3.1.1 动态性能

系统动态性能是以系统阶跃响应为基础来衡量的。一般认为阶跃输入对系统而言是比较严峻的工作状态，若系统在阶跃函数作用下的动态性能满足要求，那么系统在其他形式的输入作用下，其动态性能也应是令人满意的。

以二阶欠阻尼为例，二阶欠阻尼系统在单位阶跃信号作用下的动态性能指标通常有如下几项：

(1) **延迟时间** t_d。阶跃响应第一次达到终值 $h(\infty)$ 的 50% 所需的时间。

(2) **上升时间** t_r。阶跃响应从终值的 10% 上升到终值的 90% 所需的时间；对有振荡的系统，也可定义为从 0 到第一次达到终值所需的时间。

(3) **峰值时间** t_p。阶跃响应越过终值 $h(\infty)$ 达到第一个峰值所需的时间。

(4) **调节时间** t_s。阶跃响应到达并保持在终值 $h(\infty)$ ±5% 误差带内所需的最短时间；有时也用终值的 ±2% 误差带来定义调节时间。除非特别说明，本书以后所说的调节时间均以 ±5% 误差带定义。

(5) **超调量** $\sigma\%$。峰值 $h(t_p)$ 与终值 $h(\infty)$ 的差值除以终值的百分比，即

$$\sigma\% = \frac{h(t_p) - h(\infty)}{h(\infty)} \times 100\% \tag{3-1}$$

在上述动态性能指标中，工程上最常用的是调节时间 t_s（描述“快”），超调量 $\sigma\%$（描述“振荡”）以及峰值时间 t_p，它们也是本书重点讨论的动态性能指标。

3.1.2 稳态性能

稳态误差是时间趋于无穷时系统实际输出与理想输出之间的误差，是系统控制精度或抗干扰能力的一种度量（具体内容见第 4 章）。稳态误差有不同定义，通常在典型输入下进行测定或计算。

应当指出，系统性能指标的确定应根据实际情况而有所侧重。例如，民航客机要求飞行平稳，不允许有超调；歼击机则要求机动灵活，响应迅速，允许有适当的超调；对于一些启动之后便需要长期运行的生产过程（如化工过程等），则往往更强调稳态精度。

3.2 时间响应和典型输入信号

3.2.1 时间响应的概念

控制系统在典型输入信号的作用下，输出量随时间变化的函数关系称为系统的**时间响**

应。描述系统的微分方程的解就是该系统时间响应的数学表达式。任一系统的时间响应均由瞬态响应和稳态响应组成。系统在某一输入信号的作用下，系统的输出量从初始状态到稳定状态的响应过程称为**瞬态响应**。瞬态响应直接反映了系统的动态特性。在某一输入信号的作用后，时间趋于无穷大时系统的输出状态称为**稳态响应**。

图 3-2 表示了某系统在单位阶跃信号作用下的时间响应，系统的输出量在 t_s 时刻达到稳定状态，在 $0 \to t_s$ 时间内的响应过程称为瞬态响应；当 $t \to \infty$ 时，系统的输出 $x_o(t)$ 即为稳态响应。当 $t \to \infty$ 时，$x_o(t)$ 收敛于某一稳态值，则系统是稳定的；若 $x_o(t)$ 呈等幅振荡或发散，则系统不稳定。瞬态响应直接反映了系统的动态特性，稳态响应偏离希望输出值的程度可用以衡量系统的精确程度。瞬态响应指标将在本章第 3 节中详细介绍。

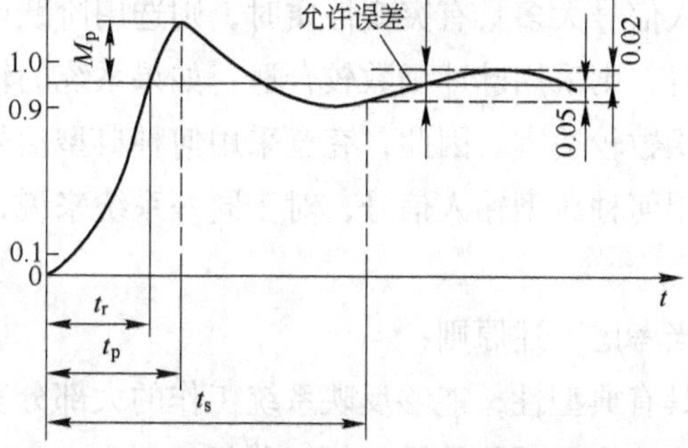

图 3-2　系统性能指标的阶跃响应曲线

3.2.2　典型输入信号

通过研究输入系统信号，考察系统的过渡过程即瞬态响应来评价系统的动态性能是研究控制系统动态性能的基本方法。系统的瞬态响应主要取决于系统本身的特性以及外加输入信号的形式。

在实际系统中，输入信号虽然是多种多样的，但可分为确定性信号和非确定性信号。确定性信号是能用明确的数学关系式表达的信号。例如，为了研究机床的动态特性，用电磁激振器给机床输入一个作用力 $F = A\sin\omega t$，这个作用力就是一个确定性时间函数信号。非确定性信号又称为随机信号，是无法用明确的数学关系式表达的信号。例如，加工零件的尺寸、机械振动、环境的噪声，这类信号需要采用数理统计理论来描述，无法准确预见某一瞬时信号的幅值。在车床上加工工件时，切削力就是非确定性信号。由于工件材料的不均匀性和刀具实际角度的变化等随机因素的影响，所以无法用一确定的时间函数表示切削力的变化规律。

由于系统的输入具有多样性，所以，在分析和设计系统时，需要规定一些典型输入信号，然后比较各系统对典型输入信号的时间响应。尽管在实际中，输入信号很少是典型输入信号，但由于系统对典型输入信号的时间响应和系统对任意输入信号的时间响应之间存在一定的关系，所以，只要知道系统对典型输入信号的响应，再利用关系式

$$\frac{X_{o1}(s)}{X_{i1}(s)} = G(s) = \frac{X_{o2}(s)}{X_{i2}(s)} \quad 或 \quad x_{i1}(t) * x_{o2}(t) = x_{i2}(t) * x_{o1}(t) \ (\ * 表示卷积)$$

就能求出系统对任何输入的响应。

实际中经常使用下述两类输入信号：其一是系统正常工作时的输入信号。使用这类输入信号，既方便，又不会因外加扰动而破坏系统的正常运行，然而，使用这些信号未必能够全面了解系统的动态性能。其二是外加测试信号，经常采用的有脉冲函数、阶跃函数、斜坡函数、正弦函数等，由于这些函数是简单的时间函数，所以控制系统的数学分析和实验工作都比较容易进行。然而在许多实际生产过程中，往往不能使用外加测试信号。因为大多数外加的测试信号对生产过程的正常运行干扰太大，即使有的生产过程能承受这样大的干扰，实验也往往要受严格的限制。

实际应用时，究竟采用哪一种典型信号，取决于系统常见的工作状态。例如，控制系统的实际输入大部分是随时间逐渐变化的函数，则应用斜坡函数作为典型试验信号比较合适；如果控制系统的输入信号大多具有突变性质时，则选用阶跃函数较恰当；而当系统的输入信号是冲击输入量时，则采用脉冲函数较合适；如果系统的输入信号是随时间变化的往复运动，则采用正弦函数较适宜。因此，究竟采用何种典型信号作为实验信号，要视具体情况而定。但不管采用何种典型输入信号，对于同一系统来说，由过渡过程所表征的系统特性是同一的。

选取实验信号时应当考虑下述原则：

(1) 实验信号应当具有典型性，能够反映系统工作的大部分实际情况。

(2) 实验信号的形式应当尽可能简单，便于分析处理。

(3) 实验信号能使系统在最不利的情况下工作。

在时域分析中，经常采用的典型实验信号有下面几种，其中阶跃函数信号使用最为广泛。

(1) 阶跃信号。阶跃信号如图 3-3a 所示，其函数表达式为

$$x_i(t) = \begin{cases} R & t \geqslant 0 (R = \text{常量}) \\ 0 & t < 0 \end{cases}$$

幅值 $R = 1$ 时的阶跃函数称为单位阶跃函数，记作 $1(t)$，其单位阶跃函数的拉氏变换为

$$X_o(t) = L[1(t)] = \frac{1}{s}$$

在 $t = 0$ 处的阶跃信号,相当于一个数值为一常值的信号,$t \geqslant 0$ 时突然加到系统上。

(2) 斜坡信号（或速度信号）。斜坡信号如图 3-3b 所示，其函数表达式为

$$x_i(t) = \begin{cases} Rt & t \geqslant 0 (R = \text{常量}) \\ 0 & t < 0 \end{cases}$$

斜坡函数的拉氏变换为

$$X_o(t) = L[Rt] = \frac{R}{s^2}$$

当 $R = 1$ 时称为单位斜坡函数。这种实验信号相当于控制系统中加入一个按恒速变化的信号，其速度为 R 。

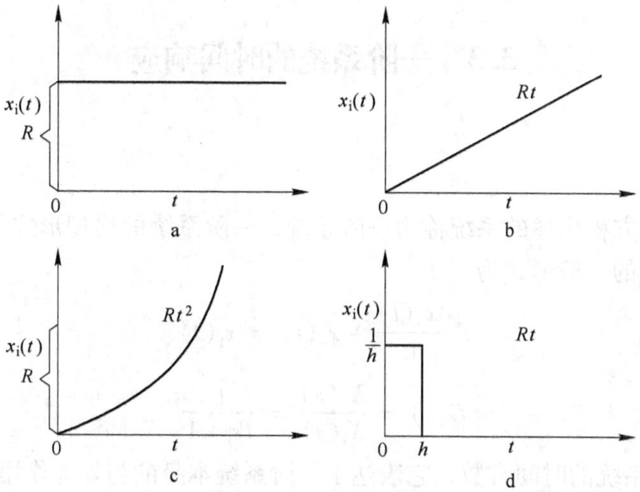

图 3-3　典型输入信号

a—阶跃信号；b—斜坡信号；c—抛物线信号；d—脉冲信号

(3) 抛物线信号（或加速度信号）。抛物线信号如图 3-3c 所示，其函数表达式为

$$x_i(t) = \begin{cases} \frac{1}{2}Rt^2 & t \geqslant 0(R = \text{常量}) \\ 0 & t < 0 \end{cases}$$

该函数的拉氏变换为

$$X_o(t) = L[\frac{1}{2}Rt^2] = \frac{R}{s^3}$$

该实验信号相当于控制系统中加入一按恒加速度变化的信号，加速度为 R。当 $R=1$ 时，称为单位加速度函数。

(4) 脉冲信号。实用脉冲函数如图 3-3d 所示，其函数表达式为

$$x_i(t) = \begin{cases} \frac{1}{h} & 0 \leqslant t \leqslant h \\ 0 & t < 0, t \geqslant 0 \end{cases}$$

其中，脉冲宽度为 h，脉冲面积为 1。若对实用脉冲的宽度取趋于零的极限，则为理想单位脉冲，称作为单位脉冲函数，记为 $\delta(t)$。

$$\delta(t) = \begin{cases} \infty & t = 0 \\ 0 & t \neq 0 \end{cases}, \qquad \int_{-\infty}^{+\infty} \delta(t)\,\mathrm{d}t = 1$$

由于幅值为无穷大，持续时间为零的脉冲纯属数学上的假设，在工程实践中，理想的单位脉冲是很难获得的。为了尽量接近于脉冲函数，通常以宽度 h 很窄、而高度为 $1/h$ 的信号代替脉冲信号，一般要求 $h < 0.1T$，即宽度 h 与系统时间常数 T 相比足够小。

单位脉冲函数的拉氏变换为

$$X_o(s) = L[\delta(t)] = 1$$

显然，单位脉冲函数可以认为是单位阶跃函数对时间的导数 $\delta(t) = \frac{\mathrm{d}}{\mathrm{d}t}1(t)$，反之，单位脉冲函数的积分就是单位阶跃函数。

3.3 一阶系统的时间响应

3.3.1 数学模型

可用一阶微分方程描述的系统称为一阶系统，一阶系统的典型形式是惯性环节。其微分方程和传递函数的一般形式为

$$T\frac{dx_o(t)}{dt} + x_o(t) = x_i(t)$$

$$G(s) = \frac{X_o(s)}{X_i(s)} = \frac{1}{Ts+1}$$

式中，T 称为一阶系统的时间常数，它表达了一阶系统本身的与外界作用无关的固有特性，也称为一阶系统的特征参数。

3.3.2 单位脉冲响应

单位脉冲的拉氏变换为 $X_i(s) = 1$，则一阶系统的单位脉冲响应的拉氏变换式为

$$X_o(s) = G(s)X_i(s) = \frac{1}{Ts+1} \times 1 = \frac{1}{Ts+1} \tag{3-2}$$

取其拉氏反变换，可得出其时间响应函数

$$x_o(t) = \frac{1}{T}e^{-t/T} \qquad (t \geqslant 0) \tag{3-3}$$

上式即为一阶系统的脉冲过渡函数。

由式 3-3 可得表 3-1。

表 3-1 不同时刻系统的脉冲响应

t	$x_o(t)$	$\dot{x}_o(t)$
0	$\frac{1}{T}$	$-\frac{1}{T^2}$
T	$0.368\frac{1}{T}$	$-0.368\frac{1}{T^2}$
$2T$	$0.135\frac{1}{T}$	$-0.135\frac{1}{T^2}$
$4T$	$0.018\frac{1}{T}$	$-0.018\frac{1}{T^2}$
∞	0	0

式 3-3 表示的一阶系统的单位脉冲响应如图 3-4 所示。图 3-4 表明，一阶系统的单位脉冲响应函数是一单调下降的指数曲线。如果将上述指数曲线衰减到初值的 2% 之前的过程定义为过渡过程，则可算得相应的时间为 $4T$，称此时间 $4T$ 为过渡过程时间或调整时间，记为 t_s。由此可见，系统的时间常数 T 愈小，其过渡过程的持续时间愈短。这表明系统的惯性愈小，系统对输入信号反应的快速性能愈好。从第 3.3 节可知，二阶系统比一阶系统容易得到较短的过渡过程时间。这表明一阶系统的惯性较大，所以一

阶系统又称为一阶惯性系统。在一阶系统的输出中包含了反映该系统惯性的时间常数 T 这一重要的信息。

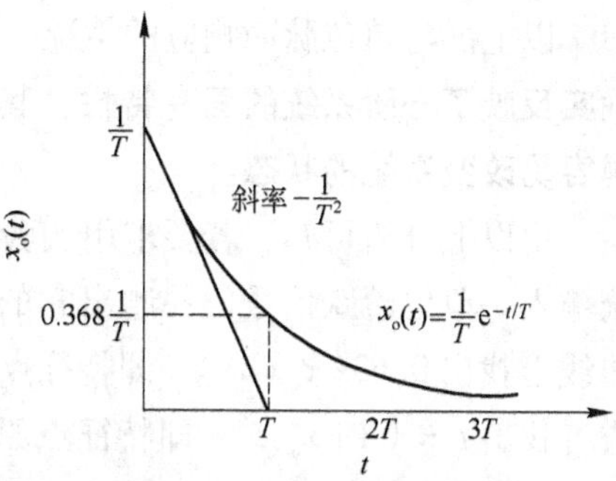

图 3-4 一阶系统单位脉冲响应

3.3.3 单位阶跃响应

当系统的输入信号为单位阶跃函数时，即

$$x_i(t) = 1(t) \qquad X_i(s) = L[1(t)] = \frac{1}{s}$$

则一阶系统的单位阶跃响应函数的 Laplace 变换式为

$$X_o(s) = G(s)X_i(s) = \frac{1}{Ts+1} \times \frac{1}{s}$$

展开成部分分式，得 $X_o(s) = \dfrac{1}{s} - \dfrac{T}{Ts+1}$

对上式进行拉氏反变换得系统的时间响应函数为

$$x_o(t) = L^{-1}[X_o(s)] = 1 - e^{-t/T} \qquad (t \geqslant 0) \tag{3-4}$$

式中，$e^{-t/T}$是瞬态项；1 是稳态项。由式 3-4 可得表 3-2。

表 3-2 不同时刻系统的阶跃响应

t	$x_o(t)$	$\dot{x}_o(t)$
0	0	$\frac{1}{T}$
T	0.632	$0.368\frac{1}{T}$
$2T$	0.865	$0.135\frac{1}{T}$
$4T$	0.982	$0.018\frac{1}{T}$
∞	1	0

式 3-4 表示的一阶系统的单位阶跃响应如图 3-5 所示。它是一条单调上升的指数曲线，稳态值为 $x_o(\infty)$。由图 3-5 可知，曲线有两个重要的特征点，一个是 A 点，其对应的时间$t = T$时，系统的响应 $x_o(t)$ 达到了稳态值的 63.2%；另一个是原点，其对应的时间 $t = 0$ 时，系统的响应 $x_o(t)$ 的切线斜率（它表示系统的响应速度）等于 $1/T$。这两个特征点同系统的时间常数 T 有直接的联系，都包含了一阶系统与固有特性相关的信息。

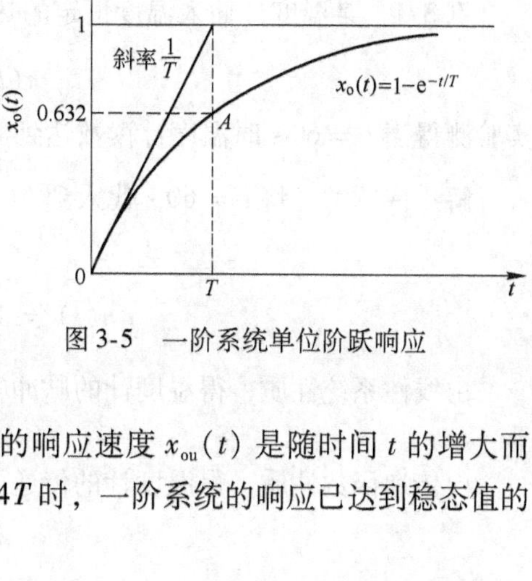

图 3-5 一阶系统单位阶跃响应

由图 3-5 可知，指数曲线的斜率，即一阶系统的响应速度 $x_{ou}(t)$ 是随时间 t 的增大而单调减小的。当 $t \to \infty$ 时，其响应速度为零；当 $t \geqslant 4T$ 时，一阶系统的响应已达到稳态值的

98%以上。与单位脉冲响应的情况一样，系统的过渡过程时间 $t_s = 4T$。**可见，时间常数 T 确实反映了一阶系统的固有特性，其值愈小，系统的惯性就愈小，系统的响应也就愈快，越容易改变系统的状态。**

由以上分析可知，若要求用实验方法求出一阶系统的传递函数 $G(s)$，就可以先对系统输入一单位阶跃信号，并测出它的响应曲线，当然包括其稳态值 $x_o(\infty)$，然后从响应曲线上找出 $0.632\,x_o(\infty)$（即特征点 A）处所对应的时间 t，这个 t 就是系统的时间常数 T；或者找出 $t = 0$ 时 $x_o(t)$（即特征点原点）的切线斜率，这个斜率的倒数也是系统的时间常数 T。再参考式3-4求出 $\omega(t)$，最后由 $G(s) = L[x_o(t)]$ 求得 $G(s)$。

3.3.4 单位斜坡响应（速度响应）

当系统的输入信号为单位斜坡函数时，即 $X_i(s) = \dfrac{1}{s^2}$，则一阶系统的单位阶跃响应函数的 Laplace 变换式为

$$X_o(s) = G(s)X_i(s) = \frac{1}{Ts+1} \times \frac{1}{s^2} = \frac{1}{s^2} - \frac{T}{s} + \frac{T^2}{Ts+1}$$

由拉氏反变换，可得出其时间响应函数 $x_o(t)$ 为

$$x_o(t) = t - T + Te^{-t/T} \quad (t \geqslant 0) \quad (3\text{-}5)$$

误差信号 $e(t)$ 为：$e(t) = x_i(t) - x_o(t) = t - (t - T + Te^{-t/T})$，当 $t \to \infty$ 时，$e(t) \to 0$，因而 $e(\infty) = T$。

一阶系统的单位斜坡响应如图3-6所示，输入信号 $x_i(t)$ 与输出信号 $x_o(t)$ 两线在垂直方向的距离，表征两者之间的误差 $e(t)$。

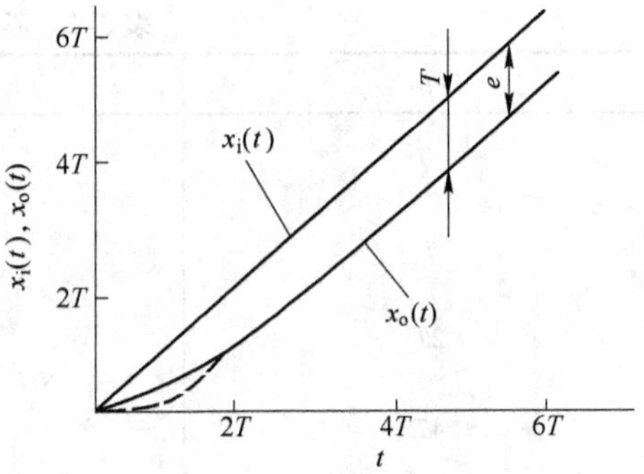

图3-6 一阶系统的单位斜坡响应

3.3.5 应用举例

例3-1 某温度计插入温度恒定的热水后，其显示温度随时间变化的规律为

$$h(t) = 1 - e^{-\frac{1}{T}t}$$

实验测得当 $t = 60$ s 时温度计读数达到实际水温的95%，试确定该温度计的传递函数。

解：依题意，将 $t = 60$ s 代入到 $h(t) = 1 - e^{-\frac{1}{T}t}$ 中，求得

$$T = 20$$

$$h(t) = 1 - e^{-\frac{1}{T}t} = 1 - e^{-\frac{1}{20}t}$$

由线性系统性质，得温度计的脉冲响应函数 $k(t) = h'(t) = \dfrac{1}{20}e^{-\frac{1}{20}t}$

由传递函数性质，得温度计的传递函数 $\phi(s) = L[k(t)] = \dfrac{1}{20s+1}$

例 3-2　原系统传递函数为

$$G(s)=\frac{10}{0.2s+1}$$

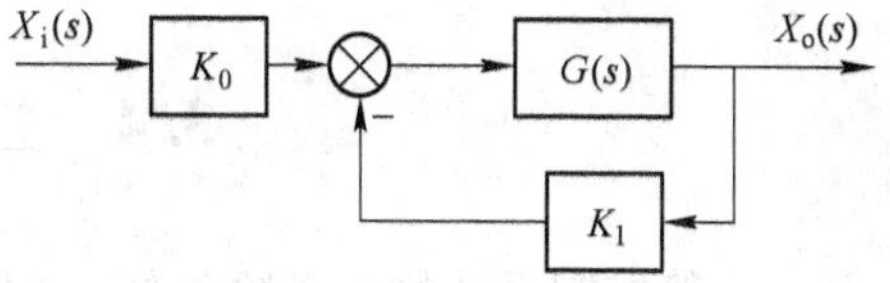

图 3-7　反馈系统结构图

现采用如图 3-7 所示的反馈系统，欲将反馈系统的调节时间减小为原来的 0.1 倍，并且保证原放大倍数不变，试确定参数 K_0 和 K_1 的取值。

解：依题意，原系统时间常数 $T=0.2$，放大倍数 $K=10$，要求反馈后系统的时间常数 $T_\Phi=0.2\times0.1=0.02$，放大倍数 $K_\Phi=K=10$。由结构图 3-7 可以得到反馈系统传递函数为

$$G_B(s)=\frac{K_0G(s)}{1+K_1G(s)}=\frac{10K_0}{0.2s+1+10K_1}=\frac{\dfrac{10K_0}{1+10K_1}}{\dfrac{0.2}{1+10K_1}s+1}=\frac{K_\Phi}{T_\Phi s+1}$$

应有
$$\begin{cases}K_\Phi=\dfrac{10K_0}{1+10K_1}=10\\[2ex]T_\Phi=\dfrac{0.2}{1+10K_1}=0.02\end{cases}$$

联立求解得
$$\begin{cases}K_1=0.9\\K_0=10\end{cases}$$

根据以上例题可知，一阶系统的动态性能指标对于分析系统的快速性非常重要。对于给定的一阶系统传递函数时间，可以通过分析时间响应来确定调整时间，以此判断系统的快速性是否满意，如果不满意，则需要对系统进行校正（见第 7 章）。例如第 2 章例 2-8，如果调整时间不符合系统快速性要求，则需要减小调整时间，减小调整时间的方法是减小一阶系统时间常数 T，而一阶系统时间常数 T 则是由组成该无源滤波网络的基本元件（电阻和电容）的属性所决定的，即 $T=RC$。由此可见，对快速性的调整可以转化成对组成一阶系统的基本元件的属性进行调整。

3.3.6* 线性定常系统的重要特征

通过上面的分析，注意到对时间变量而言，单位脉冲函数是单位阶跃函数的导数，而单位脉冲响应式 3-3 是单位阶跃响应式 3-4 的导数；单位阶跃函数是单位斜坡函数的导数，而单位阶跃响应式 3-4 是单位斜坡响应式 3-5 的导数。即有如下关系

$$x_i(t)_{脉冲}=\frac{d}{dt}x_i(t)_{阶跃}=\frac{d^2}{dt^2}x_i(t)_{斜坡}$$

$$X_0(t)_{脉冲}=\frac{d}{dt}X_0(t)_{阶跃}=\frac{d^2}{dt^2}X_0(t)_{斜坡}$$

由此可以看出：系统对输入信号导数的响应，可以通过系统对输入信号响应的微分来求出；反之，也可以看出：系统对原信号积分的响应，等于系统对原信号响应的积分，而不定积分常数则由零输出初始条件确定。这是线性定常系统的一个重要特性，不仅适用于一阶线性定常系统，而且适用于任何线性定常系统。需要指出的是，线性时变系统和非线性系统都不具备这种特点。

3.4 二阶系统的时间响应

一般控制系统均系高阶系统，但在一定准确度条件下，可忽略某些次要因素近似地用一个二阶系统来表示。因此研究二阶系统有较大实际意义。例如，描述力反馈型电液伺服阀的微分方程一般为四、五阶高次方程，但在实际中，电液控制系统按二阶系统来分析已足够准确了。二阶系统实例很多，如前述的 RCL 电网络，带有惯性载荷的液压助力器，质量—弹簧—阻尼机械系统等。

3.4.1 数学模型

二阶系统的动力学方程及传递函数分别为

$$\frac{d^2x_o(t)}{dt^2}+2\xi\omega_n\frac{dx_o(t)}{dt}+\omega_n^2x_o(t)=\omega_n^2x_i(t)$$

$$G(s)=\frac{X_o(s)}{X_i(s)}=\frac{\omega_n^2}{s^2+2\xi\omega_n s+\omega_n^2} \tag{3-6}$$

式中，ω_n 称为无阻尼固有频率；ξ 称为阻尼比。显然 ω_n 与 ξ 是二阶系统的特征参数，它们表明了二阶系统本身与外界无关的特性。

由式 3-6 的分母可以得到二阶系统的特征方程（特征方程是指使系统的传递函数 $G(s)$ 的分母为 0 的等式）

$$s^2+2\xi\omega_n s+\omega_n^2=0$$

此方程的两个特征根是 $s_{1,2}=-\xi\omega_n\pm\omega_n\sqrt{\xi^2-1}$。

由特征根表达式可见，随着阻尼比 ξ 取值的不同，二阶系统的特征根也不同。

（1）欠阻尼系统（$0<\xi<1$）。这时两个特征根可以写成 $s_{1,2}=-\xi\omega_n\pm j\omega_n\sqrt{1-\xi^2}$。这是一对共轭复根，在复平面上的位置如图 3-8a 所示。

（2）无阻尼系统（$\xi=0$）。这时 $s_{1,2}=\pm j\omega_n$，是一对共轭虚根，如图 3-8b 所示。

（3）临界阻尼系统（$\xi=1$）。这时 $s_{1,2}=-\omega_n$，是两个相同的负实根，如图 3-8c 所示。

（4）过阻尼系统（$\xi>1$）。这时 $s_{1,2}=-\xi\omega_n\pm\omega_n\sqrt{\xi^2-1}$，是两个不同的负实根，如图 3-8d 所示。根据部分分式展开法，此时可以把过阻尼系统看成是两个一阶惯性环节的串联或者是并联。

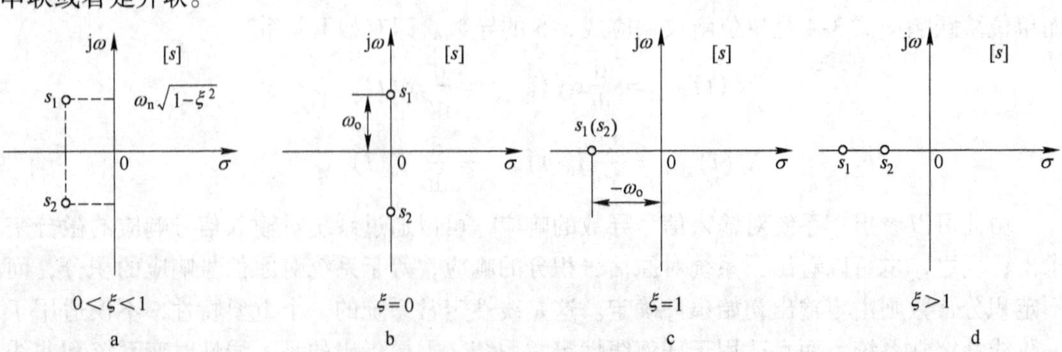

图 3-8 二阶系统的特征根

根据上述四种情况，下面分别研究输入信号为单位阶跃函数、斜坡函数、单位脉冲函数时，二阶系统的过渡过程。

3.4.2 单位阶跃响应

若系统的输入信号为单位阶跃函数，即

$$x_i(t) = 1(t) \qquad L[1(t)] = \frac{1}{s}$$

则二阶系统的阶跃响应函数的 Laplace 变换式为

$$X_o(s) = G(s)\frac{1}{s} = \frac{\omega_n^2}{s^2 + 2\xi\omega_n s + \omega_n^2} \times \frac{1}{s} = \frac{1}{s} - \frac{s + 2\xi\omega_n}{(s + \xi\omega_n + j\omega_d)(s + \xi\omega_n - j\omega_d)} \tag{3-7}$$

其响应函数可讨论如下。

3.4.2.1 欠阻尼状态（$0 < \xi < 1$）

由式 3-7 可得

$$x_o(t) = L^{-1}\left[\frac{1}{s}\right] - L^{-1}\left[\frac{s + \xi\omega_n}{(s + \xi\omega_n)^2 + \omega_d^2}\right] - L^{-1}\left[\frac{\xi}{\sqrt{1 - \xi^2}} \times \frac{\omega_d}{(s + \xi\omega_n)^2 + \omega_d^2}\right]$$

$$= 1 - e^{-\xi\omega_n t}\left(\cos\omega_d t + \frac{\xi}{\sqrt{1 - \xi^2}}\sin\omega_d t\right) \qquad (t \geqslant 0) \tag{3-8}$$

或

$$x_o(t) = 1 - e^{-\xi\omega_n t}\frac{1}{\sqrt{1 - \xi^2}}\sin\left(\omega_d t + \arctan\frac{\sqrt{1 - \xi^2}}{\xi}\right) \qquad (t \geqslant 0) \tag{3-9}$$

式 3-9 中的第二项是瞬态项，是减幅正弦振荡函数，它的振幅随时间 t 的增加而减小。$\omega_d = \omega_n\sqrt{1 - \xi^2}$，称 ω_d 为二阶系统的有阻尼固有频率。

3.4.2.2 无阻尼状态（$\xi = 0$）

由式 3-7，可得

$$x_o(t) = 1 - \cos\omega_n t \qquad (t \geqslant 0) \tag{3-10}$$

3.4.2.3 临界阻尼状态（$\xi = 1$）

由式 3-7，可得

$$x_o(t) = L^{-1}[X_o(s)] = 1 - (1 + \omega_n t)e^{-\omega_o t} \qquad (t \geqslant 0) \tag{3-11}$$

其响应的变化速度为

$$\dot{x}_o(t) = \omega_n^2 t e^{-\omega_n t}$$

由此式可知：当 $t = 0$ 时，$\dot{x}_o(t) = 0$；$t = \infty$ 时，$\dot{x}_o(\infty) = 0$；$t > 0$ 时，$\dot{x}_o(t) > 0$。这说明过渡过程在开始时刻和最终时刻的变化速度为零，过渡过程是单调上升的。

3.4.2.4 过阻尼系统（$\xi > 1$）

由式 3-7，可得

$$x_o(t) = L^{-1}[X_o(s)]$$

$$= 1 + \frac{1}{2\sqrt{\xi^2 - 1}(\xi + \sqrt{\xi^2 - 1})} e^{-(\xi - \sqrt{\xi^2-1})\omega_n t} -$$

$$\frac{1}{2\sqrt{\xi^2 - 1}(\xi - \sqrt{\xi^2 - 1})} e^{-(\xi - \sqrt{\xi^2-1})\omega_n t}$$

$$= 1 + \frac{\omega_n}{2\sqrt{\xi^2 - 1}}\left(\frac{e^{s_1 t}}{-s_1} - \frac{e^{s_2 t}}{-s_2}\right) \quad (t \geqslant 0) \tag{3-12}$$

式中，$s_1 = -(\xi + \sqrt{\xi^2 - 1})\omega_n$；$s_2 = -(\xi - \sqrt{\xi^2 - 1})\omega_n$。

计算表明，当 $\xi > 1.5$ 时，在式 3-12 的两个衰减的指数项中，$e^{s_1 t}$ 的衰减比 $e^{s_2 t}$ 的要快得多，因此，过渡过程的变化以 $e^{s_1 t}$ 项起主要作用。从 s 平面看，愈靠近虚轴的根，过渡过程的时间愈长，对过渡过程的影响愈大，更起主导作用。

式 3-9 ~ 式 3-12 所描述的单位阶跃响应函数如图 3-9 所示。

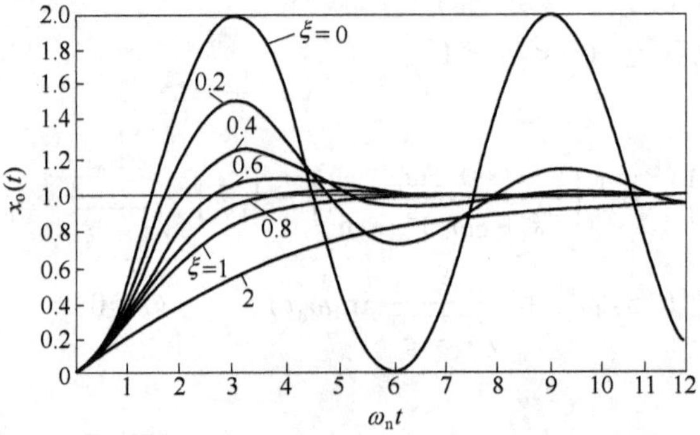

图 3-9 二阶系统单位阶跃响应

由图 3-9 可知，$\xi < 1$ 时，二阶系统的单位阶跃响应函数的过渡过程为衰减振荡，并且随着阻尼 ξ 的减小，其振荡特性表现得愈加强烈，当 $\xi = 0$ 时达到等幅振荡。在 $\xi = 1$ 和 $\xi > 1$ 时，二阶系统的过渡过程具有单调上升的特性。从过渡过程的持续时间来看，在无振荡单调上升的曲线中，以 $\xi = 1$ 时的过渡时间 t_s 最短。在欠阻尼系统中，当 $\xi = 0.4 \sim 0.8$ 时，不仅其过渡过程时间比 $\xi = 1$ 时的更短，而且振荡不太严重。因此，一般希望二阶系统工作在 $\xi = 0.4 \sim 0.8$ 的欠阻尼状态，因为这个工作状态有一个振荡特性适度而持续时间又较短的过渡过程。应指出，由以上分析可知，决定过渡过程特性的是瞬态响应这部分。选择合适的过渡过程实际上是选择合适的瞬态响应，也就是选择合适的特征参数 ω_n 与 ξ 值。

在根据给定的性能指标设计系统时，将一阶系统与二阶系统相比，通常选择二阶系统。这是因为二阶系统容易得到较短的过渡过程时间，并且也能同时满足对振荡性能的要求。

3.4.3 单位斜坡响应

当二阶系统的输入信号是单位斜坡函数时，$x_i(t) = t$，则 $X_i(s) = 1/s^2$，那么对应输出信号的拉氏变换式为

$$X_o(s) = \frac{\omega_n^2}{s^2 + 2\xi\omega_n s + \omega_n^2} \times \frac{1}{s^2} \tag{3-13}$$

3.4.3.1 欠阻尼（$0 < \xi < 1$）时的过渡过程

这时，式 3-13 可展开成如下部分分式

$$X_o(s) = \frac{1}{s^2} - \frac{2\xi/\omega_n}{s} + \frac{[2\xi/\omega_n](s+\xi\omega_n) + (2\xi^2-1)}{s^2 + 2\xi\omega_n s + \omega_n^2}$$

取拉氏反变换，得

$$x_o(t) = t - \frac{2\xi}{\omega_n} + e^{-\xi\omega_n t}\frac{2\xi}{\omega_n}\cos\omega_d t + e^{-\xi\omega_n t}\frac{2\xi^2-1}{\omega_n\sqrt{1-\xi^2}}\sin\omega_d t$$

$$= t - \frac{2\xi}{\omega_n} + \frac{e^{-\xi\omega_n t}}{\omega_n\sqrt{1-\xi^2}}\sin\omega_d t + \arctan\frac{2\xi\sqrt{1-\xi^2}}{2\xi^2-1} \quad (t \geqslant 0) \tag{3-14}$$

式中，$\omega_d = \omega_n\sqrt{1-\xi^2}$；$\arctan\frac{2\xi\sqrt{1-\xi^2}}{2\xi^2-1} = 2\arctan\frac{\sqrt{1-\xi^2}}{\xi}$。

3.4.3.2 无阻尼（$\xi = 0$）时的过渡过程

$$x_o(t) = t + \frac{1}{\omega_n}\sin\omega_n t \quad (t\geqslant 0) \tag{3-15}$$

3.4.3.3 临界阻尼（$\xi = 1$）时的过渡过程

这时，求得

$$x_o(t) = t - \frac{2}{\omega_n} + \frac{2}{\omega_n}e^{-\omega_n t}(1 + \frac{\omega_n t}{2}) \quad (t\geqslant 0) \tag{3-16}$$

3.4.3.4 过阻尼（$\xi > 1$）时的过渡过程

同样，可以求得

$$x_o(t) = t - \frac{2\xi}{\omega_n} - \frac{2\xi^2 - 1 - 2\xi\sqrt{\xi^2-1}}{2\omega_n\sqrt{\xi^2-1}}e^{-(\xi+\sqrt{\xi^2-1})\omega_n t} + \frac{2\xi^2 - 1 + 2\xi\sqrt{\xi^2-1}}{2\omega_n\sqrt{\xi^2-1}}e^{-(\xi-\sqrt{\xi^2-1})\omega_n t} \quad (t\geqslant 0) \tag{3-17}$$

二阶系统反应单位斜坡函数的过渡过程还可以通过对反应单位阶跃函数的过渡过程的积分求得。其中积分常数可根据 $t=0$ 时过渡过程 $x_o(t)$ 的初始条件来确定。

3.4.4 单位脉冲响应

当二阶系统的输入信号是理想的单位脉冲函数 $\delta(t)$ 时，系统的输出 $x_o(t)$ 称为单位脉冲响应函数，特别记为 $\omega(t)$，则 $W(s) = G(s)$，根据拉氏反变换，可得

$$\omega(t) = L^{-1}[G(s)] = L^{-1}\left[\frac{\omega_n^2}{s^2 + 2\xi\omega_n s + \omega_n^2}\right] = L^{-1}\left[\frac{\omega_n^2}{(s+\xi\omega_n)^2 + (\omega_n\sqrt{1-\xi^2})}\right] \tag{3-18}$$

3.4.4.1 欠阻尼状态（$0 < \xi < 1$）

由式3-18可得

$$\omega(t) = L^{-1}\left[\frac{\omega_n}{\sqrt{1-\xi^2}} \times \frac{\omega_n\sqrt{1-\xi^2}}{(s+\xi\omega_n)^2 + (\omega_n\sqrt{1-\xi^2})^2}\right] = \frac{\omega_n}{\sqrt{1-\xi^2}}e^{\xi\omega_n t}\sin\omega_d t \quad (t\geqslant 0) \tag{3-19}$$

3.4.4.2 无阻尼状态（$\xi=0$）

由式3-18可得

$$\omega(t)=L^{-1}\left[\omega_n\frac{\omega_n}{s^2+\omega_n^2}\right]=\omega_n\sin\omega_n t\qquad(t\geqslant 0)\tag{3-20}$$

3.4.4.3 临界阻尼状态（$\xi=1$）

由式3-18可得

$$\omega(t)=L^{-1}\left[\frac{\omega_n^2}{(s+\omega_n)^2}\right]=\omega_n^2 t e^{-\omega_n t}\qquad(t\geqslant 0)\tag{3-21}$$

3.4.4.4 过阻尼系统（$\xi>1$）

由式3-18可得

$$\omega(t)=\frac{\omega_n}{2\sqrt{\xi^2-1}}\left\{L^{-1}\left[\frac{1}{s+(\xi-\sqrt{\xi^2-1})}\right]-L^{-1}\left[\frac{1}{s+(\xi+\sqrt{\xi^2-1})\omega_n}\right]\right\}$$

$$=\frac{\omega_n}{2\sqrt{\xi^2-1}}\left[e^{-(\xi-\sqrt{\xi^2-1})\omega_n t}-e^{-(\xi+\sqrt{\xi^2-1})\omega_n t}\right]\qquad(t\geqslant 0)\tag{3-22}$$

由式3-22可知，过阻尼系统的 $\omega(t)$ 可视为两个并联的一阶系统的单位脉冲响应函数的叠加。当 ξ 取不同值时，二阶欠阻尼系统的单位脉冲响应如图3-10所示。

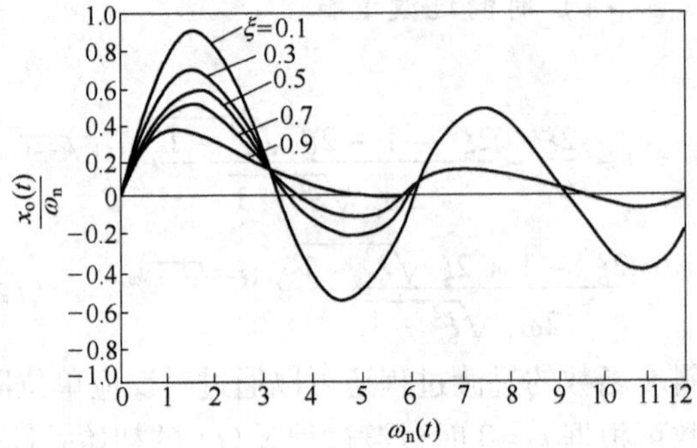

图3-10 二阶系统单位脉冲响应

由图3-10可知，欠阻尼系统的单位脉冲响应曲线是减幅的正弦振荡曲线，且 ξ 愈小，衰减愈慢，振荡频率 ω_d 愈大。故欠阻尼系统又称为二阶振荡系统，其幅值衰减的快慢取决于 $\xi\omega_n$（$1/\xi\omega_n$ 称为时间衰减常数）。

3.4.5 二阶系统的性能指标

大多数情况下，系统所需的性能指标一般以时域量值的形式给出。

通常，系统的性能指标，根据系统对单位阶跃输入的响应给出。其原因是：

（1）产生阶跃输入比较容易，而且从系统对单位阶跃输入的响应也较容易求得对任何输入的响应；

（2）在实际中，许多输入与阶跃输入相似，而且阶跃输入又往往是实际中最不利的输入情况。

需要指出的是，由于完全无振荡的单调过程的过渡过程时间太长，所以，除了那些不允许产生振荡的系统外，通常都允许系统有适度的振荡，其目的是为了获得较短的过渡过程时间。这就是在设计二阶系统时，常使系统在欠阻尼（正如上所述，通常取 $\xi=0.4\sim0.8$）状态下工作的原因。因此，下面有关二阶系统响应的性能指标的定义及计算公式除特别说明者外，都是针对欠阻尼二阶系统的单位阶跃响应的过渡过程而言的。

下面来定义二阶系统的性能指标（图 3-11），并根据定义，推导它们的计算公式，分析它们与系统特征参数 ξ、ω_n 之间的关系。

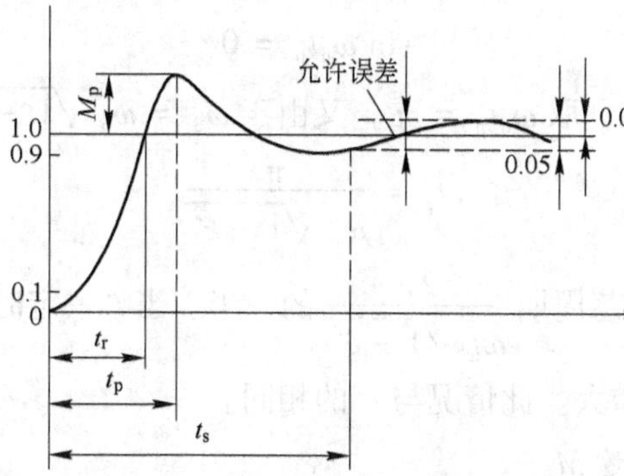

图 3-11 二阶系统响应的性能指标

3.4.5.1 上升时间 t_r

响应曲线从原工作状态出发，第一次达到输出稳态值所需的时间定义为上升时间。对于过阻尼系统，一般将响应曲线从稳态值的 10% 上升到 90% 所需的时间称为上升时间。

根据定义，当 $t=t_r$ 时，$x_o(t_r)=1$。由式 3-8 得

$$1=1-e^{-\xi\omega_n t_r}\left(\cos\omega_d t_r+\frac{\xi}{\sqrt{1-\xi^2}}\sin\omega_d t_r\right)$$

即

$$e^{-\xi\omega_n t_r}\left(\cos\omega_d t_r+\frac{\xi}{\sqrt{1-\xi^2}}\sin\omega_d t_r\right)=0$$

而 $e^{-\xi\omega_n t_r}\neq0$，故有

$$\cos\omega_d t_r+\frac{\xi}{\sqrt{1-\xi^2}}\sin\omega_d t_r=0$$

$$\tan\omega_d t_r=-\frac{\sqrt{1-\xi^2}}{\xi}$$

因为 t_r 是 $x_o(t)$ 第一次达到输出稳态值的时间，故取

$$\omega_d t_r=\pi-\arctan\frac{\sqrt{1-\xi^2}}{\xi}=\pi-\arccos\xi$$

又由于 $\omega_d=\omega_n\sqrt{1-\xi^2}$，则

$$t_r=\frac{\pi-\arccos\xi}{\omega_n\sqrt{1-\xi^2}} \tag{3-23}$$

由式 3-23 可知，当 ξ 一定时，ω_n 增大，t_r 就减小，当 ω_n 一定时，ξ 增大，t_r 就增大。

3.4.5.2 峰值时间 t_p

响应曲线达到第一个峰值所需的时间定义为峰值时间。将式3-8对时间 t 求导数，并令其为零，便可求得峰值时间 t_p，即由

$$\left.\frac{\mathrm{d}x_o(t)}{\mathrm{d}t}\right|_{t=t_p} = 0$$

整理，得

$$\sin \omega_d t_p = 0$$

由峰值时间 t_p 的定义，取 $\omega_d t_p = \pi$，又由于 $\omega_d = \omega_n\sqrt{1-\xi^2}$，因此

$$t_p = \frac{\pi}{\omega_n\sqrt{1-\xi^2}} \tag{3-24}$$

可见峰值时间是有阻尼振荡周期 $\frac{2\pi}{\omega_n\sqrt{1-\xi^2}}$ 的一半。当 ξ 一定时，ω_n 增大，t_p 就减小，当 ω_n 一定时，ξ 增大，t_p 就增大。此情况与 t_r 的相同。

3.4.5.3 最大超调量 M_p

一般用下式定义系统的最大超调量，即

$$M_p = \frac{x_o(t_p) - x_o(\infty)}{x_o(\infty)} \times 100\% \tag{3-25}$$

因为最大超调量发生在峰值时间，$t = t_p = \pi/\omega_d$ 时，故将式3-8与 $x_o(\infty) = 1$ 代入式3-25，可求得

$$M_p = -\mathrm{e}^{-\xi\omega_n\pi/\omega_d}\left(\cos\pi + \frac{\xi}{\sqrt{1-\xi^2}}\sin\pi\right) \times 100\%$$

即

$$M_p = \mathrm{e}^{-\xi\pi/\sqrt{1-\xi^2}} \times 100\% \tag{3-26}$$

可见，超调量 M_p 只与阻尼比 ξ 有关，而与无阻尼固有频率 ω_n 无关。所以，M_p 的大小直接说明系统的阻尼特性。也就是说，当二阶系统阻尼比 ξ 确定后，即可求得与其相对应的超调量 M_p；反之，如果给出了系统所要求的 M_p，也可由此确定相应的阻尼比。当 $\xi = 0.4 \sim 0.8$ 时，相应的超调量 $M_p = 25\% \sim 1.5\%$。

3.4.5.4 调整时间 t_s

在过渡过程中，$x_o(t)$ 取的值满足下面不等式时所需的时间，定义为调整时间 t_s。不等式为

$$|x_o(t) - x_o(\infty)| \leqslant \Delta \cdot x_o(\infty) \qquad (t \geqslant t_s) \tag{3-27}$$

式中，Δ 是指定的微小量，一般取 $\Delta = 0.02 \sim 0.05$。

式3-27表明，在 $t = t_s$ 之后，系统的输出不会超过下述允许范围

$$x_o(\infty) - \Delta \cdot x_o(\infty) \leqslant x_o(t) \leqslant x_o(\infty) + \Delta \cdot x_o(\infty) \qquad (t \geqslant t_s)$$

又因此时 $x_o(\infty) = 1$，故

$$|x_o(t) - 1| \leqslant \Delta \tag{3-28}$$

现将式3-9代入式3-28，得

$$\left|\frac{e^{-\xi\omega_n t}}{\sqrt{1-\xi^2}}\sin\left(\omega_d t+\arctan\frac{\sqrt{1-\xi^2}}{\xi}\right)\right|\leqslant\Delta\qquad(t\geqslant t_s)\tag{3-29}$$

由于 $\pm\frac{e^{-\xi\omega_n t}}{\sqrt{1-\xi^2}}$ 所表示的曲线是式 3-29 所描述的减幅正弦曲线的包络线，因此，可将式 3-29 所表达的条件改为 $\frac{e^{-\xi\omega_n t}}{\sqrt{1-\xi^2}}\leqslant\Delta\ (t\geqslant t_s)$，解得

$$t_s\geqslant\frac{1}{\xi\omega_n}\ln\frac{1}{\sqrt{1-\xi^2}}\tag{3-30}$$

若取 $\Delta=0.02$，得 $t_s\geqslant\frac{4-\ln\sqrt{1-\xi^2}}{\xi\omega_n}$，当 $0<\xi<0.7$ 时，近似取为 $t_s\approx\frac{4}{\xi\omega_n}$；

若取 $\Delta=0.05$，得 $t_s\geqslant\frac{3-\ln\sqrt{1-\xi^2}}{\xi\omega_n}$，当 $0<\xi<0.7$ 时，近似取为 $t_s\approx\frac{3}{\xi\omega_n}$。

t_s 与 ξ 之间的精确关系，可由式 3-29 求得。当 $\Delta=0.02$，$\xi=0.76$ 时，t_s 最小；当 $\Delta=0.05$，$\xi=0.68$ 时，t_s 最小。在设计二阶系统时，一般取 $\xi=0.707$ 作为最佳阻尼比。这是因为此时不仅 t_s 小，而且超调量也不大。

在具体设计时，通常是根据对最大超调量 M_p 的要求来确定阻尼比 ξ 的，所以调整时间 t_s 主要是根据系统的 ω_n 来确定的。由此可见，二阶系统的特征参数 ω_n 和 ξ 决定了系统的调整时间 t_s 和最大超调量 M_p；反过来，根据对 t_s 和 M_p 的要求，也能确定二阶系统的特征参数 ω_n 和 ξ。

3.4.5.5 振荡次数 N

在过渡过程时间 $0\leqslant t\leqslant t_s$ 内，$x_o(t)$ 穿越其稳态值 $x_o(\infty)$ 的次数的一半定义为振荡次数。从式 3-9 可知，系统的振荡周期是 $2\pi/\omega_d$，所以其振荡次数为

$$N=\frac{t_s}{2\pi/\omega_d}\tag{3-31}$$

因此，当 $0<\xi<0.7$，$\Delta=0.02$ 时，由 $t_s=4/(\xi\omega_n)$ 与 $\omega_d=\omega_n\sqrt{1-\xi^2}$，得

$$N=\frac{2\sqrt{1-\xi^2}}{\pi\xi}\tag{3-32}$$

当 $0<\xi<0.7$，$\Delta=0.05$ 时，由 $t_s=3/(\xi\omega_n)$ 与 $\omega_d=\omega_n\sqrt{1-\xi^2}$，得

$$N=\frac{1.5\sqrt{1-\xi^2}}{\pi\xi}\tag{3-33}$$

从式 3-32 和式 3-33 可以看出，振荡次数 N 随着 ξ 的增大而减小，它的大小直接反映了系统的阻尼特性。由 t_s 的精确表达式来讨论 N 与 ξ 的关系，此结论不变。

综合上述分析，可将二阶系统的特征参量 ξ、ω_n 与瞬态响应各项指标间的关系归纳如下：

(1) 二阶系统的瞬态响应特性由系统的阻尼比 ξ 和无阻尼固有频率 ω_n 共同决定，欲使二阶系统具有满意的瞬态响应指标，必须综合考虑 ξ 和 ω_n 的影响，选取合适的 ξ 和 ω_n。

(2) 若保持 ξ 不变而增大 ω_n，超调量 M_p 无影响，却可以减小峰值时间 t_p、上升时间

t_r 和调整时间 t_s，即可以提高系统的快速性。所以增大系统的无阻尼固有频率对提高系统性能是有利的。

（3）若保持 ω_n 不变而增大 ξ，会使超调量 M_p 减小，增加相对稳定性，减弱系统的振荡性能。在 $\xi<0.7$ 时，随着 ξ 的增大，t_s 减小；而在 $\xi>0.7$ 时，随着 ξ 的增大，t_r、t_s 增大（精确计算表明，在 $\xi>0.7$ 时，t_s 随 ξ 的增大而增大），系统的快速性变差。

（4）系统响应的快速性与相对稳定性之间往往是矛盾的，综合考虑系统的相对稳定性和快速性，通常取 $\xi=0.4\sim0.8$，这时系统的超调量 M_p 在 25% ~1.5% 之间。若 $\xi<0.4$，系统超调严重，相对稳定性差；若 $\xi>0.8$，则系统反应迟钝，灵敏性差；当 $\xi=0.707$ 时，超调量 M_p 和调整时间 t_s 均较小，故称 $\xi=0.707$ 为最佳阻尼比。

3.4.6 二阶系统计算举例

例 3-3 某系统如图 3-12 所示，试求其无阻尼固有频率 ω_n、阻尼比 ξ、超调量 M_p、峰值时间 t_p 及调整时间 $t_s(\Delta=0.05)$。

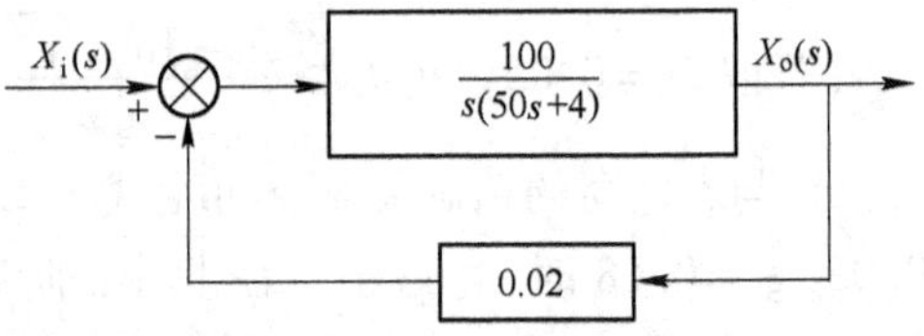

图 3-12 例 3-3 图示

解： 对于图 3-12 所示系统，首先应求出其传递函数，化成标准形式，然后可用公式求出各项特征量及瞬态响应指标。

$$\frac{X_o(s)}{X_i(s)}=\frac{\dfrac{100}{s(50s+4)}}{1+\dfrac{100}{s(50s+4)}\times0.02}=\frac{100}{s(50s+4)+2}=\frac{50}{5^2s^2+2\times0.2\times5s+1}$$

所以 $\omega_n=\frac{1}{5}=0.2\ \mathrm{rad/s}$，$\xi=0.2$

$$M_p=e^{-\frac{\pi\xi}{\sqrt{1-\xi^2}}}=e^{-\frac{\pi\times0.2}{\sqrt{1-0.2^2}}}\approx0.527$$

$$t_r=-\frac{\pi}{\omega_n\sqrt{1-\xi^2}}=\frac{\pi}{0.2\sqrt{1-0.2^2}}\approx16.03\mathrm{s}$$

$$t_s\approx\frac{3}{\xi\omega_n}=\frac{3}{0.2\times0.2}=75\mathrm{s}$$

例 3-4 如图 3-13a 所示的机械系统，在质块 m 上施加 $x_i(t)=8.9\mathrm{N}$ 阶跃力后，m 的时间响应为 $x_o(t)$，如图 3-13b 所示，试求系统的 m、k 和 c 值。

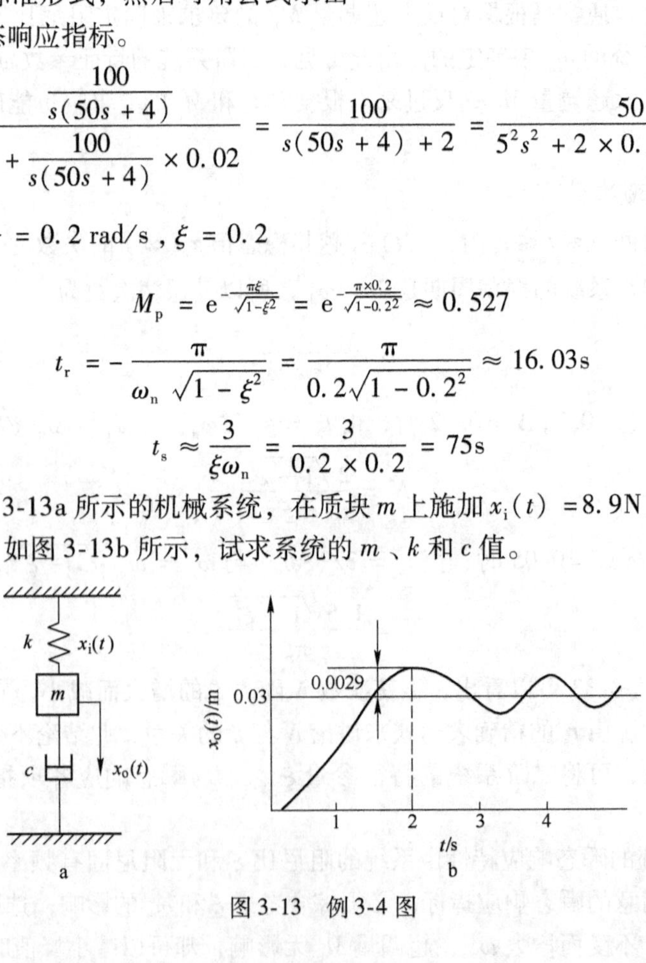

图 3-13 例 3-4 图

解：由图可知，$x_i(t)$ 是阶跃力输入 $x_i(t)=8.9\text{N}$，$x_o(t)$ 是输出位移。由图可知系统的稳态输出 $x_o(\infty)=0.03\text{m}$，$x_o(t_p)-x_o(\infty)=0.0029\text{m}$，$t_p=2\text{s}$，此系统的传递函数显然为

$$G(s)=\frac{X_o(s)}{X_i(s)}=\frac{1}{ms^2+cs+k}$$

式中

$$X_i(s)=\frac{8.9}{s}\text{N}$$

（1）求 k。由 Laplace 变换的终值定理可知

$$x_o(\infty)=\lim_{t\to\infty}x_o(t)=\lim_{s\to 0}sX_o(s)$$

$$=\lim_{s\to 0}\frac{1}{ms^2+cs+k}\times\frac{8.9\text{N}}{s}=\frac{8.9\text{N}}{k}$$

而 $x_o(\infty)=0.03\text{m}$，因此 $k=297\text{N/m}$。

其实根据 Hooke（胡克）定律很容易直接计算 k。因为 $x_o(0)$ 即为静变形，$x_i(\infty)$ 可视为静载荷，从而有

$$x_i(\infty)=k\cdot x_o(\infty)$$

即得

$$k=x_i(\infty)/x_o(\infty)=8.9\text{N}/0.03\text{m}=297\ \text{N/m}$$

（2）求 m。由公式 3-25 得

$$M_p=\frac{0.0029}{0.03}\times 100\%=9.6\%$$

由公式 3-26 得 $\xi=0.6$。

将 $t_p=2\text{s}$，$\xi=0.6$ 代入 $t_p=\dfrac{\pi}{\omega_d}=\dfrac{\pi}{\omega_n\sqrt{1-\xi^2}}$ 中，得 $\omega_n=1.96\text{rad/s}$。

再由 $k/m=\omega_n^2$ 求得 $m=77.3\text{kg}$。

（3）求 c。由 $2\xi\omega_n=c/m$，求得 $c=181.8\text{N}\cdot\text{s/m}$。

3.5* 高阶系统的时间响应

3.5.1 数学模型

三阶以上的系统称为高阶系统。实际上，大量的系统，特别是机械系统，几乎都可用高阶微分方程来描述。对高阶系统的研究和分析，一般是比较复杂的。这就要求在分析高阶系统时，要抓住主要矛盾，忽略次要因素，使问题简化。高阶系统均可化为零阶、一阶、二阶环节的组合，而一般所重视的，是系统中二阶环节，特别是二阶振荡环节。因此，本节将利用关于二阶系统的一些结论对高阶系统作定性分析，并在此基础上，阐明将高阶系统简化为二阶系统来作出定量估算的可能性。

高阶系统传递函数的普遍形式可表示为

$$G(s)=\frac{b_m s^m+b_{m-1}s^{m-1}+\cdots+b_0}{a_n s^n+a_{n-1}s^{n-1}+\cdots+a_0}\qquad(n\geqslant m)\tag{3-34}$$

系统的特征方程式为

$$a_n s^n + a_{n-1}s^{n-1} + \cdots + a_0 = 0$$

特征方程有 n 个特征根,设其中 n_1 个为实数根,n_2 对为共轭虚根,应有 $n = n_1 + 2n_2$,由此,特征方程可以分解为 n_1 个一次因式 $(s + p_j)(j = 1,2,\cdots,n_1)$ 与 n_2 个二次因式 $(s^2 + 2\xi_k\omega_{nk}s + \omega_{nk}^2)(k = 1,2,\cdots,n_2)$ 的乘积。也就是系统的传递函数有 n_1 个实极点 $-p_j$ 及 n_2 对共轭复数极点 $(-\xi_k\omega_{nk} \pm j\omega_{nk}\sqrt{1-\xi_k^2})$。

设系统传递函数有 m 个零点 $-z_i$ ($i=1, 2, \cdots, m$),则系统的传递函数可写为

$$G(s) = \frac{K\prod_{i=1}^{m}(s + z_i)}{\prod_{j=1}^{n_1}(s + p_j)\prod_{k=1}^{n_2}(s^2 + 2\xi_k\omega_{nk}s + \omega_{nk}^2)} \tag{3-35}$$

3.5.2 单位阶跃响应

在单位阶跃输入 $X_i(s) = 1/s$ 的作用下,输出为

$$X_o(s) = G(s)\frac{1}{s} = \frac{K\prod_{i=1}^{m}(s + z_i)}{s\prod_{j=1}^{n_1}(s + p_j)\prod_{k=1}^{n_2}(s^2 + 2\xi_k\omega_{nk}s + \omega_{nk}^2)} \tag{3-36}$$

对上式按部分分式展开,得

$$X_o(s) = \frac{A_0}{s} + \sum_{j=1}^{n_1}\frac{A_j}{s + p_j} + \sum_{k=1}^{n_2}\frac{B_k s + C_k}{s^2 + 2\xi_k\omega_{nk}s + \omega_{nk}^2} \tag{3-37}$$

式中,A_0、A_j、B_k、C_k 是由部分分式所确定的常数。为此,对 $X_o(s)$ 的表达式进行 Laplace 逆变换后,可得高阶系统的单位阶跃响应为

$$x_o(t) = A_0 + \sum_{j=1}^{n_1}A_j e^{-p_j t} + \sum_{k=1}^{n_2}D_k e^{-\xi_k\omega_{nk}t}\sin(\omega_{dk}t + \beta_k) \quad (t \geqslant 0) \tag{3-38}$$

式中,$\beta_k = \arctan\dfrac{B_k\omega_{nk}}{C_k - \xi_k\omega_{nk}B_k}$,$D_k = \sqrt{B_k^2 + (\dfrac{C_k - \xi\omega_{nk}B_k}{\omega_{dk}})}$ ($k=1, 2, \cdots, n_2$)。

式 3-38 中第一项为稳态分量,第二项为指数曲线(一阶系统),第三项为振荡曲线(二阶系统)。因此,一个高阶系统的响应可以看成是多个一阶环节和二阶环节响应的叠加。上述一阶环节及二阶环节的响应,决定了 p_j、ξ_k、ω_{nk} 及系数 A_j、D_k,即与零、极点的分布有关。因此,了解零、极点的分布情况,就可以对系统性能进行定性分析。

(1) 当系统闭环极点全部在 s 平面左半平面时,其特征根有负实根及其复根有负实部,从而式 3-38 第二、三项均为衰减的,因此系统总是稳定的,各分量衰减的快慢,取决于极点离虚轴的距离。当 p_j、ξ_k、ω_{nk} 愈大,即离虚轴愈远时,衰减愈快。

(2) 衰减项中各项的幅值 A_j、D_k,当然是与它们对应的极点有关,但还与系统的零点有关,系统零点对过渡过程的影响就反映在这上面。极点位置距原点越远,则对应项的幅值就越小,对系统过渡过程的影响就越小。另外,当极点和零点很靠近时,对应项的幅值也很小,即这对零、极点对系统过渡过程的影响将很小。系数大而且衰减慢的那些分量,将在动态过程中起主导作用。

（3）如果高阶系统中离虚轴最近的极点，其实部小于其他极点实部的1/5，并且附近不存在零点，可以认为系统的动态响应主要由这一极点决定，称为主导极点。利用主导极点的概念，可将主导极点为共轭复数极点的高阶系统降阶，将该高阶系统近似作二阶系统来处理。

思考题及习题

3-1 什么是时间响应，时间响应由哪些部分组成，各部分的定义是什么？

3-2 时间响应的瞬态响应反映哪方面的性能，而稳态响应反映哪方面的性能？

3-3 设系统的单位脉冲响应函数如下，试求这些系统的传递函数。

（1）$x_i(t) = 0.2e^{-1.25t}$；（2）$x_i(t) = 3t + 5\sin(4t + \frac{\pi}{2})$

3-4 已知控制系统的微分方程为$2.5\dot{y}(t) + y(t) = 20x(t)$，试用拉氏变换法求该系统的单位脉冲响应和单位阶跃响应，并讨论两者有何关系。

3-5 如图 3-14 所示的电网络，试求其单位阶跃响应、单位脉冲响应和单位斜坡响应，并画出相应的响应曲线。

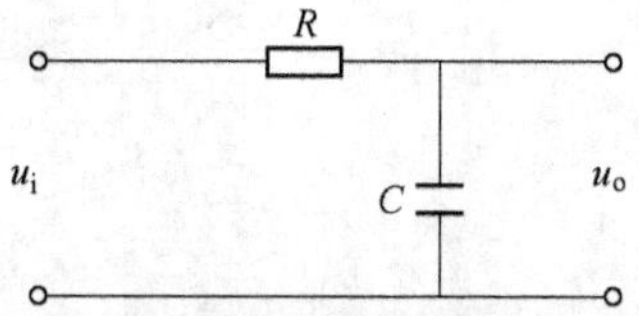

图 3-14 题 3-5 图示

3-6 图 3-15 为某数控机床系统的位置随动系统的方框图，试求：

（1）阻尼比 ξ 及无阻尼固有频率 ω_n；

（2）求该系统的 M_p、t_p、t_s 和 N。

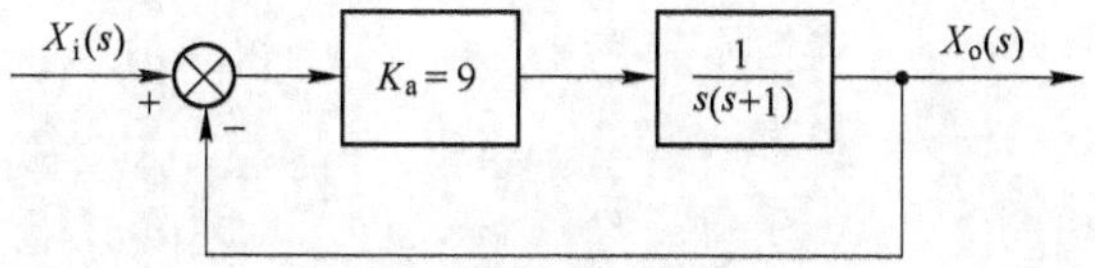

图 3-15 题 3-6 图示

3-7 要使图 3-16 所示系统的单位阶跃响应的最大超调量等于 25%，峰值时间 t_p 为 2s，试确定 K 和 K_f 的值。

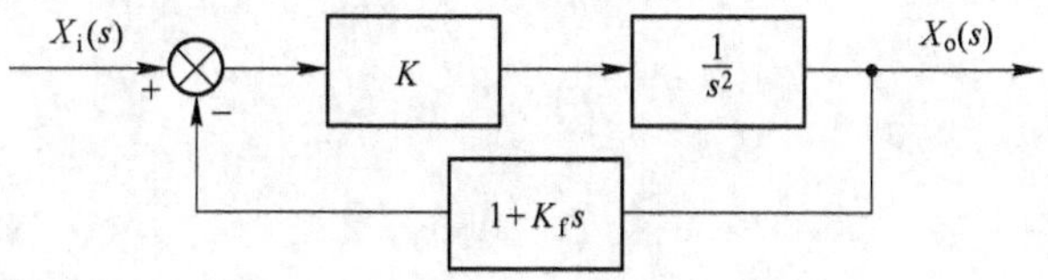

图 3-16 题 3-7 图示

3-8 设有一个闭环系统的传递函数为

$$\frac{X_o(s)}{X_i(s)} = \frac{\omega_n^2}{s^2 + 2\xi\omega_n s + \omega_n^2}$$

为了使系统对阶跃输入的响应有约 5% 的超调量和 2s 的调整时间，试求 ξ 和 ω_n 值应为多大。

3-9 设有一单位反馈控制系统的传递函数为

$$G(s) = \frac{0.4s + 1}{s(s + 0.6)}$$

求系统对单位阶跃输入量的响应。这个系统的上升时间和最大超调量各等于多少?

3-10 已知系统的单位阶跃响应为 $x_{ou}(t) = 1 + 0.2e^{-60t} - 1.2e^{-10t}$，试求：

（1）该系统的闭环传递函数。

（2）系统的阻尼比 ξ 和无阻尼固有频率 ω_n。

4 稳态误差与准确性分析

控制系统的动态响应表征了系统的动态性能，它是控制系统的重要特性之一。控制系统的稳态误差则是系统控制精度的一种度量，是系统的准确性能指标。由于系统自身的结构参数、输入作用的类型（控制量或扰动量）以及输入函数的形式（阶跃、斜坡或加速度等）不同，控制系统的稳态输出不可能在任意情况下都与输入量（希望的输出）一致或相当，也不可能在任何形式的扰动下都能准确地恢复到原来的平衡位置，因而会产生原理性稳态误差。通常把在阶跃输入作用下没有原理性稳态误差的系统称为无差系统；而把有原理性稳态误差的系统称为有差系统。此外，系统中存在的不灵敏区、间隙、零漂等非线性因素也会造成附加的稳态误差。可以说，控制系统的误差是不可避免的。但是这些不是本章所要研究的内容。本章讨论的是系统在没有随机干扰作用，元件也是理想的线性元件的情况下，系统仍然可能存在的误差。控制系统设计的其中一个指标，就是尽量减小系统的稳态误差，或者使误差小于某允许值，以提高系统的准确性。而系统的稳态误差，应该是在系统稳定的前提下研究才有意义；对于不稳定的系统而言，根本不存在研究稳态误差的可能性。

本章主要讨论线性控制系统由于系统结构、输入作用形式和系统类型所产生的稳态误差，即原理性稳态误差的计算方法，其中包括系统类型与稳态误差的关系，同时介绍定量描述系统误差的系数、静态误差系数和动态误差系数。

4.1 误差与稳态误差

对于实际系统来说，输出量常常不能绝对精确地达到所期望的数值，期望的数值与实际输出的差就是所谓的误差。

4.1.1 误差与偏差

系统的误差 $e(t)$ 是以系统输出端为基准来定义的，设 $x_{or}(t)$ 是控制系统所希望的输出，$x_o(t)$ 是其实际的输出，则误差 $e(t)$ 定义为：

$$e(t) = x_{or}(t) - x_o(t)$$

误差 $e(t)$ 的 Laplace 变换为 $E_1(s)$，则

$$E_1(s) = X_{or}(s) - X_o(s) \tag{4-1}$$

系统的偏差 $\varepsilon(t)$ 是以系统输入端为基准来定义的，即

$$\varepsilon(t) = x_i(t) - b(t)$$

误差 $\varepsilon(t)$ 的 Laplace 变换为 $E(s)$，则

$$E(s) = X_i(s) - B(s) = X_i(s) - H(s)X_o(s) \tag{4-2}$$

按输入端定义的误差 $E(s)$（即偏差）通常是可测量的，有一定的物理意义，但其误差的

理论含义不十分明显；按输出端定义的误差 $E_1(s)$ 是“希望输出” $X_{or}(s)$ 与实际输出 $X_o(s)$ 之差，比较接近误差的理论意义，但它在实际中有时无法测量，一般只有数学意义。两种误差存在如下关系：

$$E_1(s) = E(s)/H(s) \tag{4-3}$$

控制系统结构图一般可用图 4-1a 的形式表示，经过等效变换可以化成图 4-1b 的形式。

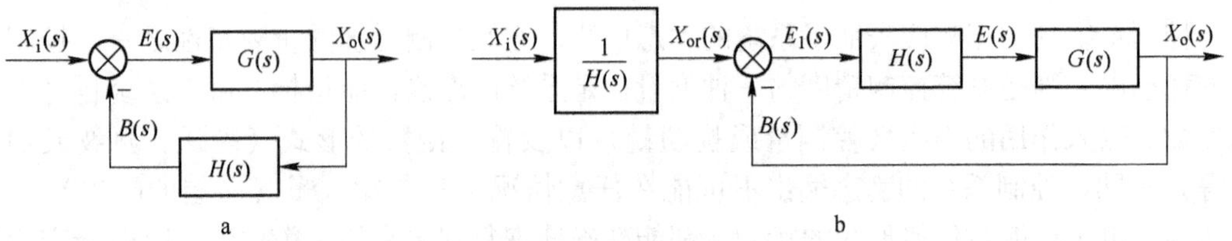

图 4-1 系统结构图及误差定义

a—等效变换前系统框图；b—等效变换后系统框图

由公式 4-3 可知，求出偏差就可以求出误差，对单位反馈系统而言，偏差与误差相等。除特别说明外，本书所讨论的误差都是指按输入端为基准定义的误差（即偏差）。

对于单位反馈系统来说，$H(s) = 1$，偏差和误差在数值上是相等的。

4.1.2 稳态误差与稳态偏差

系统的稳态误差是误差信号的稳态分量，或者说指系统进入稳态后的误差，因此，不讨论过渡过程中的情况。只有稳定的系统存在稳态误差，记为 $e_{ss}(t)$ 。

稳态误差的定义为：$e_{ss}(t) = \lim\limits_{t\to\infty} e(t)$

为了计算稳态误差，可首先求出系统误差信号的拉氏变换，$sE(s)$ 的极点均位于复平面的左半部（包括坐标原点），利用终值定理求解

$$e_{ss}(t) = \lim_{t\to\infty} e(t) = \lim_{s\to 0} sE_1(s)$$

同理，稳态偏差的定义为：$\varepsilon_{ss}(t) = \lim\limits_{t\to\infty}\varepsilon(t) = \lim\limits_{s\to 0} sE(s)$

稳态误差通常有两种含义。一种是指时间趋于无穷时误差的值 $e_{ss} = \lim\limits_{t\to\infty} e(t)$，称为“静态误差”或“终值误差”；另一种是指误差 $e(t)$ 中的稳态分量 $e_s(t)$，称为“动态误差”。当误差随时间趋于无穷时，终值误差不能反映稳态误差随时间的变化规律，具有一定的局限性。

4.2 输入引起的稳态误差的计算

4.2.1 终值定理法

计算稳态误差的一般方法是利用拉氏变换的终值定理，它适用于各种情况下的稳态误差计算，既可以用于求输入作用下的稳态误差，也可以用于求干扰作用下的稳态误差。具体计算步骤如下：

（1）判定系统的稳定性。稳定是系统正常工作的前提条件，系统不稳定时，求稳态误

差没有意义。另外，计算稳态误差要用终值定理，终值定理应用的条件是除原点外，$sE(s)$ 在右半 s 平面及虚轴上解析或者说 $sE(s)$ 的极点均位于复平面的左半部，包括原点。当系统不稳定，或 $X_o(s)$ 的极点位于虚轴上以及虚轴右边时，系统不稳定，该条件不满足。

（2）求误差传递函数。

$$G_B(s) = \frac{E(s)}{X_o(s)},\ G_N(s) = \frac{E(s)}{N(s)}$$

（3）用终值定理求稳态误差。

$$e_{ss} = \lim_{s\to 0} s\left[G_B(s)X_o(s) + G_N(s)N(s)\right] \tag{4-4}$$

假设图 4-2 所示的系统为稳定系统，分析该系统的稳态偏差。

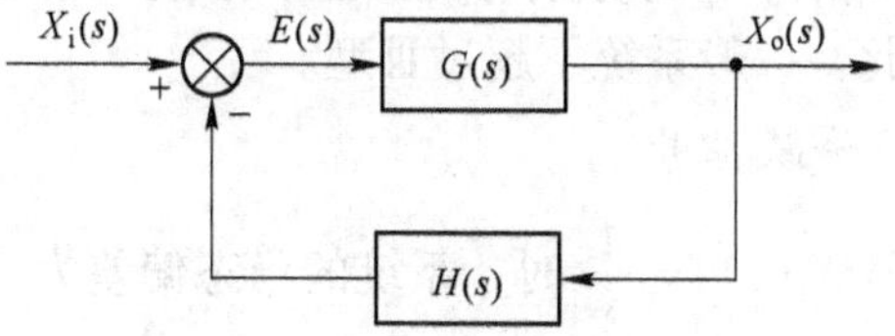

图 4-2　系统框图

由图 4-2 可知

$$E(s) = X_i(s) - H(s)X_o(s) = X_i(s) - H(s)G(s)E(s) \tag{4-5}$$

故

$$E(s) = \frac{1}{1 + G(s)H(s)}X_i(s)$$

由终值定理得稳态偏差为

$$\varepsilon_{ss} = \lim_{t\to\infty}\varepsilon(t) = \lim_{s\to 0} sE(s) = \lim_{s\to 0} s\frac{1}{1 + G(s)H(s)}X_i(s) \tag{4-6}$$

而稳态误差为

$$e_{ss} = \frac{\varepsilon_{ss}}{H(0)} \tag{4-7}$$

由上可知，稳态偏差 ε_{ss} 不仅与系统的特性（系统的结构与参数）有关，而且与输入信号的特性有关。对于一个给定的系统，当输入信号确定时，系统是否存在误差取决于系统的特性。

4.2.2　静态误差系数法

在系统分析中经常遇到计算不同输入信号作用下的稳态误差。因此分析研究典型输入作用下引起的稳态误差与系统结构参数及输入形式的关系，找出其中的规律性，是十分必要的。

系统结构图如图 4-2 所示，设系统的开环传递函数岛 $G_K(s)$ 为

$$G_K(s) = G(s)H(s) = \frac{K\prod_{i=1}^{m}(T_i s + 1)}{s^v\prod_{j=1}^{n-v}(T_j s + 1)} \tag{4-8}$$

式中，v 为串联积分环节的个数，或称系统的无差度，它表征了系统的结构特征。

若记

$$G_0(s)=\frac{\prod_{i=1}^{m}(T_i s+1)}{\prod_{j=1}^{n}(T_j s+1)}$$

显然

$$\lim_{s\to 0}G_0(s)=1$$

则可将系统的开环传递函数表示为

$$G_K(s)=G(s)H(s)=\frac{KG_0(s)}{s^v} \tag{4-9}$$

工程上一般规定：$v=0,1,2$ 时分别称为 0 型、Ⅰ型和Ⅱ型系统。v 愈高，稳态精度愈高，但稳定性愈差，因此，一般系统不超过Ⅲ型。

4.2.2.1 输入为单位阶跃信号

当输入为单位阶跃信号 $X_i(s)=\frac{1}{s}$ 时，系统的稳态偏差为

$$\varepsilon_{ss}=\lim_{s\to 0}sE(s)=\lim_{s\to 0}s\frac{X_i(s)}{1+G(s)H(s)}=\lim_{s\to 0}s\frac{1}{1+G(s)H(s)}\times\frac{1}{s}=\frac{1}{1+K_p} \tag{4-10}$$

式中

$$K_p=\lim_{s\to 0}G(s)H(s)=\lim_{s\to 0}\frac{K}{s^v}G_0(s)=\lim_{s\to 0}\frac{K}{s^v} \tag{4-11}$$

称 K_p 为位置无偏系数。

对于 0 型系统，$K_p=\lim_{s\to 0}\frac{K}{s^0}=K$，$\varepsilon_{ss}=\frac{1}{1+K}$，为有差系统，且 K 愈大，ε_{ss} 愈小。

对于Ⅰ、Ⅱ型系统，$K_p=\lim_{s\to 0}\frac{K}{s^v}=\infty$，$\varepsilon_{ss}=0$，为位置无差系统。

可见，当系统开环传递函数中有积分环节存在时，系统阶跃响应的稳态值将是无差的。而没有积分环节时，稳态是有差的。为了减少误差，应当适当提高放大倍数。但过大的 K 值，将影响系统的相对稳定性。

4.2.2.2 输入为单位斜坡信号

当输入为单位斜坡信号时

$$x_i(t)=t \qquad X_i(s)=\frac{1}{s^2}$$

$$\varepsilon_{ss}=\lim_{s\to 0}sE(s)=\lim_{s\to 0}s\frac{X_i(s)}{1+G(s)H(s)}$$

$$=\lim_{s\to 0}s\frac{1/s^2}{1+G(s)H(s)}=\lim_{s\to 0}\frac{1}{sG(s)H(s)}=\frac{1}{K_v} \tag{4-12}$$

式中

$$K_v=\lim_{s\to 0}sG(s)H(s)=\lim_{s\to 0}\frac{sKG_0(s)}{s^v}=\lim_{s\to 0}\frac{K}{s^{v-1}} \tag{4-13}$$

称 K_v 为速度无偏系数。

对于 0 型系统，$K_v=\lim_{s\to 0}s\cdot K=0$，$\varepsilon_{ss}=\frac{1}{K_v}=\infty$；

对于Ⅰ型系统，$K_v = \lim\limits_{s\to 0}\dfrac{K}{s^0} = K$，$\varepsilon_{ss} = \dfrac{1}{K_v} = \dfrac{1}{K}$；

对于Ⅱ型系统，$K_v = \lim\limits_{s\to 0}\dfrac{K}{s} = \infty$，$\varepsilon_{ss} = \dfrac{1}{K_v} = 0$。

上述分析说明，0型系统不能跟随斜坡输入，因为其稳态偏差为∞；Ⅰ型系统可以跟随斜坡输入，但是存在稳态偏差，同样可以增大 K 值来减少偏差；Ⅱ型或高于Ⅱ型的系统，对斜坡输入响应的稳态是无差的。

4.2.2.3　输入为加速度信号

当输入为加速度信号时

$$x_i(t) = \frac{1}{2}t^2,\quad X_i(s) = \frac{1}{s^3}$$

$$\varepsilon_{ss} = \lim_{s\to 0} sE(s) = \lim_{s\to 0} s\frac{X_i(s)}{1+G(s)H(s)}$$

$$= \lim_{s\to 0} s\frac{1/s^3}{1+G(s)H(s)} = \lim_{s\to 0}\frac{1}{s^2G(s)H(s)} = \frac{1}{K_a} \tag{4-14}$$

式中

$$K_a = \lim_{s\to 0} s^2G(s)H(s) = \lim_{s\to 0}\frac{s^2KG_0(s)}{s^v} = \lim_{s\to 0}\frac{K}{s^{v-2}} \tag{4-15}$$

称 K_a 为加速度无偏系数。

对于0、Ⅰ型系统，$K_a = \lim\limits_{s\to 0}\dfrac{K}{s^{v-2}} = 0$，$\varepsilon_{ss} = \dfrac{1}{K_a} = \infty$；

对于Ⅱ型系统，$K_a = K$，$\varepsilon_{ss} = \dfrac{1}{K}$。

可见，当输入为加速度信号时，0型、Ⅰ型系统不能跟随，Ⅱ型为有差，要无差则应采用Ⅲ型或高于Ⅲ型的系统。Ⅱ型系统加速度信号输入时，输入输出波形如图4-3所示。上述讨论的稳态偏差根据偏差与误差的关系可以换算为稳态误差。

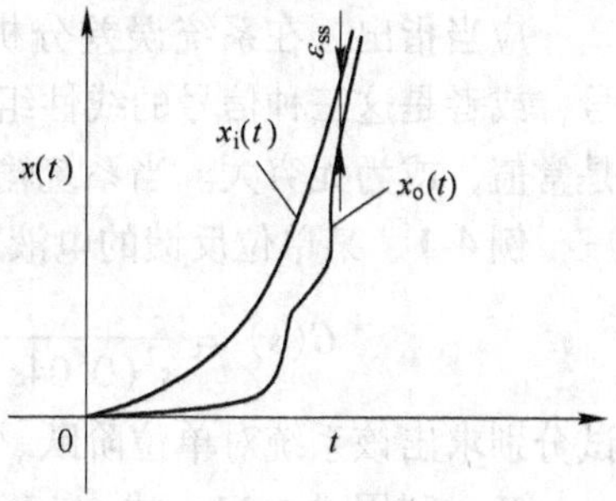

图4-3　加速度信号输入输出波形

综上所述，在不同输入时不同类型系统中的稳态偏差可以列成表4-1。

表4-1　不同输入时不同类型系统中的稳态偏差

系统的开环	系统的输入		
	单位阶跃输入	单位恒速输入	单位恒加速输入
0型系统	$\frac{1}{1+K}$	∞	∞
Ⅰ型系统	0	$\frac{1}{K}$	∞
Ⅱ型系统	0	0	$\frac{1}{K}$

注：单位反馈时 $\varepsilon_{ss} = e_{ss}$。

根据上面的讨论，可归纳出如下几点：

（1）关于以上定义的无偏系数的物理意义为：稳态偏差与输入信号的形式有关，在随动系统中一般称阶跃信号为位置信号，斜坡信号为速度信号，抛物线信号为加速度信号。由输入“某种”信号而引起的稳态偏差用一个系数来表示，就叫“某种”无偏系数，如输入阶跃信号而引起的无偏系数称为位置无偏系数，它表示了稳态的精度。“某种”无偏系数愈大，精度愈高；当无偏系数为零时即稳态偏差 ∞ ，表示不能跟随输出；无偏系数为 ∞ 则稳态无差。

（2）当增加系统的型别时，系统的准确性将提高，然而当系统采用增加开环传递函数中积分环节的数目的办法来增高系统的型别时，系统的稳定性将变差，因为系统开环传递函数中包含两个以上积分环节时，要保证系统的稳定性是比较困难的，因此Ⅲ型或更高型的系统实现起来是不容易的，实际上也是极少采用的。增大 K 也可以有效地提高系统的准确性，然而也会使系统的稳定性变差。因此，稳定与准确是有矛盾的，需要统筹兼顾。除此之外，为了减小误差，是增大系统的开环放大倍数 K ，还是提高系统的型别，也需要根据具体情况作全面的考虑。

（3）根据线性系统的叠加原理，可知当输入控制信号是上述典型信号的线性组合时，即 $x_i(t) = a_0 + a_1 t + a_2 t^2/2$ ，输出量的稳态误差应是它们分别作用时稳态误差之和，即

$$\varepsilon_{ss} = \frac{a_0}{1 + K_p} + \frac{a_1}{K_v} + \frac{a_2}{K_a}$$

（4）对于单位反馈系统，稳态偏差等于稳态误差。对于非单位反馈系统，可由式 4-7 将稳态偏差换算为稳态误差。必须注意，不能将系统化为单位反馈系统，再由计算偏差得到误差，因为两者计算出的偏差和误差是不同的。

应当指出，在系统误差分析中，只有当输入信号是阶跃信号、斜坡信号和加速度信号，或者是这三种信号的线性组合时，静态误差系统才有意义。系统稳态误差或是零，或是常值，或为无穷大。当系统输入其他形式函数时，静态误差系数法将无法应用。

例 4-1 某单位反馈的电液反馈伺服系统，其开环传递函数为

$$G(s) = \frac{17(0.4s + 1)}{s^2(0.04s + 1)(0.2s + 1)(0.007s + 1)(0.0017s + 1)}$$

试分别求出该系统对单位阶跃、等速、等加速输入时的稳态误差。

解：利用式 4-11、式 4-13、式 4-15 求出该系统的稳态误差系数分别为

$$K_p = \lim_{s\to 0} G(s) = \infty$$
$$K_v = \lim_{s\to 0} sG(s) = \infty$$
$$K_a = \lim_{s\to 0} s^2 G(s) = 17$$

所以系统对三种典型输入的稳态误差分别为

位置误差 $e_{ssp} = 1/(1 + K_p) = 0$

速度误差 $e_{ssv} = 1/K_v = 0$

加速度误差 $e_{ssa} = 1/K_a = 0.059$

例 4-2 一个稳定系统结构图如图 4-4 所示。已知输入 $r(t) = 2t + 4t^2$ ，求系统的稳态偏差。

解：系统开环传递函数为

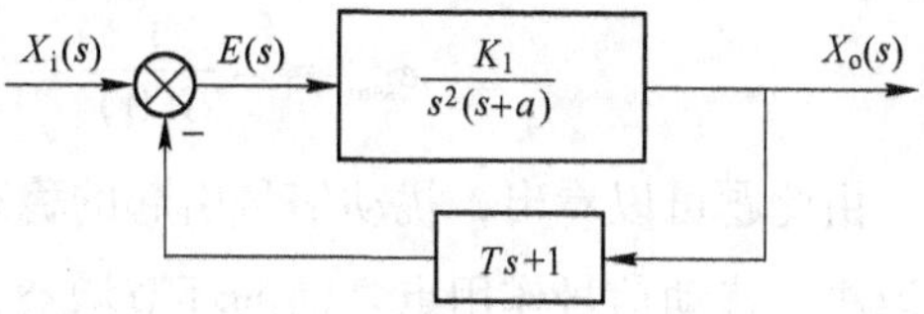

图 4-4　控制系统结构图

$$G(s) = \frac{K_1(Ts+1)}{s^2(s+a)}$$

开环增益 $K = \frac{K_1}{a}$，系统型别 $v = 2$。

设参数满足稳定性要求，利用表 4-1 计算系统的稳态误差。

当 $r_1(t) = 2t$ 时　　$e_{ss1} = 0$

当 $r_2(t) = 4t^2 = 8 \times \frac{1}{2}t^2$ 时　　$e_{ss2} = \frac{A}{K} = \frac{8a}{K_1}$

故得

$$e_{ss} = e_{ss1} + e_{ss2} = \frac{8a}{K_1}$$

4.3　干扰引起的稳态误差

当给定信号 $x_i(t)$ 与干扰信号 $n(t)$ 同时作用于系统时，应用线性系统的叠加原理求解系统稳态误差。即控制系统的稳态误差 $e_{ss}(\infty)$ 应是干扰信号 $n(t)$ 单独作用时引起的稳态误差 $e_{nss}(\infty)$ 和给定信号 $x_i(t)$ 单独作用时引起的稳态误差 $e_{xss}(\infty)$ 之代数和，即

$$e_{ss}(\infty) = e_{nss}(\infty) + e_{xss}(\infty)$$

为了减小系统的给定或扰动稳态误差，一般经常采用的方法是提高开环传递函数中串联积分环节的个数（但实际中，一般 $v < 2$）、增大系统的开环放大系数 K_v 以及采用补偿的方法。

例 4-4　图 4-5a 所示系统中，设扰动信号为单位阶跃输入 $N_1(s) = N_2(s) = \frac{1}{s}$，试分别求 $N_1(s)$ 和 $N_2(s)$ 单独作用时，系统的稳态误差 e_{ssn1}、e_{ssn2}。

解： 假定 $R(s) = 0$，扰动信号 $N_1(s)$、$N_2(s)$ 分别单独作用于系统时，其等效框图如图 4-7b、c 所示。

误差信号分别为

$$E_1(s) = \frac{-F(s)}{1+F(s)G(s)}N_1(s) \qquad E_2(s) = \frac{-1}{1+F(s)G(s)}N_2(s)$$

利用终值定理求稳态误差，分别为

$$e_{ssn1} = \lim_{s\to 0}\left[\frac{-sF(s)}{1+G(s)F(s)}\frac{1}{s}\right] = -\frac{F(0)}{1+G(0)F(0)}$$

$$e_{ssn2} = \lim_{s\to 0}\left[\frac{-s}{1+G(s)F(s)}\frac{1}{s}\right] = -\frac{1}{1+G(0)F(0)}$$

一般情况下，$G(0)F(0) \gg 1$，所以有

$$e_{ssn1} \approx -\frac{1}{G(0)} \qquad e_{ssn2} \approx -\frac{1}{G(0)F(0)}$$

由此题可以看出，扰动信号引起的稳态误差与扰动信号的作用点有关，误差的大小主要取决于扰动信号作用点之前的环节增益，比如 e_{ssn1} 主要决定于 $G(0)$，而 e_{ssn2} 则决定于 $G(0)F(0)$。

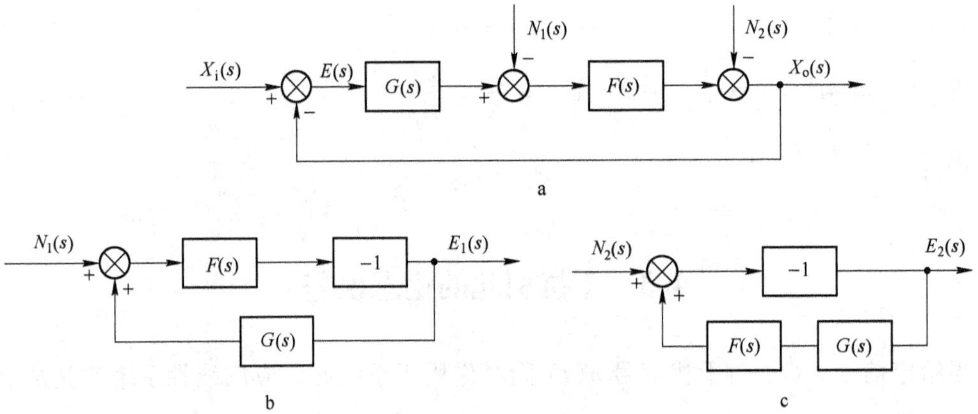

图 4-5 例 4-4 图示

a—有外干扰的反馈控制系统；b—单独加上 $N_1(s)$ 的框图；c—单独加上 $N_2(s)$ 的框图

4.4 减小系统误差的途径

综上所述，为了减小系统误差，可以考虑以下途径：

(1) 系统的实际输出通过反馈环节与输入比较，因此反馈通道的精度对于减小系统的误差是至关重要的。反馈通道元部件的精度要高，避免在反馈通道引入干扰。

(2) 在保证系统稳定的前提下，对于输入引起的误差，可通过增大系统开环放大倍数和提高系统的型次减小误差；对于干扰引起的误差，可通过在系统前向通道干扰点前加积分器和增大放大倍数减小误差。

(3) 有的系统要求的性能很高，既要求稳态误差小，又要求良好的动态性能。这时，单靠加大开环放大倍数或串入积分环节往往不能满足上述要求，这时可采用复合控制的方法，或称顺馈的办法来对误差进行补偿。补偿的方式可按干扰补偿和按输入补偿分成两种。

4.4.1 按干扰补偿

当干扰可直接测量时，那么就可以利用这个信息进行补偿。系统的结构图如图 4-6 所示。图 4-6 中 $G_n(s)$ 为补偿器的传递函数。由图 4-6 可求出输出对于干扰 $n(t)$ 的闭环传递函数

$$\frac{X_o(s)}{N(s)} = \frac{G_2(s) + G_n(s)G_1(s)G_2(s)}{1 + G_1(s)G_2(s)}$$

若能使这个传递函数为零，则干扰对输出的影响就可以消除，令

$$G_2(s) + G_n(s)G_1(s)G_2(s) = 0$$

得出对干扰全补偿的条件为

$$G_n(s) = -\frac{1}{G_1(s)}$$

从结构上看，就是利用双通道原理：一条是由干扰信号经过 $G_n(s)$、$G_1(s)$ 到达结构图上第二个相加点；另一条是干扰信号直接到达此相加点。两条通道的信号，在此点相加，正好大小相等，方向相反，从而实现了对干扰的全补偿。

一般情况下，由于 $G_1(s)$ 是 s 的有理真分式，所以其倒数 $1/G_1(s)$ 的分子阶次高于分母阶次，将引入高频噪声。经常应用的是稳态补偿，即系统响应平稳下来以后，保证干扰对输出没有影响。

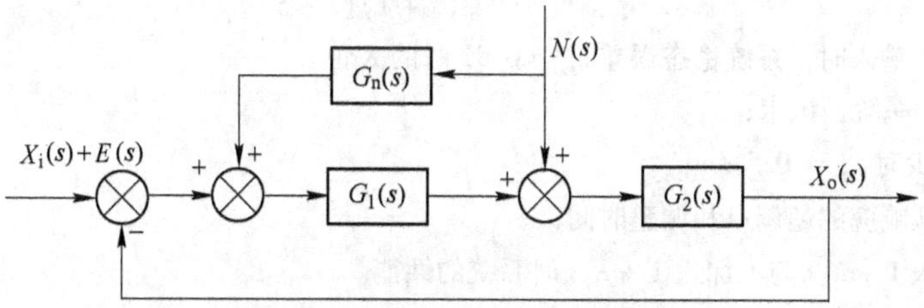

图 4-6　按干扰补偿的复合控制系统

4.4.2　按输入补偿

按输入补偿的系统结构如图 4-7 所示。图中 $G_r(s)$ 为补偿器的传递函数。按下面推导确定 $G_r(s)$，使系统满足在输入信号作用下，误差得到全补偿。

单位反馈系统误差定义为

$$E(s) = X_i(s) - X_o(s)$$

$$X_o(s) = [1 + G_r(s)]\frac{G(s)}{1 + G(s)}X_i(s)$$

这样

$$E(s) = X_i(s) - [1 + G_r(s)]\cdot\frac{G(s)}{1 + G(s)}\cdot X_i(s) = \frac{1 - G_r(s)G(s)}{1 + G(s)}X_i(s)$$

为使 $E(s) = 0$，应保证

$$1 - G_r(s)G(s) = 0$$

即

$$G_r(s) = \frac{1}{G(s)}$$

补偿通道并不影响特征方程，即不影响系统的稳定性，因此可以在不加补偿通道情况下，调整好系统的动态性能，以保证足够的稳定度，再加入补偿通道，主要是补偿掉稳态误差，减小动态误差。这两种补偿方法，在伺服系统里用得很广，在调速系统及加工系统中也得到了广泛应用。

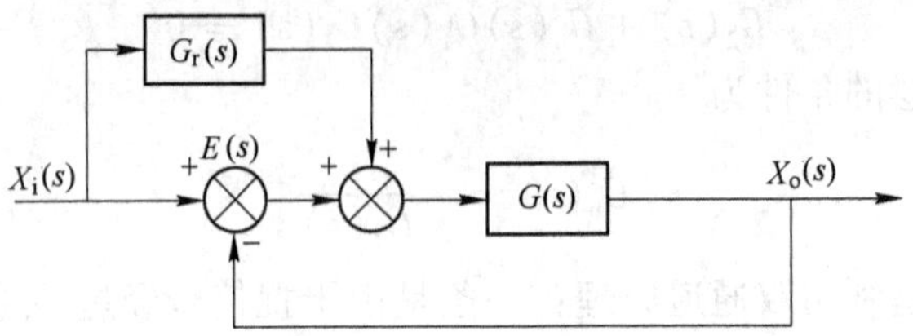

图 4-7 按输入补偿的复合控制系统

思考题及习题

4-1 单位反馈系统的开环传递函数为

$$G_k(s) = \frac{K}{s(s+1)(s+5)}$$

试求斜坡函数输入时，系统稳态误差 $e_{ss}=0.01$ 时的 K 值。

4-2 对图 4-8 所示系统，试求：

(1) K_h 为多少时，$\xi = 0.5$；

(2) 单位阶跃响应的超调量和调整时间；

(3) 比较加入 $1+K_h s$ 与不加入 $1+K_h s$ 时系统的性能。

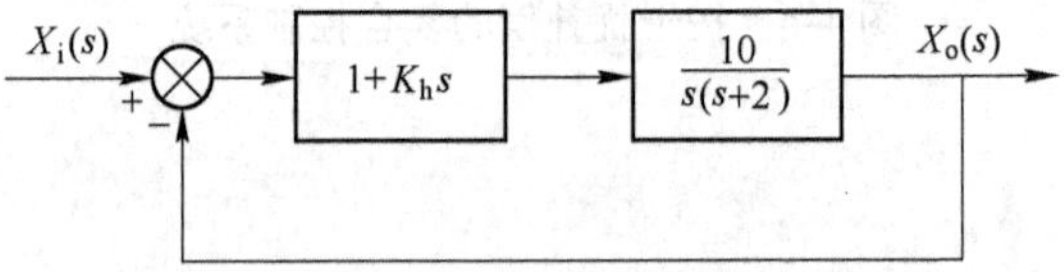

图 4-8 题 4-2 图示

4-3 系统的负载变化往往是系统的主要干扰。已知系统如图 4-9 所示，试分析干扰 $N(s)$ 对系统输出和稳态误差的影响。

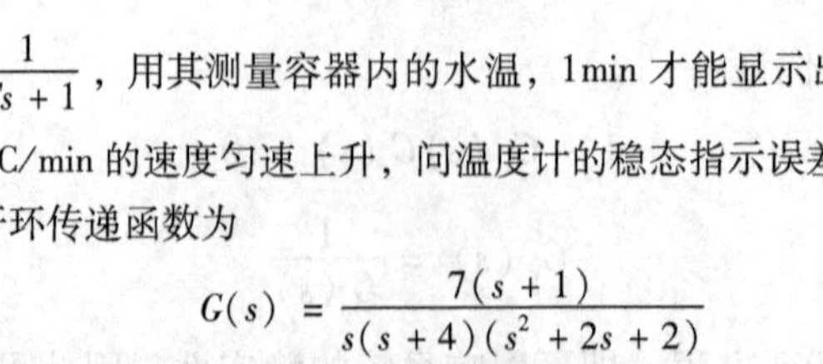

图 4-9 题 4-3 图示

4-4 温度计的传递函数为 $\frac{1}{Ts+1}$，用其测量容器内的水温，1min 才能显示出该温度的 98% 的数值。若加热容器使水温按 10°C/min 的速度匀速上升，问温度计的稳态指示误差有多大？

4-5 已知单位反馈系统的开环传递函数为

$$G(s) = \frac{7(s+1)}{s(s+4)(s^2+2s+2)}$$

试分别求出当输入信号 $r(t)=1(t)$, t 和 t^2 时系统的稳态误差 [$e(t)=r(t)-c(t)$]。

5 控制系统的频域分析

时域分析法具有直观、准确的优点，主要用于分析线性系统的过渡过程。如果描述系统的微分方程是一阶或二阶的，求解后可利用时域指标直接评估系统的性能。然而实际系统往往都是高阶的，要建立和求解高阶系统的微分方程比较困难。而且，按照给定的时域指标设计高阶系统也不容易实现。

本章介绍的频域分析法，可以弥补时域分析法的不足。频域法是通过分析不同谐波的输入时系统的稳态响应，故又称为频率响应法。利用此方法，将传递函数从复域引到具有明确物理概念的频域来分析系统的特性。

频率分析的优点较多。首先，只要求出系统的开环频率特性，就可以判断闭环系统是否稳定。其次，由系统的频率特性所确定的频域指标与系统的时域指标之间存在着一定的对应关系，而系统的频率特性又很容易和它的结构、参数联系起来，因而可以根据频率特性曲线的形状去确定系统的结构和参数，使之满足时域指标的要求，并且可以同时确定系统工作的频率范围。此外，频率特性不但可由微分方程或传递函数求得，而且还可以用实验方法求得。这对于某些难以用机理分析方法建立微分方程或传递函数的元件（或系统）来说，采用频率特性可以较方便地解决此类问题。因此，频率法得到了广泛的应用，它也是经典控制理论中的重点内容。

控制系统的时域分析法和频域分析法，作为经典控制理论的两个重要组成部分，既相互渗透，又相互补充，在控制理论中占有重要地位。频率特性具有较强的直观性和明确的物理意义，可用实验的方法测量系统的频率响应，因此，频率特性分析的方法在控制工程中广泛应用。

频率特性的定义是以输入信号为谐波信号给出的。当输入信号为周期信号时，可将其分解为叠加的频谱离散的谐波信号；当输入信号为非周期信号时，可将非周期信号看成周期为无穷大的周期信号，因此，非周期信号分解为叠加的频谱连续的谐波信号。这样一来，就可用关于系统对不同频率的谐波信号的响应特性研究，取代关于系统对任何信号的响应特性的研究。

5.1 频率特性概述

5.1.1 频率特性的基本概念

5.1.1.1 频率响应

线性定常控制系统或元件对正弦输入信号（或谐波信号）的稳态正弦输出响应称为频率响应。

为了说明频率响应，先看一个 RC 电路，如图 5-1 所示。设电路的输入、输出电压分别为 $u_r(t)$ 和 $u_c(t)$，电路的传递函数为

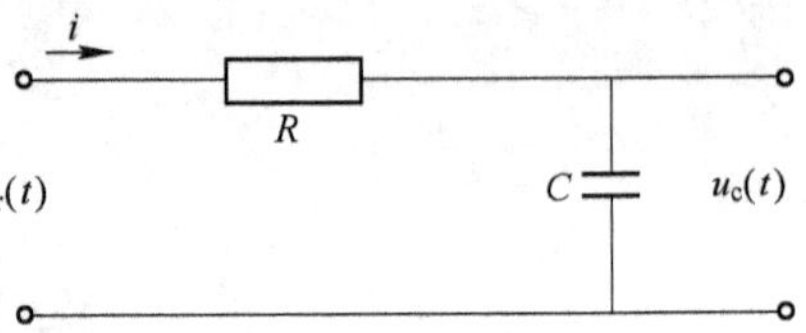

图 5-1 RC 电路

$$G(s)=\frac{U_c(s)}{U_r(s)}=\frac{1}{Ts+1}$$

式中，$T=RC$，为电路的时间常数。

若给电路输入一个振幅为 X、频率为 ω 的正弦信号，即

$$u_r(t)=X\sin\omega t \tag{5-1}$$

当初始条件为 0 时，输出电压的拉氏变换为

$$U_c(s)=\frac{1}{Ts+1}U_r(s)=\frac{1}{Ts+1}\times\frac{X\omega}{s^2+\omega^2}$$

对上式取拉氏反变换，得出输出时域解为

$$u_c(t)=\frac{XT\omega}{1+T^2\omega^2}e^{-\frac{t}{T}}+\frac{X}{\sqrt{1+T^2\omega^2}}\sin(\omega t-\arctan T\omega)$$

上式右端第一项是瞬态分量，第二项是稳态分量。当 $t\to\infty$ 时，第一项趋于 0，电路稳态输出为

$$u_{cs}(t)=\frac{X}{\sqrt{1+T^2\omega^2}}\sin(\omega t-\arctan T\omega)=B\sin(\omega t+\varphi) \tag{5-2}$$

式中，$B=\dfrac{X}{\sqrt{1+T^2\omega^2}}$为输出电压的振幅；$\varphi$ 为 $u_c(t)$ 与 $u_r(t)$ 之间的相位差。

式 5-2 表明：RC 电路在正弦信号 $u_r(t)$ 作用下，过渡过程结束后，输出的稳态响应仍是一个与输入信号同频率的正弦信号，只是幅值变为输入正弦信号幅值的 $1/\sqrt{1+T^2\omega^2}$ 倍，相位则滞后了 $\arctan T\omega$。

上述结论具有普遍意义。事实上，一般线性系统（或元件）输入正弦信号 $x(t)=X\sin\omega t$ 的情况下，系统的稳态输出（即频率响应）$y(t)=Y\sin(\omega t+\varphi)$ 也一定是同频率的正弦信号，只是幅值和相位不一样。

如果对输出、输入正弦信号的幅值比 $A=Y/X$ 和相位差 φ 作进一步的研究，则不难发现，在系统结构参数给定的情况下，A 和 φ 仅仅是 ω 的函数，它们反映出线性系统在不同频率下的特性，分别称为幅频特性和相频特性，分别以 $A(\omega)$ 和 $\varphi(\omega)$ 表示。

5.1.1.2 频率特性

线性定常系统在正弦输入信号的作用下，其稳态输出（频率响应）的幅值与输入信号的幅值比称为**幅频特性**，记作 $A(\omega)=\dfrac{X_o(\omega)}{X_i(\omega)}$；输出信号与输入信号的相位之差称为**相频特性**，记作 $\varphi(\omega)$；它们都是频率 ω 的函数，两者合称为系统的**频率特性**，记作 $A(\omega)\angle\varphi(\omega)$ 或 $A(\omega)e^{j\varphi(\omega)}$。也就是说频率特性定义为 ω 的复变函数，其幅值为 $A(\omega)$，相位为 $\varphi(\omega)$。

5.1.1.3 频率特性和传递函数的关系

设线性定常系统的传递函数为

$$G(s)=\frac{X_o(s)}{X_i(s)}=\frac{b_m s^m+b_{m-1}s^{m-1}+\cdots+b_1 s+b_0}{a_n s^n+a_{n-1}s^{n-1}+\cdots+a_1 s+a_0}\quad(n\geqslant m)$$

有
$$X_o(s)=\frac{(b_m s^m+b_{m-1}s^{m-1}+\cdots+b_1 s+b_0)/a_n}{(s-s_1)(s-s_2)\cdots(s-s_n)}X_i(s)\tag{5-3}$$

当给系统输入正弦波信号时，即 $x_i(t)=X_i\sin\omega t$，则

$$X_i(s)=\frac{X_i\omega}{s^2+\omega^2}$$

代入式 5-3，可得系统输出为

$$X_o(s)=\frac{(b_m s^m+b_{m-1}s^{m-1}+\cdots+b_1 s+b_0)/a_n}{(s-s_1)(s-s_2)\cdots(s-s_n)}\times\frac{X_i\omega}{s^2+\omega^2}$$

$$=\sum_{i=1}^{n}\frac{a_i}{(s-s_i)}+(\frac{b}{s+\mathrm{j}\omega}+\frac{\bar{b}}{s-\mathrm{j}\omega})\tag{5-4}$$

式中，s_i 为系统特征方程的根；a_i、b、$\bar{b}$（$\bar{b}$ 为 b 的共轭复数）为待定系数。对式5-4 进行拉氏反变换，得系统输出为

$$x_o(t)=\sum_{i=1}^{n}a_i e^{s_i t}+(b\mathrm{e}^{-\mathrm{j}\omega t}+\bar{b}\mathrm{e}^{\mathrm{j}\omega t})\tag{5-5}$$

对于稳定系统而言，上式中第一部分为瞬态响应。由于系统特征根 s_i 均具有负实部，故当时间 $t\to\infty$ 时，瞬态响应趋近于零；第二部分为稳态响应，用 $x_{os}(t)$表示

$$x_{os}(t)=b\mathrm{e}^{-\mathrm{j}\omega t}+\bar{b}\mathrm{e}^{\mathrm{j}\omega t}\tag{5-6}$$

其中，b、$\bar{b}$ 由待定系数法求得。

$$b=G(s)\frac{X_i\omega}{(s-\mathrm{j}\omega)(s+\mathrm{j}\omega)}(s+\mathrm{j}\omega)\bigg|_{s=-\mathrm{j}\omega}=-\frac{X_iG(-\mathrm{j}\omega)}{\mathrm{j}2}=-\frac{X_iA(\omega)\mathrm{e}^{-\mathrm{j}\varphi(\omega)}}{\mathrm{j}2}$$

$$\bar{b}=G(s)\frac{X_i\omega}{(s-\mathrm{j}\omega)(s+\mathrm{j}\omega)}(s-\mathrm{j}\omega)\bigg|_{s=\mathrm{j}\omega}=\frac{X_iG(\mathrm{j}\omega)}{\mathrm{j}2}=\frac{X_iA(\omega)\mathrm{e}^{\mathrm{j}\varphi(\omega)}}{\mathrm{j}2}$$

将 b、$\bar{b}$ 代入式 5-6 中，则系统稳态响应为：

$$x_{os}(t)=X_iA(\omega)\frac{\mathrm{e}^{\mathrm{j}[\omega t+\varphi(\omega)]}-\mathrm{e}^{-\mathrm{j}[\omega t+\varphi(\omega)]}}{\mathrm{j}2}=|G(\mathrm{j}\omega)|X_i\sin[\omega t+\angle G(\mathrm{j}\omega)]$$

由欧拉公式可得

$$x_{os}(t)=X_o\sin[\omega t+\varphi(\omega)]\tag{5-7}$$

式 5-7 表明，线性系统在正弦信号作用下，其输出量的稳态分量的频率与输入信号相同，其幅值 $X_o=X_iA(\omega)$，相位差为 $\varphi(\omega)$，即 $A(\omega)=|G(\mathrm{j}\omega)|,\varphi(\omega)=\angle G(\mathrm{j}\omega)$。

因$|G(\mathrm{j}\omega)|\angle G(\mathrm{j}\omega)=G(\mathrm{j}\omega)$，所以 $G(\mathrm{j}\omega)$为系统的频率特性，而 $G(\mathrm{j}\omega)$可直接将 $G(s)$中的 s 以 $\mathrm{j}\omega$ 代之而得到。这就说明了传递函数与频率特性之间的关系。

5.1.1.4 频率特性的表达方式

系统的频率特性函数是一种复变函数，其矢量图如图 5-2 所示，可用以下几种方式表示：

(1) 代数式 $G(\mathrm{j}\omega)=U(\omega)+\mathrm{j}V(\omega)$

式中，$U(\omega)$为实频特性；$V(\omega)$为虚频特性。

幅频特性 $A(\omega)=|G(\mathrm{j}\omega)|=\sqrt{(U(\omega))^2+(V(\omega))^2}$

相频特性 $$\varphi(\omega)=\angle G(\mathrm{j}\omega)=\arctan\frac{V(\omega)}{U(\omega)}$$

（2）三角函数式 $G(\mathrm{j}\omega)=A(\omega)[\cos\varphi(\omega)+\mathrm{j}\sin\varphi(\omega)]$

（3）极坐标式 $G(\mathrm{j}\omega)=A(\omega)\angle\varphi(\omega)$

（4）复指数式 $G(\mathrm{j}\omega)=A(\omega)\mathrm{e}^{\mathrm{j}\varphi(\omega)}$

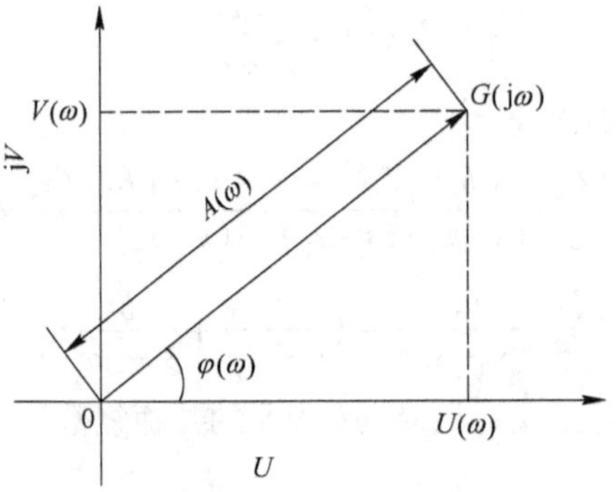

图 5-2 频率响应矢量图

5.1.1.5 频率特性的特点和作用

频率特性分析方法广泛应用于机械、电气、流体传动等各种系统中，是分析线性定常系统的基本方法之一。系统的频率特性有以下特点：

（1）系统频率特性就是单位脉冲响应函数 $\omega(t)$ 的傅里叶变换，即 $\omega(t)$ 的频谱。所以，对系统频率特性的分析就是对单位脉冲响应函数的频谱分析，$F(\mathrm{j}\omega)=G(\mathrm{j}\omega)$。

（2）时间响应分析主要用于分析线性系统的过渡过程，以获得系统的动态特性，而频率特性分析则通过分析不同的谐波输入时系统的稳态响应，以获得系统的动态特性。

（3）在研究系统的结构及参数的变化对系统性能的影响时，许多情况下，频域分析法比时域分析法要容易些。

（4）若研究系统的阶次较高，特别是对于不能用解析法求得微分方程的系统，在时域中分析系统，时域分析进行比较困难。而采用频率特性分析可以较方便地解决此问题。

（5）若系统在输入信号的同时，在某些频带中有严重的噪声干扰，则对系统采用频率特性分析法可以设计出合适的通频带，以抑制噪声的影响。

由此可见，在经典控制理论中，频域分析法比时域分析法更有优势。

5.1.2 频率特性的求取及表示方法

频率特性求取内容主要包括其相频特性与幅频特性，一般有三种方法求取。

（1）定义法。如果已知系统的微分方程，可将输入变量以正弦函数代入，求系统输出变量的稳态解（频率响应），输出变量的稳态解与输入变量的复数比即为系统的频率特性函数。

（2）$\mathrm{j}\omega$ 替代法。如果已知系统的传递函数，可将系统传递函数中的 s 以 $\mathrm{j}\omega$ 替代，即可得到系统的频率特性函数。

（3）试验法。这是对实际系统求取频率特性的一种常用而又重要的方法。根据频率特性的定义，首先，保持输入正弦信号的幅值和初相角不变，只改变频率 ω，测出输出信号的幅值和相位角。然后，作出幅值比—频率 ω 的函数曲线，此即幅频特性曲线 $A(\omega)$；作出相位差—频率 ω 的函数曲线，此即相频特性曲线 $\varphi(\omega)$。

例 5-1 已知系统的传递函数 $G(s)=\dfrac{K}{Ts+1}$，求其频率特性。

解法 1 定义法

因 $x_i(t)=X_i\sin\omega t$，则 $X_i(s)=\dfrac{X_i\omega}{s^2+\omega^2}$

所以 $X_o(s)=G(s)X_i(s)=\dfrac{K}{Ts+1}\dfrac{X_i\omega}{s^2+\omega^2}$

拉氏反变换得 $x_o(t)=\dfrac{X_iKT\omega}{1+T^2\omega^2}e^{-\frac{t}{T}}+\dfrac{X_iK}{\sqrt{1+T^2\omega^2}}\sin(\omega t-\arctan T\omega)$

式中，第一项为瞬态分量；第二项为稳态分量。

依据定义得系统的幅频特性为

$$A(\omega)=\frac{K}{\sqrt{1+T^2\omega^2}}$$

系统的相频特性为 $\varphi(\omega)=-\arctan T\omega$。

解法 2 jω 替代法

系统的频率特性为

$$G(j\omega)=G(s)\big|_{s=j\omega}=\frac{K}{1+jT\omega}=\frac{K(1-jT\omega)}{(1+jT\omega)(1-jT\omega)}=\frac{K-jTK\omega}{1+(T\omega)^2}$$

幅频特性 $$A(\omega)=|G(j\omega)|=\frac{K}{\sqrt{1+T^2\omega^2}}$$

相频特性 $$\varphi(\omega)=\angle G(j\omega)=-\arctan T\omega$$

例 5-2 试求传递函数 $G(s)=\dfrac{K(\tau s+1)}{s(T_1s+1)(T_2s+1)}$ 的幅频特性和相频特性。

解： 对于这样一个由多个典型环节构成的系统，应用 jω 替代法先求实频特性和虚频特性，而后再求幅频特性和相频特性就很烦琐了。应用复数的指数表达方法求解要简单一些，求解过程如下：

$$\begin{aligned}G(j\omega)&=\frac{K(1+j\tau\omega)}{j\omega(1+jT_1\omega)(1+jT_2\omega)}\\&=\frac{Ke^{j0^\circ}\cdot\sqrt{1+\tau^2\omega^2}\,e^{j\arctan\tau\omega}}{\omega e^{j90^\circ}\cdot\sqrt{1+T_1^2\omega^2}\,e^{j\arctan T_1\omega}\cdot\sqrt{1+T_2^2\omega^2}\,e^{j\arctan T_2\omega}}\\&=\frac{K\sqrt{1+\tau^2\omega^2}}{\omega\sqrt{1+T_1^2\omega^2}\sqrt{1+T_2^2\omega^2}}e^{j(\arctan\tau\omega-90^\circ-\arctan T_1\omega-\arctan T_2\omega)}\end{aligned}$$

所以，幅频特性 $A(\omega)=|G(j\omega)|=\dfrac{K\sqrt{1+\tau^2\omega^2}}{\omega\sqrt{1+T_1^2\omega^2}\sqrt{1+T_2^2\omega^2}}$

相频特性 $\varphi(\omega)=\angle G(j\omega)=-90^\circ+\arctan\tau\omega-\arctan T_1\omega-\arctan T_2\omega$

5.2 频率特性的极坐标（Nyquist）图描述

控制系统频率特性的表示方法有幅相频率特性（Nyquist）图法，对数频率特性（Bode）图法和对数幅相频率特性（Nichols）图法，而 Nyquist 图法与 Bode 图法更为常用。

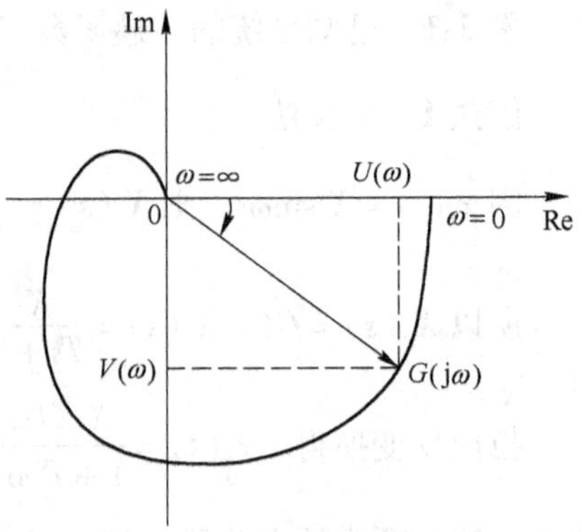

图 5-3 频率特性的极坐标图

5.2.1 ［$G(\mathrm{j}\omega)$］复平面

幅相频率特性是在图 5-3 所示的［$G(\mathrm{j}\omega)$］复平面上研究的，当 ω 从 $0\to+\infty$ 变化时，［$G(\mathrm{j}\omega)$］作为一个矢量，其端点在［$G(\mathrm{j}\omega)$］复平面上所形成的轨迹就是频率特性的极坐标图，亦称奈奎斯特图（Nyquist 曲线）。它一方面表示了幅值与频率、相位与频率的关系特性，另一方面也表示了实频 $U(\omega)$ 和虚频 $V(\omega)$ 的变化特性。

5.2.2 典型环节的 Nyquist 图

由于任何系统的数学模型均可以看成为由若干个典型环节组成，因此掌握典型环节的幅相频率特性是研究控制系统幅相频率特性的关键。

5.2.2.1 比例环节

比例环节的传递函数是 $G(s)=K,\ K>0$

令 $s=\mathrm{j}\omega$，则可得比例环节的频率特性为 $G(\mathrm{j}\omega)=K$

显然，实频特性 U 为恒值 K，虚频特性 V 恒为 0，所以

幅频特性 $|G(\mathrm{j}\omega)|=\sqrt{U^2+V^2}=\sqrt{K^2+0}=K$

相频特性 $\angle G(\mathrm{j}\omega)=\arctan(V/U)=\arctan(0/K)=0°$

可见，当 ω 从 $0\to\infty$ 变化时，$G(\mathrm{j}\omega)$ 的幅值和相角均不变。所以比例环节的 Nyquist 为实轴上的一个定点（K，j0），如图 5-4a 所示。

5.2.2.2 积分环节

积分环节的传递函数是 $G(s)=\dfrac{1}{s}$，同样方法可得频率特性 $G(\mathrm{j}\omega)=1/\omega$。

实频特性 U 为恒值 0，虚频特性 $V=-\dfrac{1}{\omega}$。所以

幅频特性 $|G(\mathrm{j}\omega)|=\dfrac{1}{\omega}$

相频特性 $\angle G(\mathrm{j}\omega)=-90°$

当 $\omega=0$ 时，$|G(\mathrm{j}\omega)|=\infty$，$\angle G(\mathrm{j}\omega)=-90°$；

当 $\omega\to\infty$ 时，$|G(\mathrm{j}\omega)|=0$，$\angle G(\mathrm{j}\omega)=-90°$。

可见，当 ω 从 $0\to\infty$ 变化时，$G(\mathrm{j}\omega)$ 的幅值由 $\infty\to0$，相角恒为 $-90°$。所以积分环节

的 Nyquist 图是一与虚轴负段重合的直线，且由无穷远处指向原点，如图 5-4b 所示。

5.2.2.3 微分环节

微分环节的传递函数 $G(s)=s$，

频率特性 $G(\mathrm{j}\omega)=\mathrm{j}\omega$，

实频特性 U 为恒值 0，虚频特性 $V=\omega$，所以

幅频特性 $|G(\mathrm{j}\omega)|=\omega$，

相频特性 $\angle G(\mathrm{j}\omega)=90°$。

当 $\omega=0$ 时，$|G(\mathrm{j}\omega)|=0$，$\angle G(\mathrm{j}\omega)=90°$；

当 $\omega\to\infty$ 时，$|G(\mathrm{j}\omega)|=\infty$，$\angle G(\mathrm{j}\omega)=90°$。

可见，当 ω 从 $0\to\infty$ 变化时，$G(\mathrm{j}\omega)$ 的幅值由 $0\to\infty$，相角恒为 90°。所以微分环节的 Nyquist 图为虚轴的上半轴，且由原点指向无穷远点，如图 5-4c 所示。

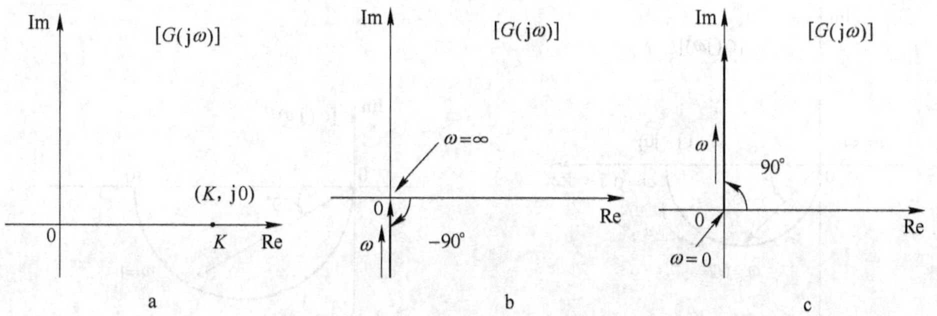

图 5-4 比例、积分和微分环节的 Nyquist 图

a— 比例环节；b—积分环节；c—微分环节

5.2.2.4 惯性环节

惯性环节的传递函数是 $G(s)=\dfrac{1}{Ts+1}$，

频率特性 $G(\mathrm{j}\omega)=\dfrac{1}{1+\mathrm{j}T\omega}=\dfrac{1}{1+T^2\omega^2}+\mathrm{j}\dfrac{-T\omega}{1+T^2\omega^2}$，

实频特性 $U(\omega)=\dfrac{1}{1+T^2\omega^2}$，

虚频特性 $V(\omega)=\dfrac{-T\omega}{1+T^2\omega^2}$，

幅频特性 $|G(\mathrm{j}\omega)|=\dfrac{1}{\sqrt{1+T^2\omega^2}}$，

相频特性 $\angle G(\mathrm{j}\omega)=-\arctan T\omega$。

当 $\omega=0$ 时，$|G(\mathrm{j}\omega)|=1$，$\angle G(\mathrm{j}\omega)=0°$；

当 $\omega=\dfrac{1}{T}$ 时，$|G(\mathrm{j}\omega)|=\sqrt{2}/2$，$\angle G(\mathrm{j}\omega)=-45°$；

当 $\omega\to\infty$ 时，$|G(\mathrm{j}\omega)|=0$，$\angle G(\mathrm{j}\omega)=-90°$。

可见，当 ω 从 $0\to\infty$ 变化时，$G(\mathrm{j}\omega)$ 的幅值由 $1\to0$，相角为 $0\to-90°$，所以惯性环节

的 Nyquist 图为正实轴下的一个半圆，圆心为（1/2，j0），半径为1/2。

这一点可证明如下。

虚频特性与实频特性之比为

$$\frac{V(\omega)}{U(\omega)} = -T\omega$$

将其代入实频特性表达式、展开并配方得

$$\left(U(\omega)-\frac{1}{2}\right)^2 + V^2(\omega) = \left(\frac{1}{2}\right)^2$$

上式代表一个圆的方程式,圆的半径为1/2,圆心在(1/2,j0)处,如图5-5所示。

例5-3 已知某环节的幅相特性曲线如图5-6所示,当输入频率 $\omega=1$ 的正弦信号时,该环节稳态响应的相位滞后30°,试确定环节的传递函数。

解:根据幅相特性曲线的形状,可以断定该环节传递函数形式为

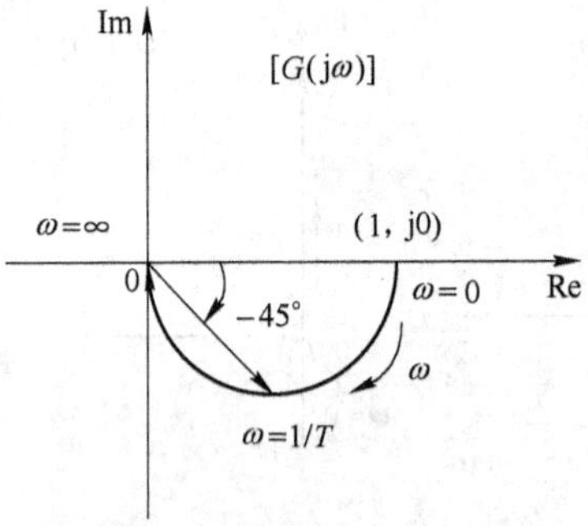

图5-5 惯性环节的 Nyquist 图

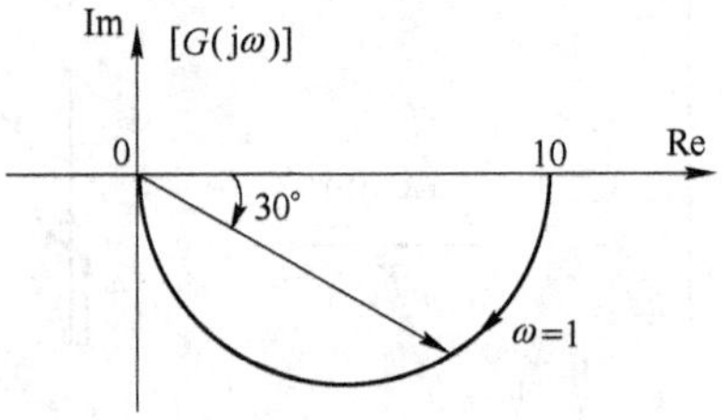

图5-6 幅相特性曲线

$$G(\mathrm{j}\omega) = \frac{K}{Ts+1}$$

依题意有 $A(0) = |G(\mathrm{j}0)| = K = 10$

$\varphi(1) = -\arctan T = -30°$

因此得 $K=10,\ T=\sqrt{3}/3$

所以 $G(s) = \dfrac{10}{\frac{\sqrt{3}}{3}s+1}$

惯性环节是一种低通滤波器，从幅频特性可以看出，该滤波器低频信号容易通过，而高频信号通过后幅值衰减较大。

5.2.2.5 一阶微分环节（或称导前环节）

一阶微分环节的传递函数是 $G(s) = 1 + Ts$,

频率特性 $G(\mathrm{j}\omega) = 1 + \mathrm{j}T\omega$,

实频特性 $U(\omega) = 1$,

虚频特性 $V(\omega) = T\omega$,

幅频特性 $|G(\mathrm{j}\omega)| = \sqrt{1+T^2\omega^2}$,

相频特性 $\angle G(\mathrm{j}\omega) = \arctan T\omega$,

当 $\omega=0$ 时，$|G(\mathrm{j}\omega)| = 1$，$\angle G(\mathrm{j}\omega) = 0°$；

当 $\omega=\frac{1}{T}$ 时，$|G(\mathrm{j}\omega)|=\sqrt{2}/2$，$\angle G(\mathrm{j}\omega)=45°$；

当 $\omega\to\infty$ 时，$|G(\mathrm{j}\omega)|=\infty$，$\angle G(\mathrm{j}\omega)=90°$。

可见，当 ω 从 $0\to\infty$ 变化时，$G(\mathrm{j}\omega)$ 的幅值由 $1\to\infty$，相角为 $0\to90°$，所以一阶微分环节的 Nyquist 图为一条始于（1，j0）点，平行于虚轴，位于第一象限的一条垂线，如图 5-7 所示。

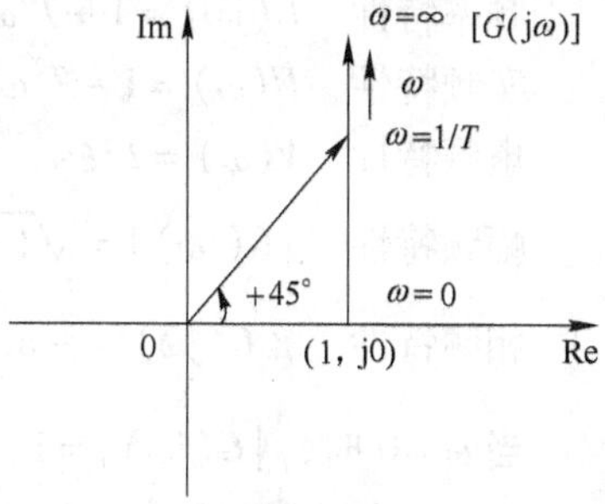

图 5-7 一阶微分环节的 Nyquist 图

5.2.2.6 二阶振荡环节

二阶振荡环节的传递函数为

$$G(s)=\frac{1}{T^2s^2+2T\xi s+1}=\frac{\omega_n^2}{s^2+2\xi\omega_n s+\omega_n^2}\qquad\left(\omega_n=\frac{1}{T},0<\xi<1\right)$$

频率特性 $G(\mathrm{j}\omega)=\frac{\omega_n^2}{(\mathrm{j}\omega)^2+\mathrm{j}2\xi\omega_n\omega+\omega_n^2}=\frac{1}{1-\left(\frac{\omega}{\omega_n}\right)^2+\mathrm{j}2\xi\frac{\omega}{\omega_n}}$，

幅频特性 $|G(\mathrm{j}\omega)|=\frac{1}{\sqrt{\left[1-\left(\frac{\omega}{\omega_n}\right)^2\right]^2+\left(2\xi\frac{\omega}{\omega_n}\right)^2}}$，

相频特性 $\angle G(\mathrm{j}\omega)=-\arctan\frac{2\xi\frac{\omega}{\omega_n}}{1-\left(\frac{\omega}{\omega_n}\right)^2}$，

当 $\omega=0$ 时，$|G(\mathrm{j}\omega)|=1$，$\angle G(\mathrm{j}\omega)=0°$；

当 $\omega=\omega_n$ 时，$|G(\mathrm{j}\omega)|=1/(2\xi)$，$\angle G(\mathrm{j}\omega)=-90°$；

当 $\omega\to\infty$ 时，$|G(\mathrm{j}\omega)|=0$，$\angle G(\mathrm{j}\omega)=-180°$。

可见，当 ω 从 $0\to\infty$ 变化时，$G(\mathrm{j}\omega)$ 的幅值由 $1\to0$，相角为 $0\to-180°$，所以二阶欠阻尼振荡环节的 Nyquist 图始于（1，j0）点，终止于原点，曲线与虚轴的交点频率就是无阻尼固有频率 ω_n，此时幅值为 $1/(2\xi)$，曲线分布在第三、第四象限，如图 5-8 所示。

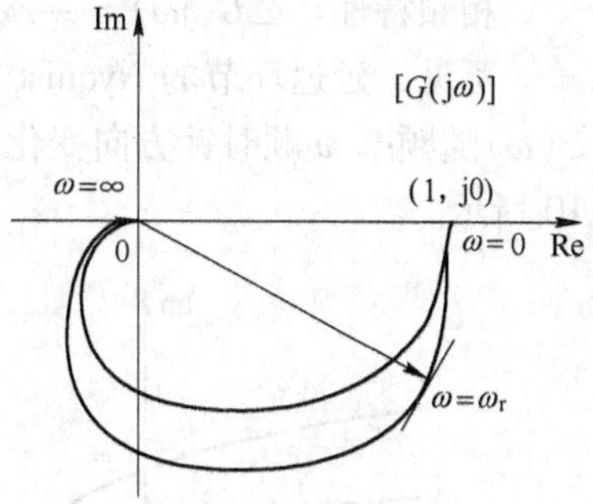

图 5-8 二阶振荡环节的 Nyquist 图

在阻尼比 ξ 较小时，幅频特性 $|G(\mathrm{j}\omega)|$ 在频率为 ω_r 处出现峰值，此峰值称为谐振峰值，ω_r 称为谐振频率。ω_r 可由下式求得：$\left.\frac{\mathrm{d}A(\omega)}{\mathrm{d}\omega}\right|_{\omega=\omega_r}=0$

$$\omega_r=\omega_n\sqrt{1-2\xi^2}\tag{5-8}$$

$$|G(\mathrm{j}\omega_r)|=\frac{1}{2\xi\sqrt{1-\xi^2}}\tag{5-9}$$

从式 5-8 可知，当 $\xi<\sqrt{2}/2$ 时，ω_r 才存在；ξ 越小，ω_r 越大，$\xi=0$ 时，$\omega_r=\omega_n$。

5.2.2.7 二阶微分环节

二阶微分环节的传递函数是 $G(s)=T^2s^2+2T\xi s+1$，

频率特性　$G(\mathrm{j}\omega)=1-T^2\omega^2+\mathrm{j}2T\xi\omega$，

实频特性　$U(\omega)=1-T^2\omega^2$，

虚频特性　$V(\omega)=2T\xi\omega$，

幅频特性　$|G(\mathrm{j}\omega)|=\sqrt{(1-T^2\omega^2)^2+(2T\xi\omega)^2}$，

相频特性　$\angle G(\mathrm{j}\omega)=-\arctan\dfrac{2T\xi\omega}{1-T^2\omega^2}$。

当 $\omega=0$ 时，$|G(\mathrm{j}\omega)|=1$，$\angle G(\mathrm{j}\omega)=0°$；

当 $\omega=\dfrac{1}{T}$时，$|G(\mathrm{j}\omega)|=2\xi$，$\angle G(\mathrm{j}\omega)=90°$；

当 $\omega\to\infty$ 时，$|G(\mathrm{j}\omega)|=\infty$，$\angle G(\mathrm{j}\omega)=180°$。

可见，当 ω 从 $0\to\infty$ 变化时，$G(\mathrm{j}\omega)$的幅值由 $1\to\infty$，相角由 $0\to180°$，所以二阶微分环节的 Nyquist 图始于（1，j0）点，为上半平面上的曲线，并且 ξ 取值不同，其图形也不同。曲线与虚轴的交点的频率为 $\omega=1/T=\omega_n$，此时的幅值为 2ξ，如图 5-9 所示。

5.2.2.8　延迟环节

延迟环节的传递函数是　$G(s)=\mathrm{e}^{-\tau s}$，

频率特性为　$G(\mathrm{j}\omega)=\mathrm{e}^{-\mathrm{j}\tau\omega}=\cos\tau\omega-\mathrm{j}\sin\tau\omega$，

实频特性　$U(\omega)=\cos\tau\omega$，

虚频特性　$V(\omega)=-\sin\tau\omega$，

幅频特性　$|G(\mathrm{j}\omega)|=1$，

相频特性　$\angle G(\mathrm{j}\omega)=-\tau\omega$。

可见，延迟环节的 Nyquist 图是一个单位圆。其幅频特性 $A(\omega)$恒为 1，而相频特性 $\varphi(\omega)$随频率 ω 顺时针方向变化而成正比变化，即矢量端点在单位圆上无限循环，如图 5-10 所示。

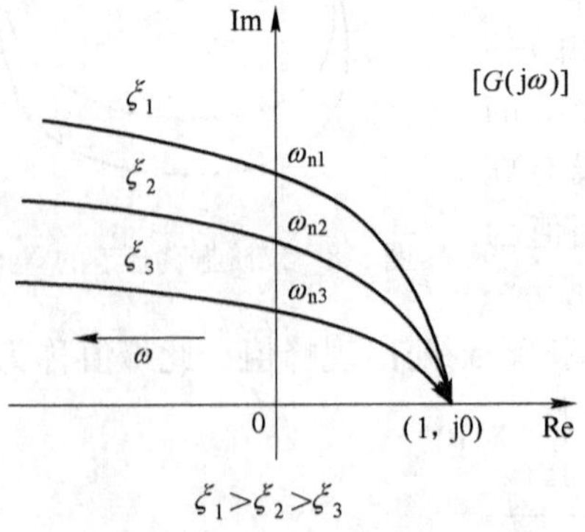

图 5-9　二阶微分环节的 Nyquist 图

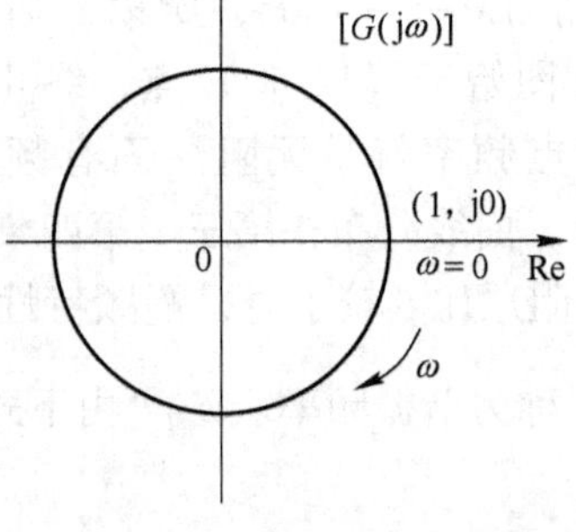

图 5-10　延迟环节的 Nyquist 图

例 5-4　设一系统的开环传递函数为 $G(s)=\dfrac{10}{s(2s+1)}$，试绘制其 Nyquist 图。

解：开环系统的频率特性为

$$G(\mathrm{j}\omega)=\frac{10}{(\mathrm{j}\omega)(1+\mathrm{j}2\omega)}=\frac{-20}{(1+4\omega^2)}+\mathrm{j}\frac{-10}{\omega(1+4\omega^2)}$$

由上式可见，系统是由比例环节、积分环节和一个惯性环节串联而成的。

实频特性 $U(\omega)=\dfrac{-20}{(1+4\omega^2)}$,

虚频特性 $U(\omega)=\dfrac{-10}{\omega(1+4\omega^2)}$,

幅频特性 $|G(\omega)|=\dfrac{10}{\omega\sqrt{(1+4\omega^2)}}$,

相频特性 $\angle G(j\omega)=-90°-\arctan 2\omega$,

当 $\omega\to 0$ 时，$U(\omega)=-20$，$V(\omega)=-\infty$，

$|G(j\omega)|=\infty$，$\angle G(j\omega)=-90°$;

当 $\omega\to\infty$ 时，$U(\omega)=0$，$V(\omega)=0$，

$|G(j\omega)|=0$，$\angle G(j\omega)=-180°$。

该系统的 Nyquist 图如图 5-11 所示。不难看出，当 $\omega\to 0$ 时，Nyquist 曲线渐近于过点（-20，j0）且平行于虚轴的直线。

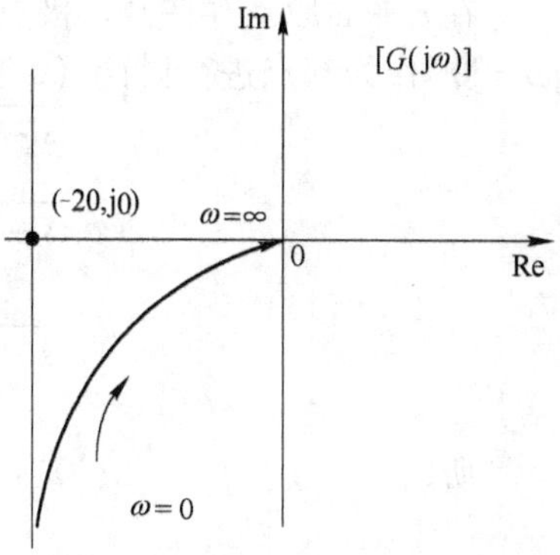

图 5-11 例 5-4 的 Nyquist 图

5.2.3 绘制 Nyquist 图的一般规律

Nyquist 曲线又称幅相特性曲线。如果已知开环频率特性 $G(j\omega)$，可令 ω 由小到大取值，算出 $A(\omega)$ 和 $\varphi(\omega)$ 相应值，在复平面描点绘图可以得到比较准确的开环系统幅相特性曲线。

实际系统分析过程中，往往只需要知道幅相特性的大致图形即可，并不需要绘出准确曲线。可以将开环系统在 s 平面的零极点分布图画出来，令 $s=j\omega$ 沿虚轴变化，当 $\omega=0\to\infty$ 时，分析各零点、极点指向 $s=j\omega$ 的复向量的变化趋势，就可以概略画出开环系统的幅相特性曲线。概略绘制的开环 Nyquist 图应反映开环频率特性的三个重要因素：

（1）开环 Nyquist 图的起点（$\omega=0$）和终点（$\omega=\infty$）。

（2）开环 Nyquist 图与实轴的交点。

设 $\omega=\omega_g$ 时，$G(j\omega)$ 的虚部为

$$\mathrm{Im}[G(j\omega_g)]=0 \tag{5-10}$$

或

$$\varphi(\omega_g)=\angle G(j\omega_g)=k\pi;\quad k=0,\pm 1,\pm 2,\cdots \tag{5-11}$$

称 ω_g 为相角交界频率，开环频率特性曲线与实轴交点的坐标值为

$$\mathrm{Re}[G(j\omega_g)]=G(j\omega_g) \tag{5-12}$$

（3）开环 Nyquist 图随 ω 的变化范围即曲线所在的象限及幅频特性、相频特性随 ω 的变化趋势。

例 5-5 单位反馈系统的开环传递函数 $G(s)$ 为

$$G(s)=\frac{K}{s^v(T_1s+1)(T_2s+1)}=K\frac{1}{s^v}\times\frac{\frac{1}{T_1}}{s+\frac{1}{T_1}}\times\frac{\frac{1}{T_2}}{s+\frac{1}{T_2}}$$

分别概略绘出当系统型别 $v=0,1,2,3$ 时的开环幅相特性。

解： 讨论 $v=1$ 时的情形。在 s 平面中画出 $G(s)$ 的零极点分布图，如图 5-12a 所示。

系统开环频率特性为

$$G(\mathrm{j}\omega)=\frac{K/T_1T_2}{(s-p_1)(s-p_2)(s-p_3)}=\frac{K/T_1T_2}{\mathrm{j}\omega(\mathrm{j}\omega+\frac{1}{T_1})(\mathrm{j}\omega+\frac{1}{T_2})}$$

在 s 平面原点存在开环极点的情况下，为避免 $\omega=0$ 时 $G(\mathrm{j}\omega)$ 相角不确定，我们取 $s=\mathrm{j}\omega=\mathrm{j}0^+$ 作为起点进行讨论（0^+ 到 0 距离无限小，如图 5-12 所示）。

$$\overrightarrow{s-p_1}=\overrightarrow{\mathrm{j}0^++0}=A_1\angle\varphi_1=0\angle 90^\circ$$

$$\overrightarrow{s-p_2}=\overrightarrow{\mathrm{j}0^++\frac{1}{T_1}}=A_2\angle\varphi_2=\frac{1}{T_1}\angle 0^\circ$$

$$\overrightarrow{s-p_3}=\overrightarrow{\mathrm{j}0^++\frac{1}{T_2}}=A_3\angle\varphi_3=\frac{1}{T_2}\angle 0^\circ$$

所以
$$G(\mathrm{j}0^+)=\frac{K}{\prod_{i=1}^{3}A_i}\angle-\sum_{i=1}^{3}\varphi_i=\infty\angle-90^\circ$$

当 ω 由 0^+ 逐渐增加时，$\overrightarrow{\mathrm{j}\omega}$、$\overrightarrow{\mathrm{j}\omega+\frac{1}{T_1}}$、$\overrightarrow{\mathrm{j}\omega+\frac{1}{T_2}}$ 三个矢量的幅值连续增加；除 $\varphi_1=90^\circ$ 外，φ_2、φ_3 均由 0 连续增加，分别趋向于 90°。

当 $s=\mathrm{j}\omega=\mathrm{j}\infty$ 时

$$\overrightarrow{s-p_1}=\overrightarrow{\mathrm{j}\infty-0}=A_1\angle\varphi_1=\infty\angle 90^\circ$$

$$\overrightarrow{s-p_2}=\overrightarrow{\mathrm{j}\infty+\frac{1}{T_1}}=A_2\angle\varphi_2=\infty\angle 90^\circ$$

$$\overrightarrow{s-p_3}=\overrightarrow{\mathrm{j}\infty+\frac{1}{T_2}}=A_3\angle\varphi_3=\infty\angle 90^\circ$$

则
$$G(\mathrm{j}\infty)=\frac{K}{\prod_{i=1}^{3}A_i}\angle-\sum_{i=1}^{3}\varphi_i=0\angle-270^\circ$$

由此可以概略绘出 $G(\mathrm{j}\omega)$ 的幅相曲线如图 5-12b 中曲线 G_1 所示。

同理，讨论 $v=0$，2，3 时的情况，可以列出表 5-1，相应概略绘出幅相曲线分别如图 5-12b 中 G_0、G_2、G_3 所示。

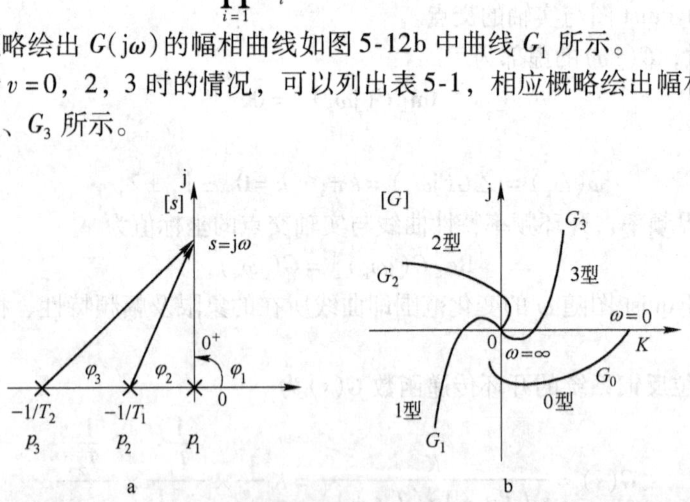

图 5-12　例 5-5 图示

a—$v=1$ 时 $G(s)$ 的零极点图；b—对应不同型别幅频曲线

表 5-1 例 5-5 结果列表

v	$G(j\omega)$	$G(j0^+)$	$G(j\infty)$	零极点分布
0	$G_0(j\omega)=\dfrac{K}{(jT_1\omega+1)(jT_2\omega+1)}$	$K\angle 0^\circ$	$0\angle -180^\circ$	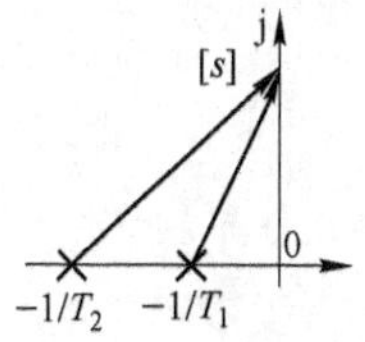
Ⅰ	$G_1(j\omega)=\dfrac{K}{j\omega(jT_1\omega+1)(jT_2\omega+1)}$	$\infty\angle -90^\circ$	$0\angle -270^\circ$	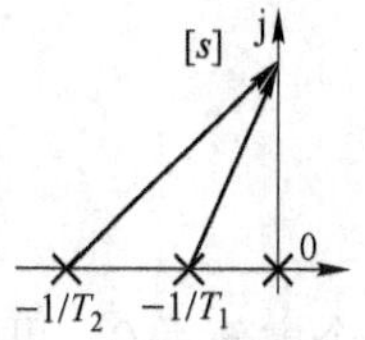
Ⅱ	$G_2(j\omega)=\dfrac{K}{(j\omega)^2(jT_1\omega+1)(jT_2\omega+1)}$	$\infty\angle -180^\circ$	$0\angle -360^\circ$	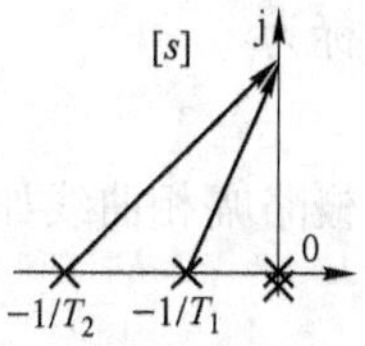
Ⅲ	$G_3(j\omega)=\dfrac{K}{(j\omega)^3(jT_1\omega+1)(jT_2\omega+1)}$	$\infty\angle -270^\circ$	$0\angle -450^\circ$	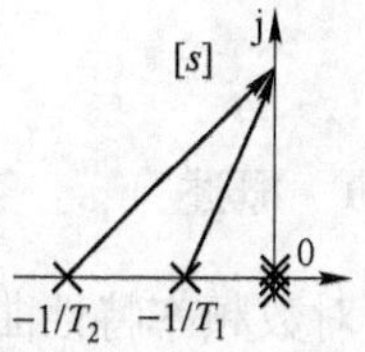

当系统在右半 s 平面不存在零、极点时，系统开环传递函数一般可写为

$$G(s)=\frac{K(\tau_1 s+1)(\tau_2 s+1)\cdots(\tau_m s+1)}{s^v(T_1 s+1)(T_2 s+1)\cdots(T_{n-v}s+1)}\qquad (n>m)$$

开环幅相曲线的起点 $G(j0^+)$ 完全由 K、v 确定，而终点 $G(j\infty)$ 则由 $n-m$ 来确定。

$$G(j0^+)=\begin{cases}K\angle 0^\circ & v=0\ \text{时}\\ \infty\angle -90^\circ v & v>0\ \text{时}\end{cases}$$

$$G(j\infty)=0\angle -90^\circ(n-m)$$

而 $\omega=0^+\to\infty$ 过程中 $G(j\omega)$ 的变化趋势，可以根据各开环零点、极点指向 $s=j\omega$ 的矢量之模、相角的变化规律概略绘出。

例 5-6 已知单位反馈系统的开环传递函数为

$$G_k(s)=\frac{k(1+2s)}{s^2(0.5s+1)(s+1)}$$

试概略绘出系统开环幅相曲线。

解： 系统型别 $v=2$，零点-极点分布图如图 5-13a 所示。显然

(1) 起点 $G_k(j0^+)=\infty\angle -180^\circ$；

(2) 终点 $G_k(j\infty)=0\angle -270^\circ$；

(3) 与坐标轴的交点。

$$G_k(\mathrm{j}\omega)=\frac{k}{\omega^2(1+0.25\omega^2)(1+\omega^2)}[-(1+2.5\omega^2)-\mathrm{j}\omega(0.5-\omega^2)]$$

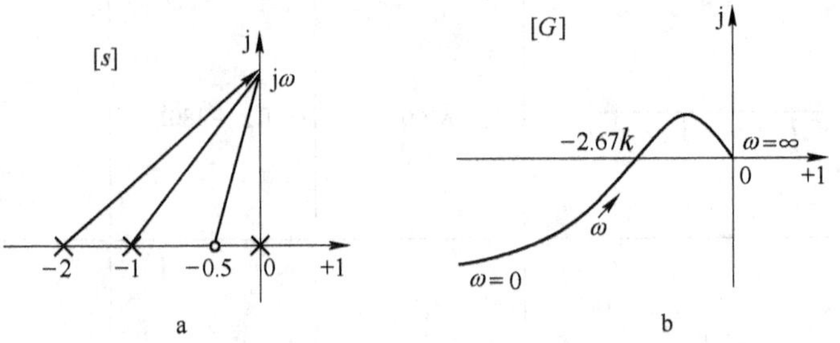

图 5-13　极点-零点分布图（a）与幅相特性曲线（b）

令虚部为 0，可解出当 $\omega_g^2=0.5$（即 $\omega_g=0.707$）时，幅相曲线与实轴有一交点，交点坐标为

$$\mathrm{Re}[G(\mathrm{j}\omega_g)]=-2.67k$$

概略幅相曲线如图 5-13b 所示。

5.3　频率特性的对数坐标（Bode）图描述

5.3.1　概述

对数频率特性曲线又叫伯德（Bode）曲线。它由对数幅频特性和对数相频特性两条曲线所组成，是频率法中应用最广泛的一组图线。Bode 图是在半对数坐标纸上绘制出来的。横坐标采用对数刻度，纵坐标采用线性的均匀刻度。

Bode 图中，对数幅频特性是 $G(\mathrm{j}\omega)$ 的对数值 $20\lg|G(\mathrm{j}\omega)|$ 和频率 ω 的关系曲线；对数相频特性则是 $G(\mathrm{j}\omega)$ 的相角 $\varphi(\omega)$ 和频率 ω 的关系曲线。在绘制 Bode 图时，为了作图和读数方便，常将两种曲线画在半对数坐标纸上，采用同一横坐标作为频率轴，横坐标虽采用对数分度，但以 ω 的实际值标定，单位为 rad/s。所以横坐标的最小值是大于零的任意实数。横坐标的起点可根据实际所需的最低频率来决定。

画对数频率特性曲线时，必须掌握对数刻度的概念。尽管在 ω 坐标轴上标明的数值是实际的 ω 值，但坐标上的距离却是按 ω 值的常用对数 $\lg\omega$ 来刻度的。坐标轴上任何两点 ω_1 和 ω_2（设 $\omega_2>\omega_1$）之间的距离为 $\lg\omega_2-\lg\omega_1$，而不是 $\omega_2-\omega_1$。横坐标上若两对频率间距离相同，则其比值相等。

频率 ω 每变化 10 倍称为一个十倍频程，记作 dec。每个 dec 沿横坐标走过的间隔为一个单位长度，如图 5-14 所示。由于横坐标按 ω 的对数分度，故对 ω 而言是不均匀的，但对 $\lg\omega$ 来说却是均匀的线性刻度。

对数幅频特性图的纵轴是将 $A(\omega)$ 取常用对数，并乘上 20 倍，使其变成对数幅值 $L(\omega)$，即 $L(\omega)=20\lg A(\omega)$ 称为对数幅值，单位是 dB。幅值 $A(\omega)$ 每扩大 10 倍，对数幅值 $L(\omega)$ 就增加 20dB。由于纵坐标 $L(\omega)$ 已作过对数转换，故纵坐标值是线性刻度的。

对数相频特性图的纵坐标为相角 $\varphi(\omega)$，单位是（°），采用线性刻度。

对数幅频特性与对数相频特性合起来称为频率特性的对数坐标图，又称伯德（Bode）图，如图5-14所示。为了方便直观比较起见，两张图上下对齐。

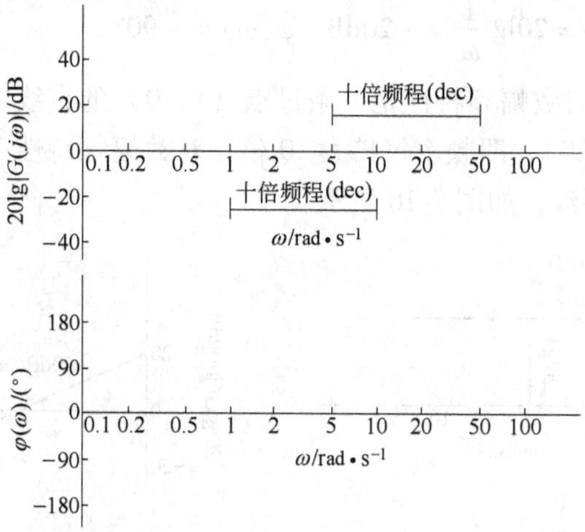

图5-14　Bode图坐标系

频率特性的Bode图表示具有如下优点：

（1）可将串联环节幅值的乘、除转化为幅值的加、减，从而简化了计算和作图过程。

（2）可用近似方法作图。先分段作出对数频率特性的渐近线，再用修正曲线对渐近线进行修正。

（3）可分别作出各典型环节的波德图，再用叠加的方法得出系统的波德图，并由此可看出各环节对系统总特性的影响。

（4）由于横坐标采用对数刻度，将低频段相对展宽了（低频段频率特性的形状对于控制系统性能的研究具有较重要的意义），而将高频段相对压缩了。可以在较宽的频段范围中研究系统的频率特性。

5.3.2 典型环节的Bode图

5.3.2.1 比例环节

比例环节的频率特性是　$G(j\omega)=K$，

对数幅频特性　$L(\omega)=20\lg|G(j\omega)|=20\lg K$，

对数相频特性　$\varphi(\omega)=\angle G(j\omega)=0°$。

分析可知，比例环节频率特性的幅值和相角均不随ω变化，故其对数幅频特性为一条水平线，而对数相频特性恒为0°，如图5-15所示。

5.3.2.2 积分环节

积分环节的频率特性是　$G(j\omega)=\dfrac{1}{j\omega}=-j\dfrac{1}{\omega}$，

对数幅频特性　$L(\omega)=20\lg\dfrac{1}{\omega}=-20\lg\omega$，

对数相频特性　$\varphi(\omega)=-90°$。

当 $\omega = 1$ 时，$L(\omega) = 20\lg\frac{1}{\omega} = 0\text{dB}$，$\varphi(\omega) = -90°$；

当 $\omega = 10$ 时，$L(\omega) = 20\lg\frac{1}{\omega} = -20\text{dB}$，$\varphi(\omega) = -90°$。

可见，积分环节的对数幅频特性是一条过点（1，0）的直线，其斜率为 -20dB/dec，斜率也可以表示为 [-20]，即频率每扩大 10 倍，对数幅频特性下降 20dB。对数相频特性恒为一条 -90°的水平线，如图 5-16 所示。

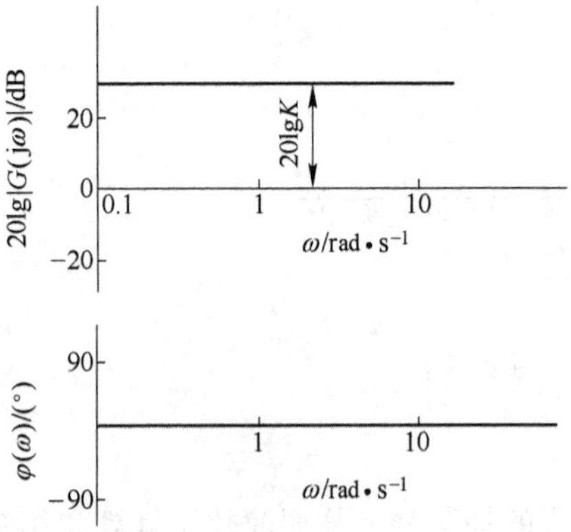

图 5-15 比例环节的 Bode 图

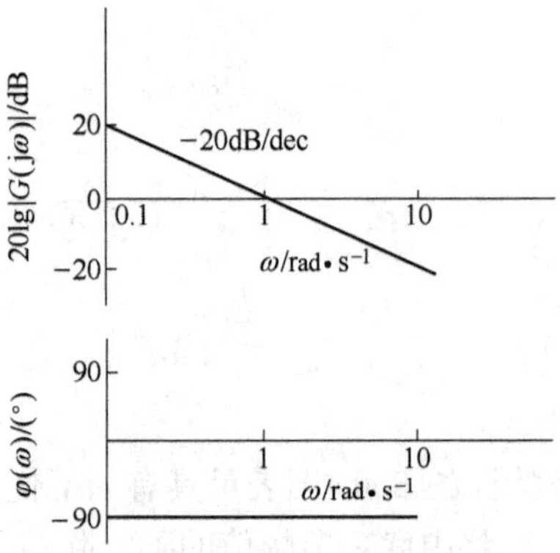

图 5-16 积分环节的 Bode 图

5.3.2.3 微分环节

微分环节的频率特性是 $G(\mathrm{j}\omega) = \mathrm{j}\omega$，

对数幅频特性 $L(\omega) = 20\lg\omega$，

对数相频特性 $\varphi(\omega) = 90°$。

当 $\omega = 1$ 时，$L(\omega) = 20\lg\omega = 0\text{dB}$，$\varphi(\omega) = 90°$；

当 $\omega = 10$ 时，$L(\omega) = 20\lg\omega = 20\text{dB}$，$\varphi(\omega) = 90°$。

可见，微分环节的对数幅频特性是一条过点（1，0）的直线，其斜率为 20dB/dec，即频率每扩大 10 倍，对数幅频特性上升 20dB。对数相频特性恒为 90°，如图 5-17 所示。

5.3.2.4 惯性环节

惯性环节的频率特性是 $G(\mathrm{j}\omega) = \frac{1}{1 + \mathrm{j}T\omega}$，

对数幅频特性 $L(\omega) = -20\lg\sqrt{1 + T^2\omega^2}$，

对数相频特性 $\varphi(\omega) = -\arctan T\omega$。

当 $\omega \ll 1/T$ 时，$L(\omega) \approx 0\text{dB}$，即对数幅频特性在低频段近似为 0dB 水平线，称为低频渐近线；

当 $\omega \gg 1/T$ 时，$L(\omega) \approx -20\lg(T\omega)$，即对数幅频特性在高频段近似为斜率等于 -20dB/dec的直线，称为高频渐近线。低频渐近线与高频渐近线在 $\omega = 1/T$ 处相交，称 $\omega = 1/T$ 的频率为转折频率，记为 ω_T。

当 $\omega = 0$ 时，$\varphi(\omega) = 0°$，当 $\omega = \omega_T = \frac{1}{T}$时，$\varphi(\omega) = -45°$，当 $\omega \to \infty$ 时，$\varphi(\omega) \to$

$-90°$。对数相频特性是一条反正切函数曲线，所以相位曲线关于 $\varphi = -45°$弯点是斜对称的。惯性环节的 Bode 图如图 5-18 所示。

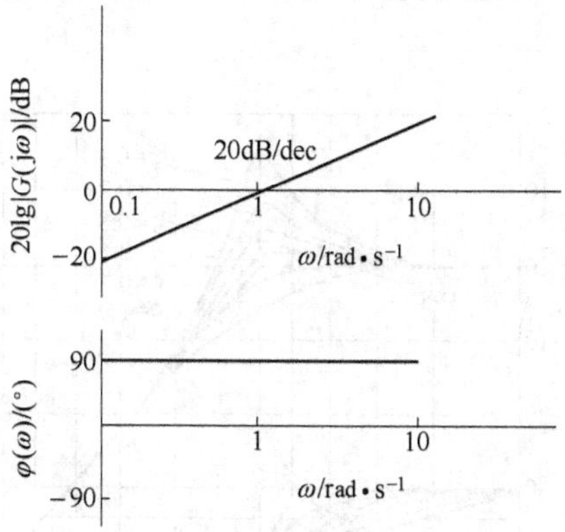

图 5-17 微分环节的 Bode 图

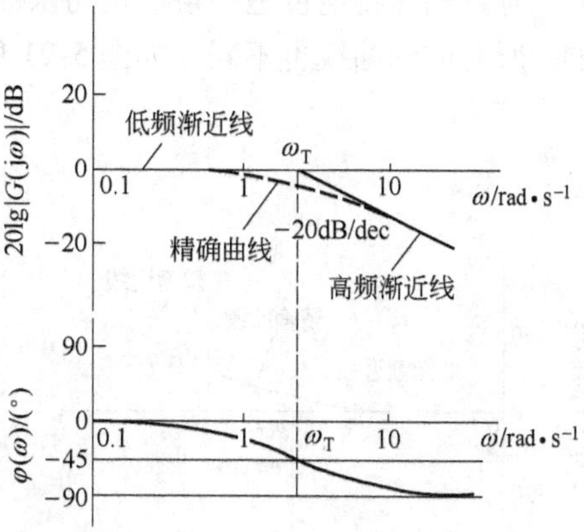

图 5-18 惯性环节的 Bode 图

在工程上常用相交于 $\omega_T = 1/T$ 处的两条渐近线作为惯性环节的对数幅频特性。对于初步设计，利用渐近线已经够用，且很方便。如需要画出精确的对数幅频特性曲线，可参照图 5-19 的曲线在渐近线的基础上进行修正。可见，由于采用渐近线而在幅值上产生的最大误差发生在转折频率处，并近似等于 3dB。

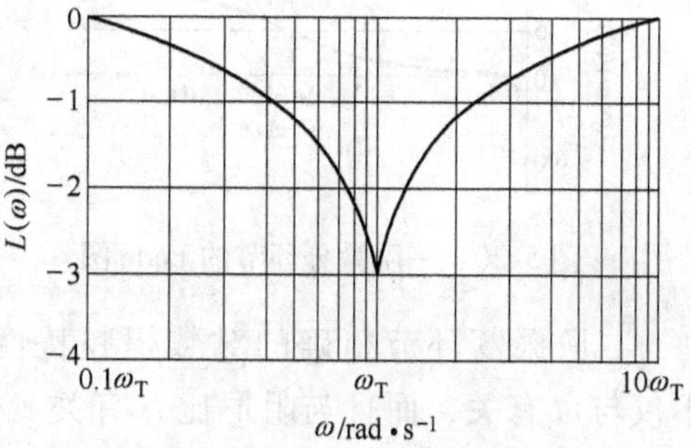

图 5-19 惯性环节误差曲线

5.3.2.5 一阶微分环节

一阶微分环节的频率特性为 $G(j\omega) = 1 + jT\omega$，它与惯性环节的频率特性互为倒数。因此，一阶微分环节与惯性环节的对数幅频特性和对数相频特性分别以横坐标轴互为镜像对称。

一阶微分环节用低频、高频渐近线描绘的 Bode 图如图 5-20 所示。

5.3.2.6 二阶振荡环节

二阶振荡环节的频率特性为

$$G(j\omega) = \frac{1}{1 - T^2\omega^2 + j2\xi T\omega} = \frac{1}{\sqrt{(1 - T^2\omega^2)^2 + (2\xi T\omega)^2}} e^{-j\arctan\frac{2\xi T\omega}{1-(T\omega)^2}}$$

对数幅频特性 $L(\omega) = -20\lg\sqrt{(1 - T^2\omega^2)^2 + (2\xi T\omega)^2}$，

对数相频特性 $\varphi(\omega) = -\arctan\dfrac{2\xi T\omega}{1 - T^2\omega^2}$。

当 $\omega \ll 1/T$ 时，$L(\omega) \approx 0$dB，即对数幅频特性在低频段近似为 0dB 水平线，称为低频渐近线；

当 $\omega \gg 1/T$ 时，$L(\omega) \approx -40\lg(T\omega)$，即对数幅频特性在高频段近似为斜率等于 -40dB/dec的直线，称为高频渐近线。

低频渐近线与高频渐近线在 $\omega = 1/T$ 处相交，称 $\omega = \dfrac{1}{T} = \omega_T$ 的频率为振荡环节的转折频率。

当 $\omega=0$ 时，$\varphi(\omega)=0°$；当 $\omega=\omega_T=\dfrac{1}{T}$ 时，$\varphi(\omega)=-90°$；当 $\omega\to\infty$ 时，$\varphi(\omega)\to-180°$。对数相频特性也是一条反正切函数曲线，相位曲线关于 $-90°$ 的弯点是斜对称的，不同的 ξ 所对应的曲线也不同，如图 5-21 所示。

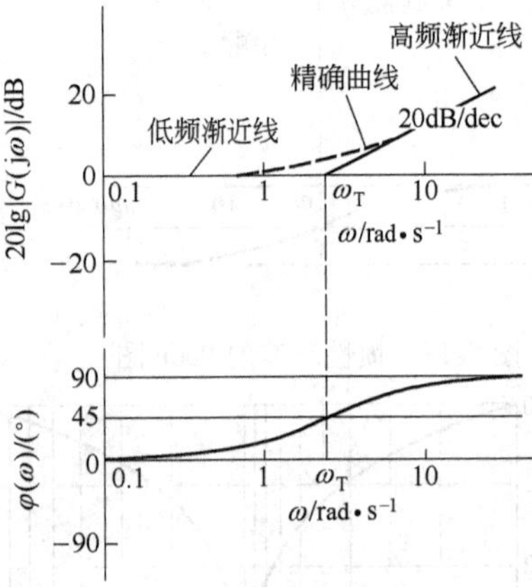

图 5-20 一阶微分环节的 Bode 图

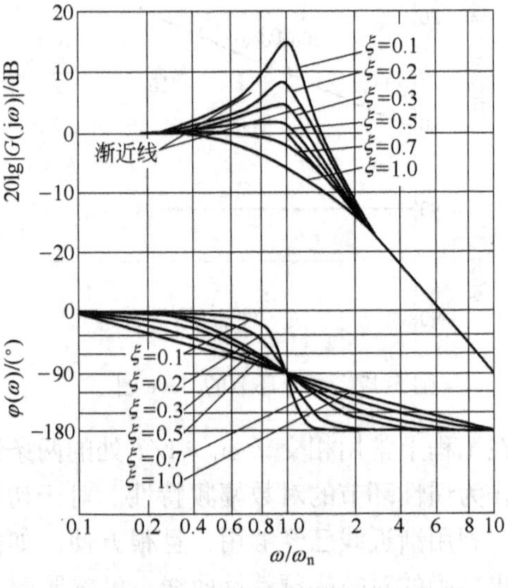

图 5-21 二阶振荡环节的 Bode 图

二阶振荡环节精确的对数幅频特性曲线，不仅与 ω 有关，而且与阻尼比 ξ 有关。根据不同的 ω 和 ξ 值可作出误差修正曲线，如图 5-22 所示。根据此误差修正曲线可对渐近线进行修正，即可得到精确的对数幅频特性曲线。

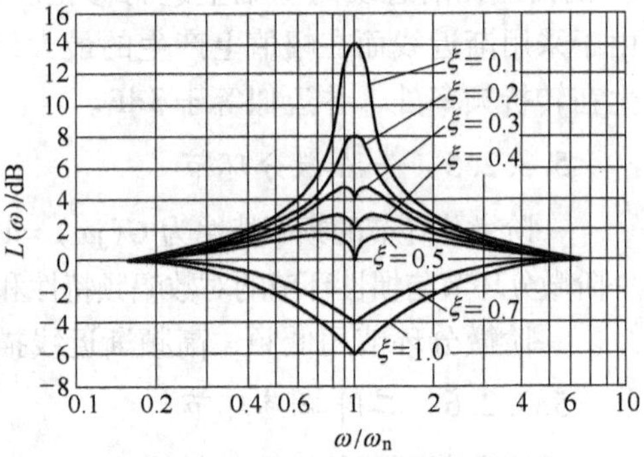

图 5-22 振荡环节在不同 ξ 值时的修正曲线

5.3.2.7 二阶微分环节

二阶微分环节的频率特性为 $G(j\omega)=1-T^2\omega^2+j2\xi T\omega$，它与振荡环节的频率特性互为倒数。

因此，二阶微分环节与振荡环节的对数幅频特性和对数相频特性分别以横坐标轴互为镜像对称。二阶微分环节用低频、高频渐近线描绘的 Bode 图如图 5-23 所示。

5.3.2.8 延迟环节

延迟环节的频率特性是 $G(j\omega)=e^{-j\tau\omega}$，

对数幅频特性 $L(\omega)=20\lg 1=0$，

对数相频特性 $\varphi(\omega)=-\tau\omega$。

分析可见，对数幅频特性恒为 0dB 线，对数相频特性随 ω 的增加而线性增加，在半对数坐标图上则是一条曲线，如图 5-24 所示。

由以上举例，可将典型环节的对数频率特性及其渐近线的特点对照图 5-25 归纳如下：

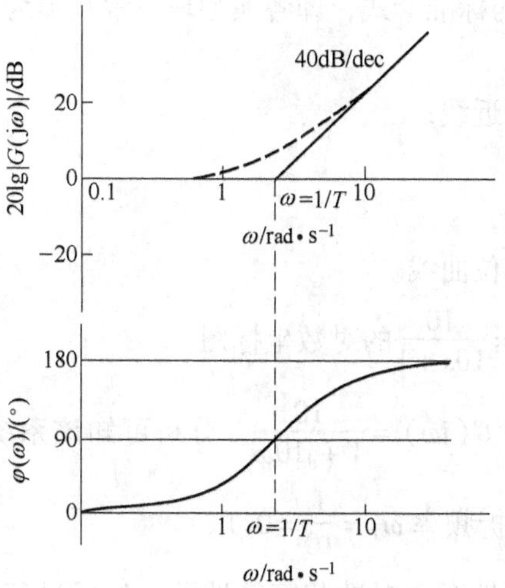

图 5-23 二阶微分环节的 Bode 图

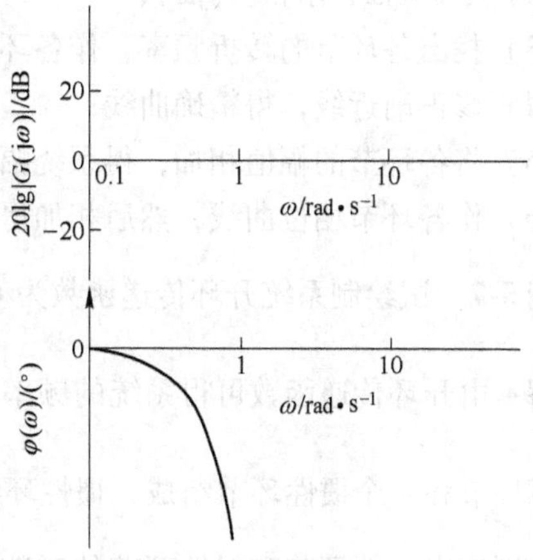

图 5-24 延迟环节的 Bode 图

（1）比例环节的幅值为平行横轴的直线，其相位为0°线，与 ω 无关。

（2）积分环节和微分环节的幅值为过（1，j0）点，斜率分别为∓20dB/dec，对称于横轴的直线。相位分别为∓90°，与 ω 无关。

（3）惯性环节和一阶微分环节的幅值低频渐近线为0dB 线，高频渐近线斜率分别为∓20dB/dec，转角频率为 ω_T，对称于横轴。相位在0° ~ ∓90°范围内变化。曲线斜对称于弯点（ω_T，∓45°）。

（4）振荡环节和二阶微分环节幅值的低频渐近线为0dB 线，高频渐近线的斜率分别为∓40dB/dec，转角频率为 ω_T，对称于横轴。相频特性在0° ~ ∓180°范围内变化，并斜对称于弯点（ω_T，∓90°）。

（5）延时环节的幅值为0dB 线，相位随 ω 成线性变化。

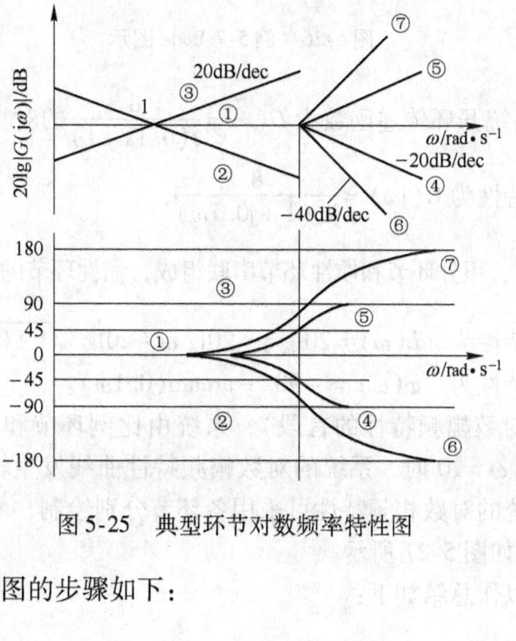

图 5-25 典型环节对数频率特性图

利用渐近线绘制伯德图的步骤如下：

（1）将传递函数 $G(s)$ 化为由典型环节组成的标准形式，即各典型环节常数项为 1；

（2）令 $s=\mathrm{j}\omega$，求得 $G(\mathrm{j}\omega)$；

（3）找出各环节的转折频率，作各环节的渐近线；

（4）修正渐近线，得精确曲线；

（5）将各环节的幅值相加，得系统幅值曲线；

（6）作各环节相位曲线，然后相加得系统相位曲线。

例 5-7 试绘制系统开环传递函数为 $G(\mathrm{j}\omega)=\dfrac{10}{10s+1}$ 的对数坐标图。

解：由开环传递函数可得系统的频率特性为 $G(\mathrm{j}\omega)=\dfrac{10}{1+\mathrm{j}10\omega}$，分析可知该系统由一个比例环节和一个惯性环节组成，惯性环节的转折频率 $\omega_T=\dfrac{1}{10}=0.1$。

分别作出比例环节和惯性环节的对数幅频特性图和对数相频特性图，然后进行叠加，得到系统的对数幅频特性图和对数相频特性图，如图 5-26 所示。

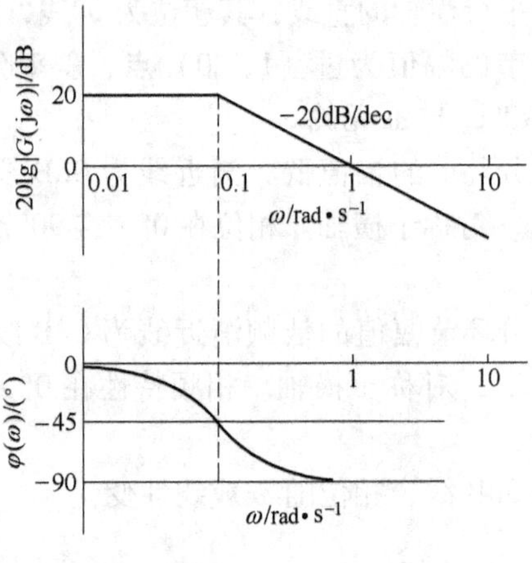

图 5-26 例 5-7 Bode 图示

例 5-8 试绘制系统开环传递函数为 $G(s)=\dfrac{8}{s(0.1s+1)}$ 的对数坐标图。

解：系统的频率特性为 $G(\mathrm{j}\omega)=\dfrac{8}{\mathrm{j}\omega(1+\mathrm{j}0.1\omega)}$，

此系统由比例环节、积分环节和惯性环节串联组成，惯性环节的转折频率 $\omega_T=\dfrac{1}{0.1}=10$。

系统的对数幅频特性为 $L(\omega)=20\lg 8-20\lg\omega-20\lg\sqrt{1+0.01\omega^2}$，

系统的对数相频特性为 $\varphi(\omega)=-90°-\arctan(0.1\omega)$。

在低频段（亦称对数幅频特性的首段），系统由比例环节和积分环节构成，在 $\omega=1$ 处，$L(\omega)=20\lg8$，当 $\omega=10$ 时，系统的对数幅频特性曲线发生转折，斜率由 −20dB/dec 变为 −40dB/dec。系统的对数相频特性可采用各环节分别绘制，然后叠加的方法得到。最后作出的系统 Bode 图如图 5-27 所示。

通过上面举例可以作总结如下：

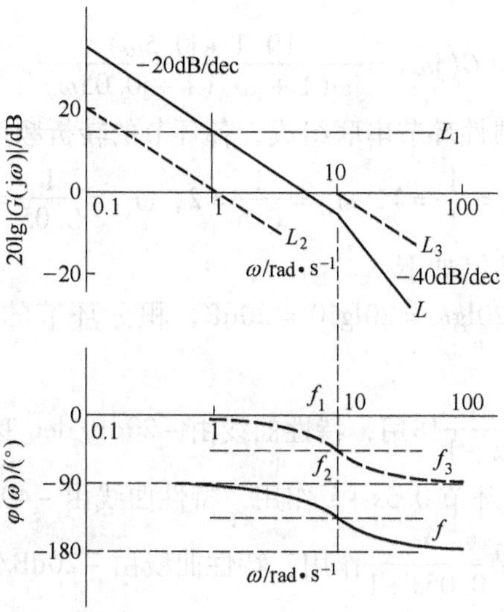

图 5-27 例 5-8 的 Bode 图

绘制系统的开环对数幅频特性，通常只需画出渐近特性，绘制方法有两种：

（1）方法一是分别绘出各典型环节的对数幅频特性，然后叠加，可得到系统的开环对数幅频特性。

（2）方法二是按下面步骤进行：

1）在半对数坐标纸上标出纵轴和横轴的刻度。

2）将 $G(j\omega)$ 转化为若干典型环节的频率特性相乘（或相除）的标准形式，要求惯性、一阶微分、振荡和二阶微分环节的常数项均为 1。

3）找出各典型环节的转折频率。

4）计算 $20\lg K$，K 为系统的开环放大倍数。

5）在 $\omega=1$ 处找出纵坐标等于 $20\lg K$ 的点“A”；过该点作一直线，其斜率 -20νdB/dec，ν 为系统的型次；该线段直到第一个转折频率 ω_{T1} 对应的地方。若 $\omega_{T1}<1$，则该直线的延长线经过“A”点。

6）以后每遇到一个转折频率，就改变一次渐近线的斜率：遇到惯性环节的转折频率，斜率增加-20dB/dec；遇到一阶微分环节的转折频率，斜率增加 +20dB/dec；遇到振荡环节的转折频率，斜率增加-40dB/dec；遇到二阶微分环节的转折频率，斜率增加 +40dB/dec。直至经过所有各典型环节的转折频率，便得到系统开环对数幅频特性。方法二常被采用。

绘制系统的开环对数相频特性时，也有两种方法：

（1）先绘出各典型环节的对数相频特性，然后将它们的纵坐标代数相加，就可以得到系统的开环对数相频特性。

（2）利用系统的相频特性表达式，直接计算出不同 ω 数值时所对应的相位角，通过描点法用光滑曲线连接，得到开环对数相频特性。

在工程分析与设计中，幅频特性曲线 $L(\omega)$ 与 ω 轴相交的频率，记为 ω_c（称为穿越频率或截止频率），它和对应的相角 $\varphi(\omega_c)$ 是分析系统稳定性的关键。

例 5-9 若系统开环传递函数为 $G(s)=\dfrac{10(0.5s+1)}{s(s+1)(0.05s+1)}$，试绘制该系统的对数坐标图，并求相角 $\varphi(\omega_c)$。

解：系统的频率特性为 $G(j\omega)=\dfrac{10(1+j0.5\omega)}{j\omega(1+j\omega)(1+j0.05\omega)}$，此系统由比例环节、一阶微分环节、积分环节和两个惯性环节串联组成，各环节的转折频率如下：

$$\omega_{T1}=\frac{1}{1}=1,\ \omega_{T2}=\frac{1}{0.5}=2,\ \omega_{T3}=\frac{1}{0.05}=20$$

系统对数幅频特性的绘制如下：

当 $\omega=1$ 时，$L(\omega)=20\lg K=20\lg 10=20\text{dB}$，积分环节的特性曲线经过该点，斜率为 -20dB/dec。

在 $\omega=1$ 时，惯性环节$\dfrac{1}{s+1}$作用，特性曲线由 -20dB/dec 变为 -40dB/dec。

在 $\omega=2$ 时，一阶微分环节 $0.5s+1$ 作用，特性曲线由 -40dB/dec 变为 -20dB/dec。

在 $\omega=20$ 时，惯性环节$\dfrac{1}{0.05s+1}$作用，特性曲线由 -20dB/dec 变为 -40dB/dec。

系统对数相频特性的绘制如下：

由开环相频特性 $\varphi(\omega)=-90°+\arctan(0.5\omega)-\arctan\omega-\arctan(0.05\omega)$ 分别计算出 $\varphi(1)$、$\varphi(2)$、$\varphi(5)$、$\varphi(10)$、$\varphi(20)$ 值，再用光滑曲线连接，得到开环对数相频特性。

该系统的对数坐标图如图 5-28 所示。

求穿越频率 ω_c，计算相位角 $\varphi(\omega_c)$：

因为 $L(\omega_c)=0\text{dB}$，或 $A(\omega_c)=1$，同时考虑到 $\omega_c>\omega_{T1}$，$\omega_c>\omega_{T2}$ 及 $\omega_c<\omega_{T3}$，对于 ω_{T1} 和 ω_{T2} 来说，ω_c 属于高频段，取高频渐近线；对于 ω_{T3} 来说，ω_c 属于低频段，取低频渐近线。

所以有

$$A(\omega_c)=\frac{10(0.5\omega_c+0)}{\omega_c(\omega_c+0)(0+1)}=1$$

解之得 $\omega_c=5\text{r/s}$，则

$$\varphi(\omega_c)=-90°+\arctan(0.5\times5)-\arctan5-\arctan(0.05\times5)=-114.5°$$

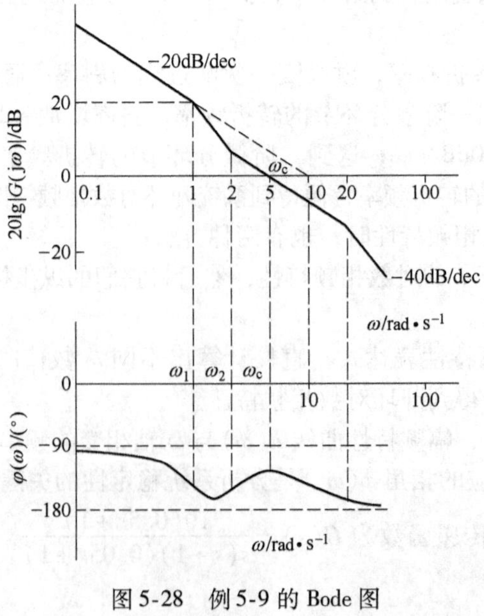

图 5-28 例 5-9 的 Bode 图

5.4 控制系统闭环频率特性的 Bode 图

在前面几节中，主要讨论了开环频率特性。在控制系统的分析与计算中，有时也需要直接研究系统的闭环频率特性。通过讨论系统开环频率特性与闭环频率特性之间的关系，进而估计系统闭环频率特性是研究控制系统闭环频率特性的有效方法。

5.4.1 由开环频率特性估计闭环频率特性

设有单位反馈控制系统，如图 5-29 所示。

其闭环频率特性 $G_B(j\omega)$ 与开环频率特性 $G_K(j\omega)$ 之间关系为

$$G_B(j\omega)=\frac{X_o(j\omega)}{X_i(j\omega)}=\frac{G_K(j\omega)}{1+G_K(j\omega)}$$

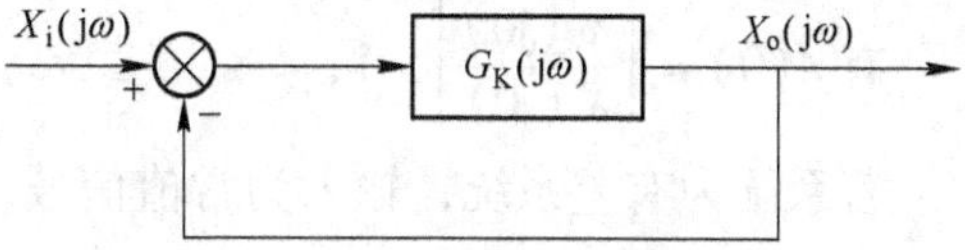

图 5-29 单位反馈控制系统

显然，闭环幅频特性 $A_B(\omega)$ 与闭环相频特性 $\varphi_B(\omega)$ 可用下式表示

$$A_B(\omega)=|G_B(j\omega)|=\frac{|G_K(j\omega)|}{|1+G_K(j\omega)|}$$

$$\varphi_B(\omega)=\angle G_B(j\omega)=\angle G_K(j\omega)-\angle[1+G_K(j\omega)]$$

将 ω 逐点取值，可分别计算出闭环幅频特性 $A_B(\omega)$ 与闭环相频特性 $\varphi_B(\omega)$，作出 $A_B(\omega)-\omega$ 和 $\varphi_B(\omega)-\omega$ 图，如图 5-30 所示。

当系统为非单位反馈系统时，其闭环频率特性为

$$G_B(j\omega)=\frac{X_o(j\omega)}{X_i(j\omega)}=\frac{G(j\omega)}{1+G(j\omega)H(j\omega)}=\frac{G(j\omega)H(j\omega)}{1+G(j\omega)H(j\omega)}\frac{1}{H(j\omega)}$$

不难看出，对于非单位反馈系统，可将其看成前向通道传递函数是 $G(s)H(s)$ 的单位反馈环节与 $\frac{1}{H(j\omega)}$ 串联即可。

一般实用系统的开环频率特性具有低通滤波的性质，即

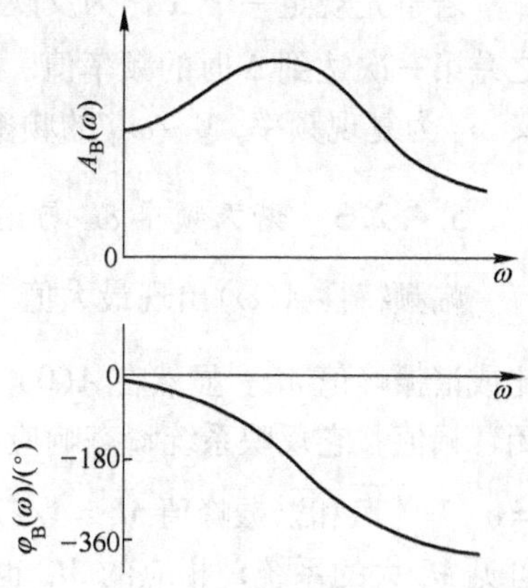

图 5-30 闭环系统对数频率特性图

低频时，$|G_K(j\omega)|>>1$，$G_K(j\omega)$ 与 1 相比，1 可忽略不计，则 $A_B(\omega)\approx 1$；

高频时，$|G_K(j\omega)|<<1$，$G_K(j\omega)$ 与 1 相比，$G_K(j\omega)$ 可忽略不计，则 $A_B(\omega)\approx|G_K(j\omega)|$。

因此，对于一般单位反馈的最小相位系统（详见 5.4.3 节），低频输入时输出信号的幅值和相位均与输入基本相等，高频输入时输出信号的幅值和相位均与开环特性基本相同，而中间频段的形状随系统阻尼的不同而有较大的变化。

5.4.2 闭环频域性能指标

典型控制系统的闭环幅频特性曲线如图 5-31 所示。系统的特征可用这条曲线上的一

些特征量加以描述，这些特征量构成了分析和设计系统的频域性能指标。

5.4.2.1 零频幅值 $A(0)$

零频幅值 $A(0)$ 表示频率 ω 接近于零时，闭环系统输出的幅值与输入幅值之比。在频率 $\omega \to 0$ 时，若 $A(0)=1$，则输出的幅值能完全准确地反映输入幅值。

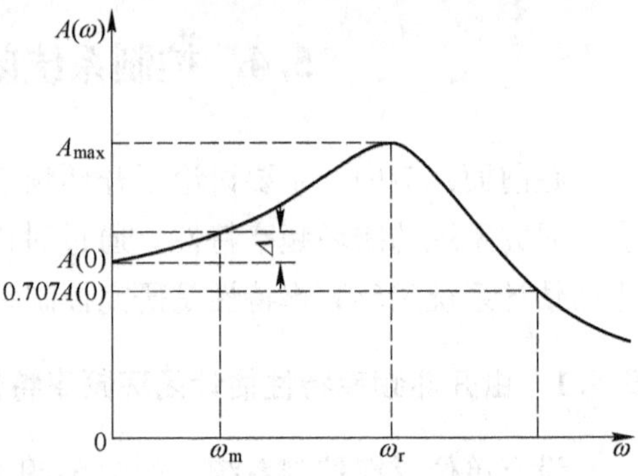

图 5-31 闭环幅频特性曲线

对于单位反馈系统，若系统为无差系统，在常值信号输入下，稳态时输出等于输入，

有 $A(0)=\left|\dfrac{X_o(j0)}{X_i(j0)}\right|=1$；

若系统为有差系统，输入为常值信号，稳态时输出不等于输入，

有 $A(0)=\left|\dfrac{X_o(j0)}{X_i(j0)}\right|=\dfrac{K}{1+K}<1$，$K$ 为系统开环放大倍数。

因此，零频幅值是否为1，可判断系统是否为无差系统。显然，$A(0)$ 越接近于1，则有差系统的稳态误差最小。

5.4.2.2 复现频率 ω_M 与复现带宽 $0\sim\omega_M$

若事先规定一个 Δ 作为反映低频输入信号的允许误差，那么 ω_M 就是幅频特性与 $A(0)$ 之差第一次达到 Δ 时的频率值。当 $\omega>\omega_M$ 时，输出就不能准确"复现"输入。因此，定义 ω_M 为复现频率，$0\sim\omega_M$ 的频率范围为复现带宽，亦称工作带宽。

5.4.2.3 谐振频率 ω_r 与谐振峰值 $M_r(\dfrac{A_{max}}{A(0)})$

幅频特性 $A(\omega)$ 出现最大值 A_{max} 时的频率称为谐振频率 ω_r。定义 $\dfrac{A(\omega_r)}{A(0)}=\dfrac{A_{max}}{A(0)}$ 为谐振比或谐振峰值 M_r。显然在 $A(0)=1$ 时，$M_r=A_{max}$。谐振峰值 M_r 为谐振频率 ω_r 所对应的闭环幅值，它反映系统瞬态响应的速度和相对稳定性。对于二阶系统，由最大超调量 $M_p=e^{-\xi\pi/\sqrt{1-\xi^2}}$ 和谐振峰值 $M_r=1/(2\xi\sqrt{1-\xi^2})$ 的计算式不难看出，它们都随 ξ 的增大而减小。可见 M_r 大的系统，相应的 M_p 也大，瞬态响应的相对稳定性就不好。为减弱系统的振荡性，又不失一定的快速性，应适当选取 M_r 值。若取 $1.0<M_r<1.4$，$0.4<\xi<0.7$，阶跃响应的超调量 $M_p<25\%$。

谐振频率 ω_r 在一定程度上反映了系统瞬态响应的速度，ω_r 值越大，则瞬态响应越快。

5.4.2.4 截止频率 ω_b 与带宽

所谓截止频率是指闭环频率特性的振幅 $A(\omega)$ 衰减到 $0.707A(0)$ 时的频率，即相当于闭环系统对数幅频特性的幅值由 $A(0)$ 下降 3dB 时，对应的频率称为截止频率，记为 ω_b。$0\sim\omega_b$ 的频率范围称为系统带宽。

对于典型二阶系统，其频率特性为 $\dfrac{X_o(j\omega)}{X_i(j\omega)}=\dfrac{\omega_n^2}{(j\omega)^2+2\xi\omega_n(j\omega)+\omega_n^2}$，

其幅值为 $A(\omega)=\dfrac{\omega_n^2}{\sqrt{(\omega_n^2-\omega^2)^2+(2\xi\omega\omega_n)^2}}$。

由于 $A(\omega_b)=\dfrac{1}{\sqrt{2}}A(0)$，且 $A(0)=1$，可得二阶系统的截止频率为

$$\omega_b=\omega_n\sqrt{1-2\xi^2+\sqrt{2-4\xi^2+4\xi^4}}$$

二阶系统瞬态响应的过渡过程调整时间　$t_s=3/(\xi\omega_n)$

由此式得　$\omega_n=3/(\xi t_s)$，代入上式中有

$$\omega_b t_s\approx\frac{3}{\xi}\sqrt{1-2\xi^2+\sqrt{2-4\xi^2+4\xi^4}}$$

上式表明，当阻尼比 ξ 确定后，系统的截止频率与 t_s 呈反比。即控制系统的频带宽度越大，则该系统反映输入信号的快速性越好，这说明带宽表征控制系统响应的快速性。带宽还表征系统对高频噪声所具有的滤波特性。频带越宽，高频噪声信号的抑制能力越差。为使系统准确地跟踪任意输入信号，需要系统具有很大带宽，而从抑制高频噪声的角度来看，带宽又不宜过大。

5.4.3　最小相位系统

为了说明幅频特性和相频特性之间的关系，在此提出最小相位系统概念。在复平面[s] 右半平面上没有零点和极点的传递函数称为**最小相位传递函数**；反之，称为**非最小相位传递函数**。具有最小相位传递函数的系统称为**最小相位系统**。

具有相同幅频特性的系统，最小相位传递函数的相位范围是最小的。例如两个系统的传递函数分别为

$$G_1(s)=\frac{1+T_1s}{1+T_2s}\quad(0<T_1<T_2);\qquad G_2(s)=\frac{1-T_1s}{1+T_2s}\quad(0<T_1<T_2)$$

这两个系统具有相同的幅频特性，但它们却有着不同的相频特性，$G_1(s)$ 为最小相位传递函数，其相位范围最小，如图 5-32 所示。

对最小相位系统而言，幅频特性和相频特性之间具有确定的单值对应关系。这就是说，如果给出系统的幅频特性曲线，那么其相频特性曲线就唯一确定，反之亦然。然而对非最小相位系统来说却是不成立的。因此，依据最小相位系统的对数幅频特性曲线，可以确定系统的传递函数。

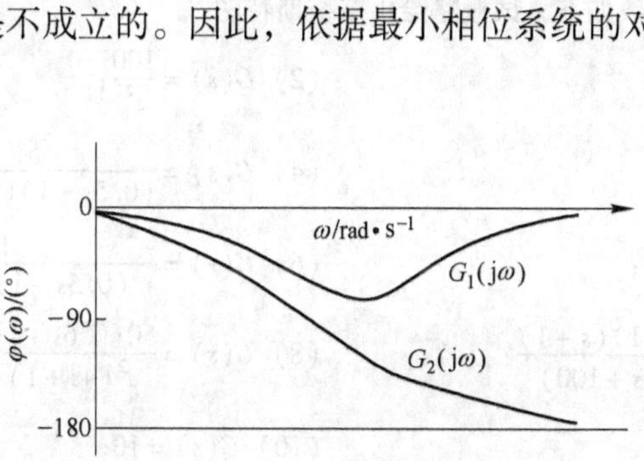

图 5-32　最小相位系统与非最小相位系统的相频特性

思考题及习题

5-1 已知系统的传递函数为 $G(s)=10/(0.5s+1)$，当输入信号的幅值为 $X_i=10$，频率分别为 $f_1=1\text{Hz}$、$f_2=5\text{Hz}$ 时，求系统的稳态输出。

5-2 已知某放大器的传递函数为 $G(s)=K/(Ts+1)$，当输入信号为 $x_i=\sin t$ 时，测得幅频 $|G(j\omega)|=10/\sqrt{2}$，相频为 $\angle G(j\omega)=-45^\circ$。试求该放大器的放大倍数 K 和时间常数 T。

5-3 若单位反馈控制系统的开环传递函数为 $G(s)=1/(2s+1)$，试求在下列输入量作用于系统时，系统的稳态输出。

（1）$x_i=\sin(t+30°)$；

（2）$x_i=3\cos(2t-45°)$；

（3）$x_i=\sin(t+30°)+3\cos(2t-45°)$。

5-4 已知系统的单位阶跃响应为

$$x_o=1-1.8e^{-4t}+0.8e^{-9t}\quad(t\geqslant 0)$$

试求系统的幅频特性和相频特性。

5-5 已知单位反馈系统的开环传递函数为 $G(s)=1/(s+1)$，试求系统在输入信号 $x_i=\sin 5t$ 作用下系统的稳态输出 x_{os} 和稳态误差 e_{ss}。

5-6 已知单位反馈系统的开环传递函数为 $G(s)=K/[s(Ts+1)]$，当系统的输入为 $x_i=\sin 10t$ 时，闭环系统的稳态输出为 $x_o(t)=\sin(10t-90°)$，试求系统的参数 K 和 T 的值。

5-7 已知作用于系统的输入信号均为 $x_i=\sin 2t$，试求下列反馈控制系统的稳态输出。

（1）$G(s)=\dfrac{5}{s+1}$，$H(s)=1$；

（2）$G(s)=\dfrac{5}{s}$，$H(s)=1$；

（3）$G(s)=\dfrac{5}{s+1}$，$H(s)=2$。

5-8 试求下列函数的 $A(\omega)$、$\varphi(\omega)$、$U(\omega)$、$V(\omega)$。

（1）$G(s)=\dfrac{5}{30s+1}$；

（2）$G(s)=\dfrac{5}{s(0.1s+1)}$。

5-9 已知系统的开环传递函数如下，试概略绘出奈奎斯特图。

（1）$G(s)=\dfrac{10}{s}$；（2）$G(s)=\dfrac{100}{s^2}$；

（3）$G(s)=\dfrac{100}{s^3}$；（4）$G(s)=\dfrac{5}{(0.5s+1)(2s+1)}$；

（5）$G(s)=\dfrac{3}{s(0.1s+1)}$；（6）$G(s)=\dfrac{1}{s(0.5s+1)(0.1+2s)}$；

（7）$G(s)=\dfrac{7.5(0.2s+1)(s+1)}{s(s^2+16s+100)}$；（8）$G(s)=\dfrac{50(0.6s+1)}{s^2(4s+1)}$；

（9）$G(s)=\dfrac{5}{s(s-1)}$；（10）$G(s)=10e^{-0.1s}$。

5-10 试画出传递函数 $G(s)=\dfrac{\alpha Ts+1}{Ts+1}$ 的奈奎斯特图，其中 $\alpha=0.1$，$T=1$。

5-11 已知系统的开环传递函数如下，试绘出 Bode 图。

(1) $G(s)=\dfrac{10}{5s+1}$；　(2) $G(s)=\dfrac{10}{(2s+1)(5s+1)}$；

(3) $G(s)=\dfrac{3}{s(0.1s+1)}$；　(4) $G(s)=\dfrac{10}{s(0.5s+1)(0.05s+1)}$；

(5) $G(s)=\dfrac{10}{s(2s^2+0.8s+2)}$；　(6) $G(s)=\dfrac{50(0.4s+1)}{s^2(4s+1)}$。

5-12 已知最小相位系统的开环对数幅频特性曲线如图 5-33 所示，试画出系统的对数相频特性曲线，并写出其开环传递函数。

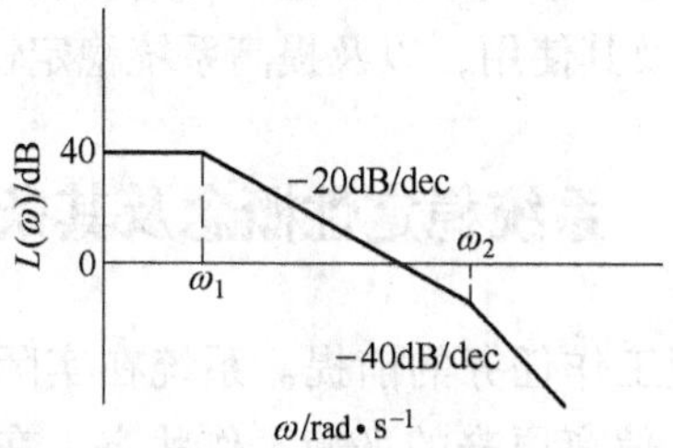

图 5-33 题 5-12 图示

5-13 已知最小相位系统的开环对数幅频渐近线如图 5-34 所示，试写出其对应的开环传递函数。

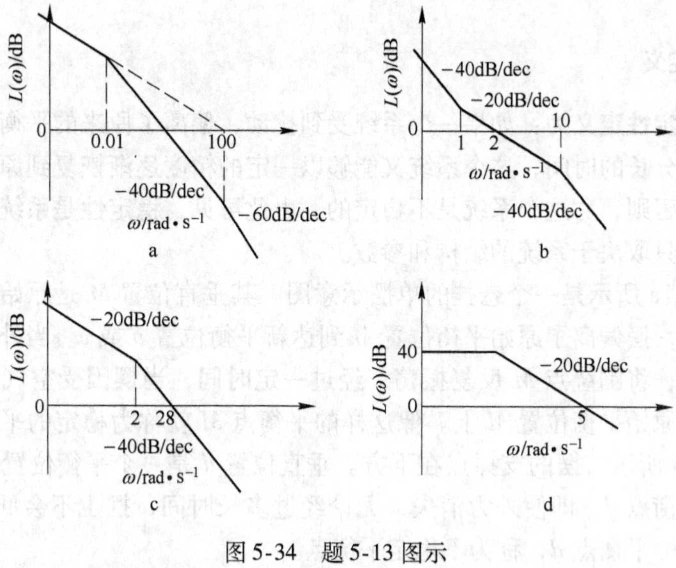

图 5-34 题 5-13 图示

5-14 已知单位反馈系统的开环传递函数为 $G(s)=\dfrac{10}{s(0.5s+1)(0.1s+1)}$，试绘制系统的开环对数幅频特性曲线，并计算 ω_c 和 $\varphi(\omega_c)$。

5-15 已知单位反馈系统的开环传递函数为 $G(s)=\dfrac{10}{s(0.05s+1)(0.1s+1)}$，试计算 M_r 和 ω_r。

6　控制系统的稳定性

系统能在实际中应用的必要条件是系统要稳定。分析稳定性是经典控制理论的重要组成部分，经典控制理论对于判定一个线性系统是否稳定提供了多种方法。本章主要介绍几种线性定常系统的稳定性判据及其使用，以及提高系统稳定性的方法。

6.1　系统稳定性概念及其条件

稳定是控制系统完成期望工作任务的前提。系统在实际工作中，会受到外部干扰作用和内部某些因素变动影响，偏离原来的平衡工作状态，在干扰或变动消失后，系统能否恢复到原来的平衡工作状态——稳定性，这是我们最为关心的问题。稳定性是控制系统的重要性能、对其进行分析并给出保证系统稳定的条件，是自动控制理论的基本任务之一。

6.1.1　稳定性定义

控制系统稳定性定义为：如果一个系统受到扰动，偏离了原来的平衡状态，而当扰动取消后，经过充分长的时间，这个系统又能够以一定的精度逐渐恢复到原来的状态，则称系统是稳定的。否则，称这个系统是不稳定的。由此可见，稳定性是系统的一种内在固有特性，这种特性只取决于系统的结构和参数。

例如，图 6-1a 所示是一个悬挂的单摆示意图。其垂直位置 M 是原始平衡位置。设在外界干扰作用下，摆偏离了原始平衡位置 M 到达新平衡位置 b 或 c。当外力去掉后，显然摆在重力作用下，将围绕点 M 反复振荡，经过一定时间，当摆因受空气阻碍使其能量耗尽后，摆又回到原始平衡位置 M 上。像这样的平衡点 M 就称为稳定的平衡点。对于一个倒摆，如图 6-1b 所示，摆的支撑点在下方。垂直位置 d 是一个平衡位置，若外力 F 使其偏离垂直位置平衡点 d，即使外力消失，无论经过多长时间，摆也不会回到原来平衡点 d 上来。对于这样的平衡点 d，称为不稳定平衡点。

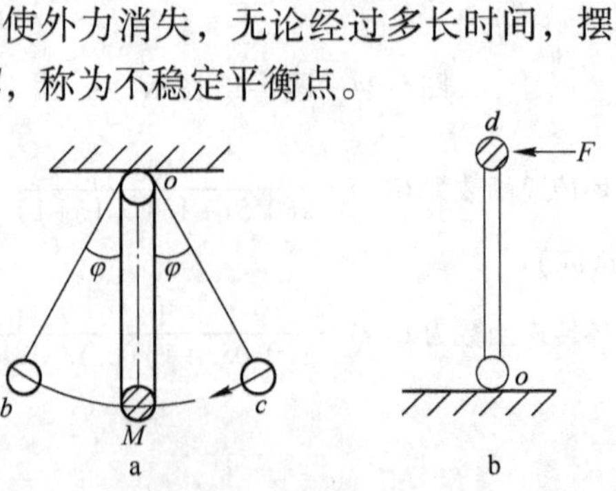

图 6-1　摆动平衡

a—悬挂的单摆；b—倒摆

如图6-2所示的小球，小球处在 a 点时，是稳定平衡点。因为作用于小球上的有限干扰力消失后，小球总能回到 a 点。而小球处于 b、c 点时为不稳定平衡位置，因为只要有干扰力作用于小球，小球便不再回到点 b 或 c。

上述两个实例说明系统的稳定性反映在干扰消失后的过渡过程的性质上。与上述力学系统相似，一般的自动控制系统中也存在平衡位置。平衡位置的稳定性取决于输入信号为零时，系统在非零初始条件作用下是否能自行返回到原平衡位置。如系统受到干扰后，被控量 $x_o(t)$ 发生偏差 $\Delta x_o(t)$，这种偏差随时间逐渐减少，系统又逐渐恢复到原来的平衡状态，即

$$\lim_{t\to\infty}\Delta x_o(t)=0$$

则系统是稳定的；若这种偏差随时间不断扩大，即使扰动消失，系统也不能回到平衡状态，则系统就是不稳定的。在干扰消失的时刻，系统与平衡状态的偏差可以看做是系统的初始偏差。因此，控制系统的稳定性可以按照上述方法来定义。

这一稳定性定义是目前普遍使用的概念，它没有对系统所处的初始状态提出具体要求，因此，这种定义对与系统初始状态紧密相关的非线性系统稳定性探讨显得苍白无力。根据现有稳定性的研究，给出如下一些关于稳定性概念的提法。

（1）**李亚普诺夫稳定性**。李亚普诺夫（A. M. ЛЯПУНОВ，1882）稳定性表述为：如图6-3所示，若 x_e 为系统的平衡工作点，系统初始状态 $x(0)$ 离此平衡点的起始偏差 $|x(0)-x_e|$ 不超过域 η，由初始状态引起的输出及其终态 $x(t)$ 与平衡点的差值 $|x(0)-x_e|$ 不超过预先任意给定的域 ε，则系统称为李亚普诺夫意义下稳定。也就是说，若要求系统的输出不超出任意给定的正数 ε，而又能找到不为零的正数 η，使初始状态 $|x(0)-x_e|<\eta$ 的情况下，满足输出为

$$|x(t)-x_e|\leqslant\varepsilon\quad(0\leqslant t<\infty)\tag{6-1}$$

则系统称在李亚普诺夫意义下稳定；反之，若要求系统的输出不能超出任意给定的正数 ε，但却不能找到不为零的正数 η 来满足式6-1，则称系统在李亚普诺夫意义下不稳定。

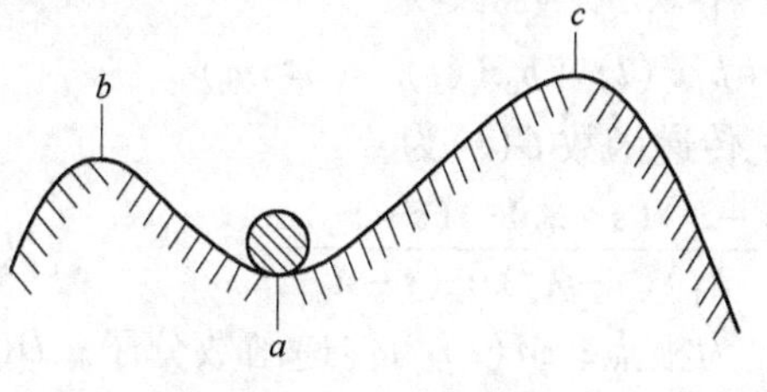

图6-2　小球的稳定性

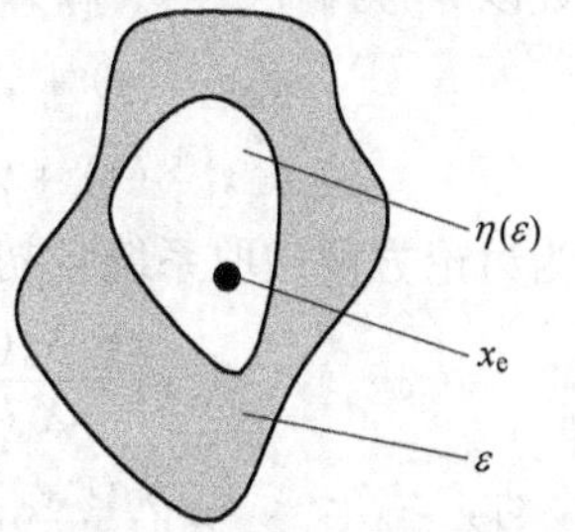

图6-3　李亚普诺夫稳定性示意图

（2）**渐进稳定性**。渐进稳定是指系统在李亚普诺夫意义下稳定，随时间 $t\to\infty$，由初始状态引起的系统输出最终趋于平衡状态。与李亚普诺夫意义下稳定性比较可知，渐进稳定要求系统输出最终趋于平衡状态，而李亚普诺夫稳定性仅要求系统输出进入 ε 的范围即可，因此，渐进稳定性的要求更高。

渐进稳定是一个局部的概念，满足渐进稳定的初始状态的最大区域称为引力域，起源于引力域的每一个运动都是渐进稳定的。

（3）**大范围稳定性**。系统在任意的初始状态下出发的运动都保持稳定，则称系统为大范围

稳定。系统在任意初始状态下出发的运动都保持渐近稳定，则称系统为大范围渐近稳定的。

从上面关于稳定性的定义可以看出，稳定性主要从两个方面来进行定义：其一，是从系统的外部描述，即从输入、输出关系上进行定义，前提条件是系统初始状态为零，利用有界输入考察系统输出是否有界，若输出有界则系统稳定，这种稳定性称为零状态响应，是有界输入有界输出（bounded input bounded output）稳定性；这种稳定性定义特别适合于用传递函数形式描述的线性系统，因为系统传递函数代表的正是系统零状态响应的拉氏变换对输入的拉氏变换之比。其二，是从系统内部的状态变化来进行定义，这一定义的主要代表是李亚普诺夫意义下的稳定性定义，它考察零输入条件下系统初始状态的响应是否有界，若输出有界则系统稳定。但无论定义如何，都要求输出不超出一个确定范围或输出趋于原有的平衡状态。如果将扰动或初始状态看成施加于系统的广义能量，那么，输出不超出一个确定范围或输出趋于原有的平衡状态这一事实，便可以简单地理解为稳定的系统具有消耗广义能量的能力。这就等于说，两种稳定性的定义是等价的。本章讨论采用外部描述的方法进行稳定性分析。

求解系统稳定性需要注意：(1) 在讨论李亚普诺夫意义下稳定性时，一般都将系统平衡点的状态取为零。这样，将扰动所引起的状态改变或偏离作为初始状态，于是，问题的讨论与研究得以简化。(2) 对非线性系统，通常采用在平衡点上对系统进行线性化，用线性化方程来分析稳定性，这种分析的结论只在平衡点附近成立；平衡点附近的范围大小就是非线性系统在该点的引力域，该引力域范围以外工作点的稳定性应另行分析。(3) 在工程中，通常不采用李亚普诺夫稳定性的概念，而是采用条件更为苛刻的渐近稳定的概念。对定常线性系统来说，其稳定性是渐近的，而且是大范围渐近稳定的，这给稳定性讨论带来了极大的方便。

6.1.2 线性系统稳定性条件

设以 X_i 为输入、$X_o(t)$ 为输出的定常线性控制系统微分方程为

$$a_n x_o^{(n)}(t)+a_{n-1}x_o^{(n-1)}(t)+\cdots+a_1 x_o(t)+a_0 x_o(t)$$
$$=b_m x_i^{(m)}(t)+b_{m-1}x_i^{(m-1)}(t)+\cdots+b_1 x_i(t)+b_0 x_i(t) \quad (n\geqslant m)$$

为讨论方便，取系统各初始状态为零，系统传递函数 $G(s)$ 为

$$G(s)=\frac{X_o(s)}{X_i(s)}=\frac{M(s)}{D(s)}=\frac{b_m(s-z_1)(s-z_2)\cdots(s-z_m)}{a_n(s-\lambda_1)(s-\lambda_2)\cdots(s-\lambda_n)} \tag{6-2}$$

式中，z_1，z_2，…，z_m 为零点；λ_1，λ_2，…，λ_n 为极点；$M(s)$ 为传递函数分子；$D(s)$ 为传递函数分母，$D(s)=0$ 称为系统的特征方程。

稳定性所研究的问题是当扰动消失后系统的运动情况，这里采用系统的脉冲响应函数进行讨论。取输入为单位脉冲函数，其拉氏变换 $X_i(s)=1$，系统的单位脉冲响应函数的拉氏变换 $X_o(s)$ 就是系统传递函数 $G(s)$，即

$$X_o(s)=G(s)=\frac{M(s)}{D(s)}=\frac{b_m(s-z_1)\cdots(s-z_m)}{a_n(s-\lambda_1)\cdots(s-\lambda_n)} \tag{6-3}$$

下面按式 6-3 的特征方程 $D(s)=0$ 的根互异、重根和共轭复根等情形展开讨论系统单位脉冲响应函数 $x_o(t)$。

特征方程根互异的情形，即全部 n 个极点互不相同，且均为实数，可改写为部分分式

$$X_o(s) = \sum_{i=1}^{n} \frac{A_i}{s - \lambda_i}$$

式中，A_i 为待定常数。

对上式进行拉氏反变换，即得单位脉冲响应函数 $x_o(t)$

$$x_o(t) = \sum_{i=1}^{n} A_i e^{\lambda_i t}$$

根据稳定性定义

$$\lim_{t\to\infty} x_o(t) = \lim_{t\to\infty} \sum_{i=1}^{n} A_i e^{\lambda_i t} = 0$$

考虑到系数 A_i 的任意性，必须使上式中的每一项都趋于零，所以应有

$$\lim_{t\to\infty} A_i e^{\lambda_i t} = 0 \tag{6-4}$$

其中，A_i 为常值，式6-4表明，系统的稳定性仅取决于特征根 λ_i 的性质。经过分析可以得知，系统稳定的充分必要条件是系统特征方程的所有根都具有负实部，或者说都位于［s］平面的左半平面。

特征方程有重根的情形，设重根数为 k，则在脉冲响应函数中将具有如下分量形式：$te^{\lambda_1 t}$，$t^2e^{\lambda_2 t}$，…，$t^ie^{\lambda_i t}$，…。这些项，当时间 $t\to\infty$ 时是否收敛到零，取决于重特征根 λ_i 的性质。所以当系统的特征根有重根时，系统稳定的充要条件依然是系统特征方程的所有根都具有负实部。

特征方程有共轭复根的情形，设 $\lambda_i = \sigma_i \pm j\omega_i$ 为共轭复根，该根在脉冲响应函数中具有下列形式

$$A_i e^{(\sigma_i + j\omega_i)t} + A_{i+1} e^{(\sigma_i - j\omega_i)t}$$

或写成

$$Ae^{\sigma_i t}\sin(\omega_i t + \varphi_i)$$

由上式可见，只要共轭复根的实部为负，仍将随时间 $t\to\infty$ 而振荡收敛到零。

特征根更为复杂的情形是上述三种情形的组合，若要求系统稳定，同样要求各根对应的响应分量随时间 $t\to\infty$ 而振荡收敛到零。

综上所述，**系统稳定的充分必要条件是系统的所有特征根都具有负实部；只要有一个或一个以上特征根为正实部，响应就发散，系统不稳定。或者说，系统的所有极点均位于［s］平面的左半平面，系统稳定；若有一个或一个以上的极点均位于［s］平面的右半平面，系统不稳定。**当系统有纯虚根时，系统处于临界稳定状态，响应呈现等幅振荡；由于实际系统参数的变化以及扰动的不可避免，工程实际中，将临界稳定作不稳定处理。

判别系统稳定与否，可归结为判别系统特征根实部的符号，即：

$\mathrm{Re}(\lambda_i) < 0$，系统稳定；$\mathrm{Re}(\lambda_i) > 0$，系统不稳定；$\mathrm{Re}(\lambda_i) = 0$，系统临界稳定，工程上认为不稳定。

因此，如果能解出全部特征根，则立即可以判断线性系统是否稳定。

例 6-1 某一具有单位反馈的系统其开环传递函数

$$G(s) = \frac{K}{s(Ts+1)}$$

判别其稳定性。

解：系统的闭环传递函数

$$G_B(s)=\frac{G(s)}{1+G(s)}=\frac{K}{Ts^2+s+K}$$

系统特征方程为：

$$Ts^2+s+K=0$$

特征方程的根为：

$$\lambda_{1,2}=\frac{-1\pm\sqrt{1-4TK}}{2T}$$

由于 $T>0$ 和 $TK>0$，当 $TK\leqslant 0.25$ 时，$\lambda_{1,2}$ 为负数；当 $TK>0.25$ 时，为一对共轭复根，具有负实部，所以系统稳定。

6.2 控制系统的稳定判据

6.2.1 代数稳定判据

线性定常系统稳定的充要条件是其全部特征根均具有负实部。判别系统的稳定性，也就是要解出系统特征方程的根，看这些根是否具有负实部。通常对于三阶以上的高阶系统，根的求取不是一件容易的事。劳斯（E. J. Routh，1884）等人在研究代数方程根与系数关系的规律基础上，提出了无需求解特征方程的根，只根据各系数间的相互关系就可判别特征根的实部是否为负，以确定系统是否稳定的方法，这种稳定判据以代数方程为基础，通常称为代数判据；代数判据中，有劳斯（Routh）稳定判据和赫尔维茨（Hurwitz）稳定判据，本章只介绍劳斯判据。

设系统特征方程的一般式为

$$D(s)=a_ns^n+a_{n-1}s^{n-1}+\cdots+a_1s+a_0=0 \tag{6-5}$$

系统稳定的必要条件是 $a_i>0$，$i=1, 2, \cdots, n$，否则系统不稳定。系统稳定的充要条件是 $a_i>0$ 及劳斯表中第一列元素都大于零。劳斯判据指出，劳斯表中第一列元素符号改变的次数等于系统特征方程式具有正实部特征根的个数。劳斯表中各元素如表 6-1 所示。

表 6-1 劳斯表

s^n	a_n	a_{n-2}	a_{n-4}	a_{n-6}	…
s^{n-1}	a_{n-1}	a_{n-3}	a_{n-5}	a_{n-7}	…
s^{n-2}	b_1	b_2	b_3	b_4	…
s^{n-3}	c_1	c_2	c_3	c_4	…
⋮	⋮	⋮	⋮	⋮	⋮
s^0	a_0				

其中第一行与第二行由特征方程的系数直接列出，第三行（s^{n-2}行）各元素 b_i（$i=1, 2, \cdots$）由下式计算

$$b_1 = -\frac{1}{a_{n-1}}\begin{vmatrix} a_n & a_{n-2} \\ a_{n-1} & a_{n-3} \end{vmatrix}$$

$$b_2 = -\frac{1}{a_{n-1}}\begin{vmatrix} a_n & a_{n-4} \\ a_{n-1} & a_{n-5} \end{vmatrix}$$

$$b_3 = -\frac{1}{a_{n-1}}\begin{vmatrix} a_n & a_{n-6} \\ a_{n-1} & a_{n-7} \end{vmatrix}$$

$$\vdots$$

一直进行到其余的 b_i 值全部等于零为止。第四行（s^{n-3} 行）各元素 c_i（$i=1, 2, \cdots$）由下式计算

$$c_1 = -\frac{1}{b_1}\begin{vmatrix} a_{n-1} & a_{n-3} \\ b_1 & b_2 \end{vmatrix}$$

$$c_2 = -\frac{1}{b_1}\begin{vmatrix} a_{n-1} & a_{n-5} \\ b_1 & b_3 \end{vmatrix}$$

$$c_3 = -\frac{1}{b_1}\begin{vmatrix} a_{n-1} & a_{n-7} \\ b_1 & b_4 \end{vmatrix}$$

$$\vdots$$

一直进行到其余的 c_i 值全部等于零为止。用同样的方法，递推计算第五行及以后各行，这一计算过程进行到第 n 行（s^1 行）为止。第 $n+1$ 行（s^0 行）仅有一项，并等于特征方程常数项 a_0。为简化数值运算，可用一个整数去乘或除某一行的各项。

计算上述各数的公式是有规律的，自 s^{n-2} 行以下，每行的数都是由该行上边两行的数算得，等号右边的二阶行列式中，第一列都是上两行中第一列的两个数，第二列是被算数右上肩的两个数，等号右边的分母是上一行中左起第一个数。

劳斯表的计算会出现第一列某个元素为负或等于零的情形。当劳斯表中第一列元素符号由正变负或由负变正时，即表明系统存在一个正实根。当计算中出现某一元素为零，劳斯表的计算需要用摄动的方法来进行处理；当某一行为零，需要补充辅助方程来进行处理，具体做法通过例题来说明。

例 6-2 设有一个五阶系统其特征方程为

$$D(s) = s^5 + 3s^4 + 2s^3 + s^2 + 5s + 6 = 0$$

试用劳斯判据判别系统的稳定性。

解： 特征方程式的所有系数为正实数。列出 Routh 表

s^5	1	2	5	
s^4	3	1	6	
s^3	5	9		（同乘以 3）
s^2	-11	15		（同乘以 5/2）
s^1	$\frac{174}{11}$			
s^0	15			

考察第一行数值符号的变化，数值在5→－11→174/11处符号发生了两次改变，所以系统不稳定，特征方程有两个正根。

例6-3 系统特征方程为

$$D(s)=s^4+s^3+2s^2+2s+1=0$$

试用劳斯判据判别系统的稳定性。

解： 由已知条件可知，$a_i>0$，满足必要条件。列劳斯表

s^4	1	2	1	
s^3	1	2	0	
s^2	0	1	0	（此行第一元素为0）
(s^2)	ε	1	0	（足够小的正数摄动ε，以替代原s^2行即$\varepsilon\to 0^+$）
s^1	$\dfrac{\varepsilon\times 2-1\times 1}{\varepsilon}=2-1/\varepsilon$	0		（正负号改变一次，$\varepsilon>0$故$2-1/\varepsilon<0$）
s^0	1	0		（正负号改变一次）

可见，劳斯表第一列系数不全大于零，所以系统不稳定。劳斯表第一列系数符号改变的次数等于系统特征方程正实部根的数目。因此，系统有两个正实部的根，或者说有两个根处在［s］平面的右半平面。

例6-4 系统特征方程为

$$D(s)=s^6+2s^5+8s^4+12s^3+20s^2+16s+16=0$$

试用劳斯判据判别系统的稳定性。

解： 由劳斯稳定判据必要条件可知，有$a_i>0$，满足稳定必要条件。

列劳斯表进行以下分析。

s^6	1	8	20	16	
s^5	2	12	16	0	
s^4	1	6	8	0	（此行与上一行各元素相同）
s^3	0	0	0	0	（此行各元素均为零）
(s^3)	4	12	0		（辅助行，由行s^4各元素作辅助方程$\mathrm{d}(s^4+6s^2+8)/\mathrm{d}s$得到，用导函数的系数代替0元素）
s^2	3	8	0		
s^1	4/3	0			
s^0	8	0			

从上述Routh表中可知，第一列各项系数都为正号，各项符号没有改变，因此可以确定该系统在右半s平面没有闭环极点。第四行各元素全为零，这表明系统中含有共轭虚根。共轭虚根通过辅助方程$F(s)=s^4+3s^2+8=0$求得。最后解得辅助方程的四个根为$\pm 2\mathrm{j}$；$\pm\sqrt{2}\mathrm{j}$，即得出两组数值相同、符号相异的根。其他根均具有负实部，说明系统处于临界稳定。

利用Routh稳定判据可以确定系统的相对稳定性：如果有一个系统的特征根都在s平

面的左半平面，但有些特征根靠近虚轴。尽管满足稳定的条件，但动态过程将具有强烈的振荡特性和缓慢的衰减过程，甚至可能会由于系统内部参数的波动，靠近虚轴的特征根跑到 s 平面的右半平面，导致系统变得不稳定。

为了保证系统稳定，且具有良好的动态特性，在控制工程中还要涉及相对稳定性的问题，用它来说明系统的稳定程度。在时域分析中，以实部最大的特征根与虚轴的距离 σ_1 来表示系统的相对稳定性或稳定裕量，如图 6-4 所示。

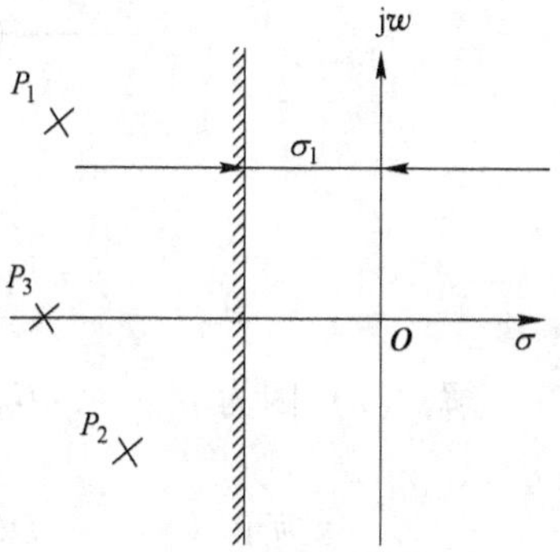

图 6-4 系统的相对稳定性

要检查系统是否具有 σ_1 的稳定裕量，可以移动 s 平面的虚轴到 σ_1 的位置，并把它看做一个新的虚轴。如果系统的全部特征根都位于新虚轴的左边，则系统具有 σ_1 的稳定裕量。使用 Routh 判据可以判定稳定系统在 s 平面的左半部，其闭环特征根离虚轴至少有几个单位。在 s 平面的左半部，其闭环特征根离虚轴越远，系统的相对稳定性就越好，具体求解步骤为：

（1）设 $s=z-\sigma_1$，式中 $\sigma_1>0$，$-\sigma_1$ 即将虚轴移动到新位置的坐标值。把 $s=z-\sigma_1$ 代入特征方程可以得到以 z 为变量的新的方程。

（2）以 z 为变量的新的方程，使用 Routh 判据判别稳定性，如果所有特征方程根均在新虚轴的左边（即在 Routh 表中首列元素都大于零），则系统具有 σ_1 的稳定裕量。

例 6-5 系统的特征方程为

$$D(s)=2s^3+10s^2+13s+4=0$$

试用 Routh 判据确定系统的稳定性，并确定有几个根在垂直线 $s=-1$ 的右边。

解： 特征方程的系数为正实数。列写劳斯表如下：

$$\begin{array}{c|cc} s^3 & 2 & 13 \\ s^2 & 10 & 4 \\ s^1 & 12.2 & \\ s^0 & 4 & \end{array}$$

因为首列元素都大于零，所以系统稳定，无右半平面特征根。

设 $s=z-1$，代入特征方程得

$$2z^3+4z^2-z-1=0$$

由上式劳斯表为

$$\begin{array}{c|cc} z^3 & 2 & -1 \\ z^2 & 4 & -1 \\ z^1 & -\dfrac{1}{2} & \\ z^0 & -1 & \end{array}$$

因为首列元素变号一次，所以有一个特征根在 $s=-1$ 的右面。

例 6-6 系统传递函数方框图如图 6-5 所示，已知 $T_1=0.1$，$T_2=0.25$，试求：

(1) 系统稳定时 K 值的取值范围；

(2) 若要求系统的特征根均位于 $s=-1$ 线的左侧，K 值的取值范围。

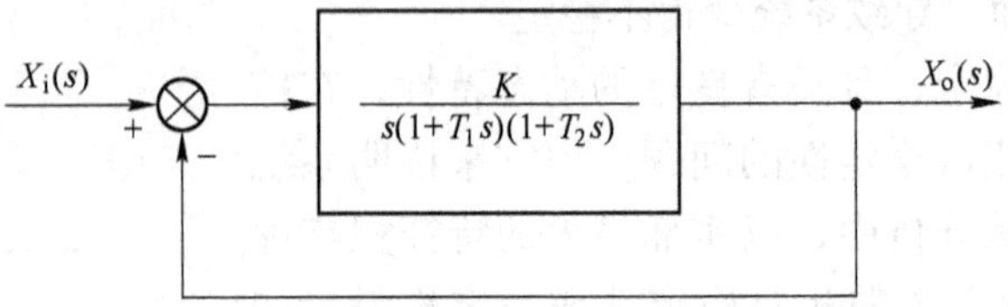

图 6-5　系统方框图

解：(1) 因为　$G_B(s)=\dfrac{G(s)}{1+G(s)H(s)}=\dfrac{K}{T_1T_2s^3+(T_1+T_2)s^2+s+K}$

所以　$D(s)=s^3+\dfrac{T_1+T_2}{T_1T_2}s^2+\dfrac{1}{T_1T_2}s+\dfrac{1}{T_1T_2}K=0$

即 $D(s)=s^3+14s^2+40s+40K=0$

其 Routh 表如下：

$$\begin{array}{c|cc} s^3 & 1 & 40 \\ s^2 & 14 & 40K \\ s^1 & \dfrac{14\times40-40K}{14} & 0 \\ s^0 & 40K & 0 \end{array}$$

根据 Routh 判据的充要条件可知：若该系统稳定，即 Routh 表第一列元素均大于零。

即 $\begin{cases}14\times40-40K>0\\40K>0\end{cases}$　解得　$0<K<14$

(2) 令 $s=z-1$ 代入特征方程得 $(z-1)^3+14(z-1)^2+40(z-1)+40K=0$

即　$z^3+11z^2+15z+40K-27=0$

其 Routh 表如下：

$$\begin{array}{c|cc} s^3 & 1 & 15 \\ s^2 & 11 & 40K-27 \\ s^1 & \dfrac{11\times15-40K+27}{11} & 0 \\ s^0 & 40K-27 & 0 \end{array}$$

根据 Routh 判据的充要条件可知，若该系统稳定，即 Routh 表第一列元素均大于零。

即 $\begin{cases}192-40K>0\\40K-27>0\end{cases}$　解得　$0.675<K<4.8$

上述稳定判据虽然避免了解根的困难，但有一定的局限性。例如，当系统结构、参数发生变化时，将会使特征方程的阶次、方程的系数发生变化，而且这种变化是很复杂的，从而相应的劳斯表也将要重新列写，并重新判别系统的稳定性。如果系统不稳定，应如何改变系统结构、参数使其变为稳定的系统，代数判据很难直接给我们启示。随着计算机数值计算方法的巨大进步，求特征方程式的根已经变得越来越容易，因此，代数稳定判据的方法正由于其求解繁琐耗时而变得不实用。作为初学者，了解和掌握问题求解思路和技巧仍是十分有意义的。

6.2.2 结构不稳定系统

某些控制系统只要通过改变系统的参数就可以使系统稳定，这类系统称为结构稳定的系统，其特点是特征方程式 6-5 的各阶系数都不等于零。而结构不稳定的系统，其特征方程是各系数中，必有一个或至少一个系数为零。结构不稳定的系统，不满足劳斯稳定的必要条件，是不稳定的系统。

例如某火炮自动瞄准控制以目标 $x(t)$ 为输入，火炮指向 $y(t)$ 为输出，其系统框图如图 6-6 所示。已通过建模得系统开环传递函数为

$$G(s)=\frac{K}{s^2(T_1s+1)(T_2s+1)}$$

其中，$K=K_pK_1K_2K_3$ 为系统开环增益。

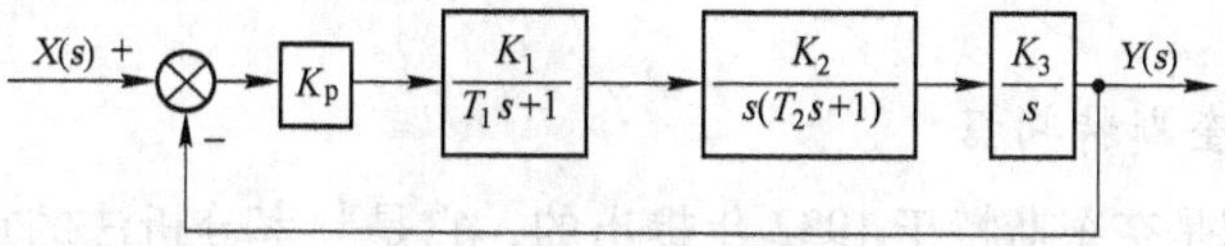

图 6-6 某火炮自动瞄准控制系统框图

系统闭环传递函数

$$G_B(s)=\frac{G(s)}{1+G(s)}=\frac{K}{s^2(T_1s+1)(T_2s+1)+K}$$

其特征方程为

$$D(s)=s^2(T_1s+1)(T_2s+1)+K=0$$

即

$$T_1T_2s^4+(T_1+T_2)s^3+s^2+K=0$$

可见，特征方程中缺少 s 一次项，该项不可能通过改变参数的办法来获得，系统为结构不稳定系统。

将系统加入一个局部反馈结构

$$G_f(s)=\frac{k(bs+1)}{as+1},\ a>b$$

则系统框图如图 6-7 所示。

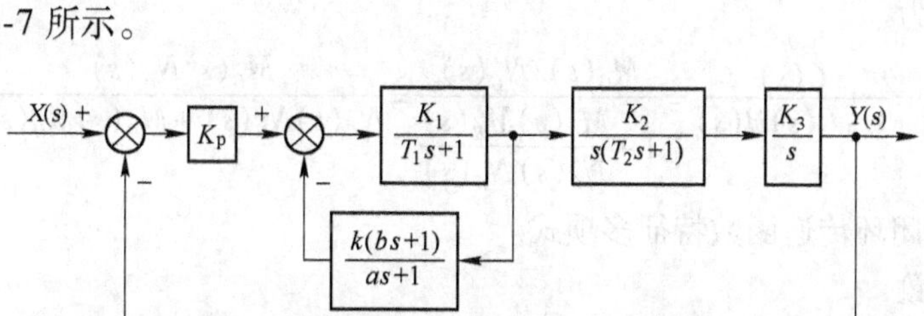

图 6-7 加入局部负反馈结构的系统框图

加入局部反馈结构后系统闭环传递函数为

$$G_B(s)=\frac{K(as+1)}{[(T_1s+1)(as+1)+K_1k(bs+1)]s^2(T_2s+1)+K(as+1)}$$

特征方程为

$$T_1T_2as^5+[T_1a+(T_1+a+K_1kb)T_2]s^4+(K_1kT_2+T_1+a+K_1kb)s^3+K_1ks^2+Kas+K=0$$

可见，引入局部负反馈结构后，系统特征方程增加了 s 一次方项，方程各系数全部非零，成为结构稳定系统。

6.2.3 几何稳定判据

一方面，稳定性的代数判别方法由于根难以求取、不能清晰反映各环节对系统稳定性的影响，因而显得不方便；另一方面，系统设计时，根据系统固有部分的建模通常可以给出系统开环传递函数，在已知的实物系统测试中通常得到的是系统的开环传递函数，这就希望谋求一个能用开环传递函数来判别闭环系统稳定性的判别方法。因此，下面利用根与相角的几何关系，介绍奈奎斯特（Nyquist）判据和伯德（Bode）判据两个几何稳定判据。

6.2.3.1 奈奎斯特判据

频域稳定判据是奈奎斯特于 1932 年提出的，它是频率分析法的重要内容，利用开环频率特性曲线来判别闭环系统稳定性。利用奈奎斯特稳定判据，不但可以判断系统是否稳定（绝对稳定性），也可以确定系统的稳定程度（相对稳定性），还可以用于分析系统的动态性能以及指出改善系统性能指标的途径。因此，奈奎斯特稳定判据是一种重要而实用的稳定性判据，工程上应用十分广泛。

如图 6-8 所示控制系统的闭环结构，记前向通道和反馈通道传递函数分别为

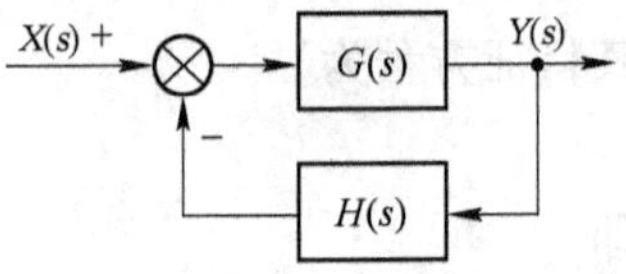

图 6-8 闭环系统结构

$$G(s)=\frac{M_G(s)}{N_G(s)},\ H(s)=\frac{M_H(s)}{N_H(s)}$$

故开环传递函数为

$$G(s)H(s)=\frac{M_G(s)M_H(s)}{N_G(s)N_H(s)}=\frac{M_{GH}(s)}{N_{GH}(s)}$$

式中，$M(s)$、$N(s)$为 s 的多项式，其 s 的阶次分别为 m、n，且 $n\geqslant m$。

闭环传递函数为

$$G_B(s)=\frac{G(s)}{1+G(s)H(s)}=\frac{M_G(s)/N_G(s)}{1+\frac{M_G(s)M_H(s)}{N_G(s)N_H(s)}}=\frac{M_G(s)N_H(s)}{N_G(s)N_H(s)+M_G(s)M_H(s)}=\frac{M(s)}{D(s)} \quad (6\text{-}6)$$

式中，$D(s)$为闭环传递函数特征多项式。

做辅助函数

$$F(s)=1+G(s)H(s)=\frac{N_G(s)N_H(s)+M_G(s)M_H(s)}{N_G(s)N_H(s)}=\frac{D(s)}{N_{GH}(s)} \quad (6\text{-}7)$$

从式 6-6 和式 6-7 可以看出，辅助函数 $F(s)$ 的分子就是闭环传递函数 $G_B(s)$ 的分母，即特征方程式 $D(s)$；而辅助函数 $F(s)$ 的分母就是开环传递函数 $G(s)H(s)$ 的分母 $N(s)$。

因此，辅助函数 $F(s)$ 确立了开环特性和闭环特性的关系，即 $G(s)H(s)=F(s)-1$；通过这个关系把［F］平面和［GH］平面联系在一起，如图 6-9 所示。从图中可以看出，［F］平面的虚轴就是［GH］平面经过（-1，j0）点且平行于［GH］平面虚轴的直线，于是，开环传递函数 $G(s)H(s)$ 的 Nyquist 轨迹图，可以直接用来判别闭环系统的稳定性。

综上所述可知，辅助函数 $F(s)$ 具有以下特点：

（1）辅助函数 $F(s)$ 是闭环特征多项式与开环特征多项式之比，其零点和极点分别为闭环极点和开环极点。

（2）$F(s)$ 的零点、极点的个数相同，均为 n 个。

（3）$F(s)$ 与开环传递函数 $G(s)$ 之间只差常量 1。$F(s)=1+G(s)H(s)$ 的几何意义为：F 平面上的坐标原点就是 $G(s)H(s)$ 平面上的（-1，j0）点。

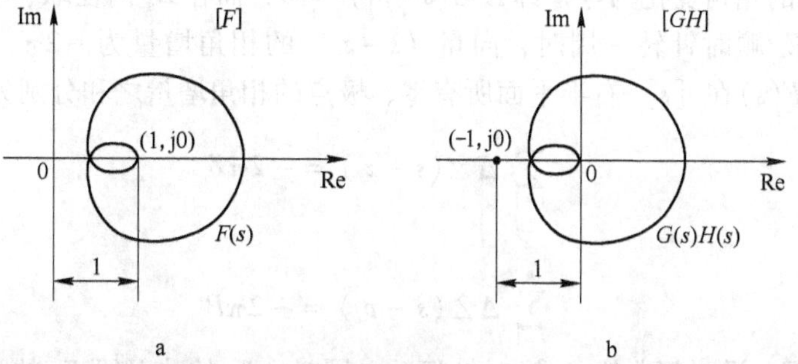

图 6-9　［F］平面和［GH］平面的关系

奈奎斯特稳定判据以 Cauchy 幅角定理为基础，经式 6-7，将 $F(s)$ 在［s］平面中 $D(s)$ 的零点与幅角的关系，转换到［GH］平面中 $G(s)H(s)$ 的 $N_{GH}(\mathrm{j}\omega)$ 与幅角的关系来判别稳定性；奈奎斯特稳定判据实质上是映射定理的应用。这里简要介绍 Cauchy 幅角定理及其在自动控制系统中的应用，侧重给出奈奎斯特稳定判据的内容并通过例子来说明其使用方法。

设式 6-2 表达为零极点形式的复变函数 $F(s)$，即

$$F(s)=\frac{K(s-z_1)(s-z_2)\cdots(s-z_m)}{(s-p_1)(s-p_2)\cdots(s-p_n)}$$

根据式 6-7 可知，**上式极点 p_1，p_2，…，p_n 和零点 z_1，z_2，…，z_m 分别为开环和闭环系统的极点**。

若在［s］平面上做任意一条封闭曲线 E_s，则在平面［F］上必有一对应的曲线 E_F 也是封闭曲线。该 E_s 的内域包含的零点个数为 Z 个，极点个数为 P 个；当自变量 s 避开 $F(s)$ 的零极点按顺时针方向沿 E_s 变化一周时，那么 E_s 的映射线 E_F 在［F］平面上将按顺时针方向包围其坐标原点（$Z-P$）圈。这种映射关系称为映射定理，又称 Cauchy 幅角定理。

假设 $F(s)$ 在［s］平面上的零、极点分布如图 6-10a 所示，现选取如图所示封闭曲线 E_s，它包围了闭环系统 $D(s)$ 的全部右极点（即 $F(s)$ 的全部右零点）Z 个，以及开环系统的全部右极点（即 $F(s)$ 的全部右极点）P 个。

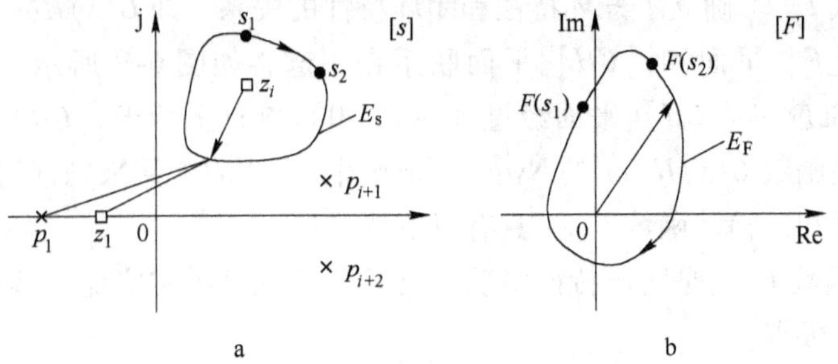

图 6-10　封闭曲线 E 在平面［s］到平面［F］的映射

在封闭曲线 E_s 之外任意取一个极点 p_1（或零点），当复变量 s 沿 E_s 顺时针转一周时，向量（$s-p_1$）的相角变化为零，即 $\Delta\angle(s-p_1)=0$；而在 E_s 内任取一零点（或极点）z_i，当复变量 s 沿 E_s 顺时针转一周时，向量（$s-z_i$）的相角增量为 -2π，即 $\Delta\angle(s-z_i)=-2\pi$。可见，$F(s)$ 在［s］右半平面所有零、极点的相角增量之和分别为

$$\sum_{i=1}^{n}\Delta\angle(s-z_i)=-2\pi Z$$

和

$$\sum_{i=1}^{n}\Delta\angle(s-p_i)=-2\pi P$$

因此，当复变量 s 沿封闭曲线 E_s 顺时针运动一周时，E_s 的映射线 E_F 的相角增量为

$$\Delta\angle F(s)\big|_{s=E_s}=\sum_{i=1}^{n}\Delta\angle(s-z_i)\big|_{s=E_s}-\sum_{i=1}^{n}\Delta\angle(s-p_i)\big|_{s=E_s}=(Z-P)\times 2\pi$$

如果将封闭曲线 E_s 选取为［s］平面上包含虚轴的整个右半平面，则当 s 在无穷大的半圆上移动时，由于开环传递函数分母 s 的最高次幂大于（或等于）分子的最高次幂，因此，$G(s)H(s)$ 缩成一个点，即是［GH］平面上的坐标原点（或实轴上某个点），它对于 $G(s)H(s)$ 的映射曲线对某点的包围情况无影响，所以 $G(s)H(s)$ 的绕行情况只需考虑［s］平面的 $j\omega$ 轴映射到［GH］平面上的开环 Nyquist 轨迹 $G(j\omega)H(j\omega)$ 即可。当 E_s 随 s 沿虚轴变化，注意到此时，$s=j\omega$，且 $-\infty<\omega<\infty$ 时，则 E_F 为频率特性曲线。于是，根据映射定理，若当 s 沿 E_s 顺时针移动一周，其映射线顺时针包围原点（0，j0）的圈数为（$Z-P$），即有

$$N=Z-P$$

又因为 $F(s)=1+G(s)H(s)$，故 $F(s)$ 与 $G(s)H(s)$ 在图形上完全相同，只是将［F］平面的虚轴向右平移一个单位就可以构成［GH］平面，也就是说［F］平面的原点即为［GH］平面的（-1，j0）点，如图 6-9a 和图 6-9b 所示。由此可见，当 s 沿 E_s 移动一周时，E_s 的映射线 $G(s)H(s)$ 在［GH］平面上相对（-1，j0）点的相角变化应为 $(Z-P)\times 2\pi$，即 $G(s)H(s)$ 顺时针包围（-1，j0）点的圈数为 $(Z-P)$。至此，可以给出 Nyquist 稳定判据如下。

闭环系统稳定的充要条件是特征方程式的根都具有负实部，即 $Z=0$。因此，当 ω 由 $-\infty$ 变到 $+\infty$ 时，系统开环幅相频率特性 $G(j\omega)H(j\omega)$ 曲线逆时针方向包围（-1，j0）点的圈数 N 等于开环特征式 $N_{GH}(j\omega)$ 在复平面的正根数 P，系统稳定；否则闭环系统不

稳定。

若开环系统稳定（$P=0$），则闭环系统稳定的充要条件是，系统 $G(j\omega)H(j\omega)$ 曲线不包围（-1，j0）点；否则闭环系统不稳定。

规定：Nyquist 轨迹的行进方向是 ω 由 $-\infty\to0\to+\infty$；逆时针方向包围（-1，j0）点 N 次是指按行进方向的左侧包围它 N 次；若记逆时针方向包围（-1，j0）点的圈数为正，则顺时针方向包围（-1，j0）点的圈数记为负；不包围是指按行进方向，Nyquist 轨迹与实轴的交点在（-1，j0）点的右边。

注意，由于 $G(j\omega)H(j\omega)$ 幅相频率特性图关于实轴对称。因为当 $-\omega$ 变为 $+\omega$ 时，$G(-j\omega)H(-j\omega)$ 与 $G(j\omega)H(j\omega)$ 的模相同，而相位异号，即

$$|G(-j\omega)H(-j\omega)| = |G(j\omega)H(j\omega)|,\quad -\angle G(-j\omega)H(-j\omega) = \angle G(j\omega)H(j\omega)$$

所以，ω 由 $-\infty\to0$ 与 ω 由 $0\to+\infty$ 时的开环 Nyquist 轨迹关于实轴对称。通常只绘出 ω 为 $0\to+\infty$ 的 Nyquist 轨迹，在判别稳定性时，应按 ω 为 $-\infty\to0\to+\infty$ 范围来补充 ω 由 $-\infty\to0$ 的图形，然后再进行判别。

例 6-7 一单位反馈系统开环传递函数为

$$G(s) = \frac{K}{(T_1s+1)(T_2s+1)(T_3s+1)}$$

试判别闭环系统的稳定性。

解：作开环幅相频率特性曲线，即 Nyquist 轨迹，如图 6-11a 所示。由图可见，当 ω 由 $-\infty$ 变到 $+\infty$ 时，Nyquist 轨迹不包围（-1，j0）点，即 $N=0$。从开环传递函数 $G(s)$ 可知，开环特征根均分布在［s］平面的左半平面，开环系统不存在右极点，即 $P=0$，因此，根据 Nyquist 稳定判据，闭环系统稳定。

若系统开环增益 K 增大到 K'，开环幅相频率特性曲线如图 6-11b 中虚线所示，由于幅相频率特性曲线在 ω 由 $-\infty$ 变到 0 和 0 变到 $+\infty$ 的曲线对称于实轴，图 6-11b 中仅给出了 ω 由 0 变到 $+\infty$ 开环幅相频率特性曲线。由图可见，系统开环幅相频率特性曲线（右侧）顺时针包围（-1，j0）点一圈，因此 $N=-1$，开环右极点数仍为零 $P=0$，故 $N\neq P$，故闭环系统不稳定。

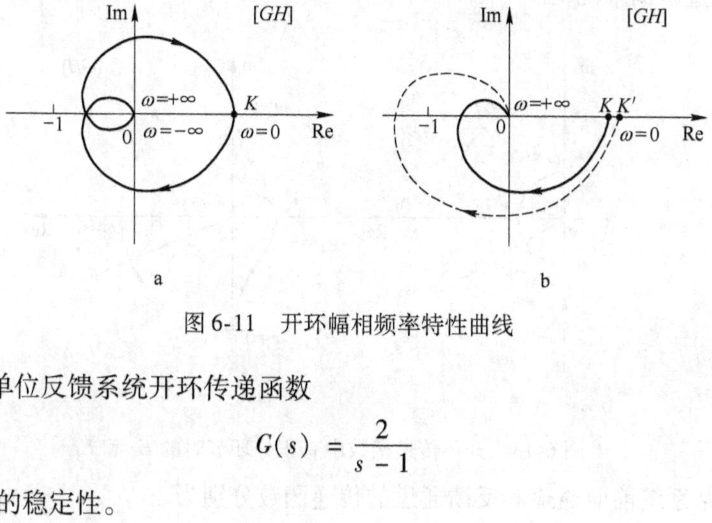

图 6-11 开环幅相频率特性曲线

例 6-8 一单位反馈系统开环传递函数

$$G(s) = \frac{2}{s-1}$$

试判别闭环系统的稳定性。

解：作出开环幅相频率特性曲线，如图6-12所示。由图可见，$G(j\omega)$ 曲线（左侧）逆时针包围 $(-1, j0)$ 点一圈，即 $N=1$；由 $G(s)$ 可知开环是不稳定的，有一个正根，即 $P=1$，故 $N=P=1$，闭环系统稳定。

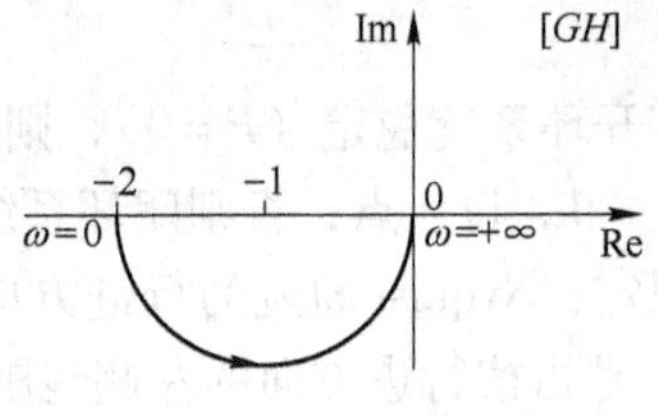

图6-12　2/(s-1) 的幅相频率特性曲线

从上述这两个例子可以看出，开环系统稳定，但若各部件以及被控对象的参数选择不当，很可能保证不了闭环系统的稳定性；而开环系统不稳定，只要合理地选择控制装置，完全能使闭环系统稳定。

最后，讨论当控制系统的开环传递函数 $G(s)H(s)$ 在 [s] 平面的原点处有极点（即 $v\neq0$）的情形，即 $G(s)H(s)$ 中串联积分环节时的Nyquist稳定判据应用问题。在这种情况下，为使封闭曲线 E_s 不经过 [s] 平面的原点，如图6-13a所示，在坐标原点虚轴右侧作无穷小半径 R 为 ε（ε 趋于零）的小半圆，使复变量 s 在坐标原点的右侧绕过坐标原点处的极点。当自变量 s 在该小半圆上变化时，有

$$s=\lim_{\varepsilon\to0}\varepsilon e^{j\theta}$$

其中对角度 θ 的规定为：当 ω 从 0^- 沿小半圆移动到 0^+ 时，按逆时针方向转过角度 π。复变量在这小半圆上移动的映射线 E_F 为

$$G(s)H(s)\big|_{s=\lim\limits_{\varepsilon\to0}\varepsilon e^{j\theta}}=\left(\lim_{\varepsilon\to0}\frac{K}{\varepsilon^{v}}\right)e^{jv\theta} \tag{6-8}$$

对于Ⅰ型系统（$\nu=1$），由式6-8可见，[s] 平面上以原点为圆心，以无穷小为半径位于该平面右半侧小半圆的映射线 E_s，将是按逆时针方向从 $\omega=0^-$ 变化到 $\omega=0^+$，其转角 θ 从 $-\pi/2$ 经0°变化到 $\pi/2$；这时，[GH] 平面内，由式6-8可知，当 ε 趋于零时，幅值 (K/ε) 趋于无穷大，即 E_F 以无穷大为半径的圆弧从 $\pi/2$ 经0°变化到 $-\pi/2$，如图6-13b所示。同理，如果开环传递函数中包含有 ν 个积分环节，则绘制开环幅相频率特性曲线后，在 [GH] 平面内，E_F 必须增补以无穷大为半径的圆弧按顺时针方向从 $\omega=0^-$ 转变到 $\omega=0^+$ 的 $2v$ 个 $\frac{\pi}{2}$ 的相角，然后用相角增补后的开环幅相频率特性曲线来分析闭环系统的稳定性。下面通过举例来说明。

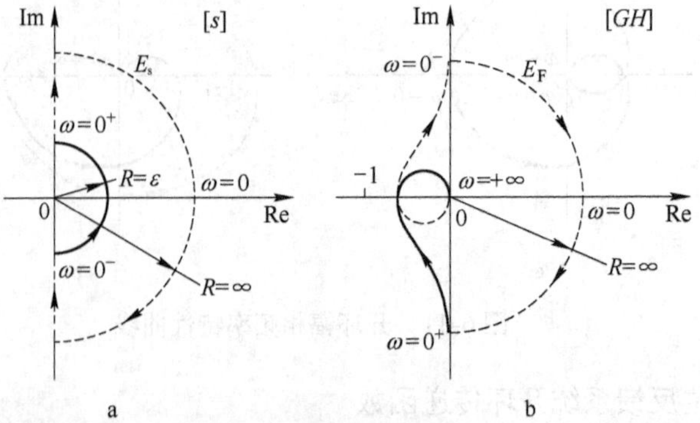

图6-13　开环传递函数中有积分环节时的 E_s 和 E_F

例6-9　某系统前向通道和反馈通道的传递函数分别为

$$G(s) = \frac{10}{s(s+1)}, \quad H(s) = \frac{10}{s+10}$$

试判别闭环系统的稳定性。

解： 系统开环传递函数为

$$G(s)H(s) = \frac{10}{s(0.1s+1)(s+1)}$$

其幅相频率特性曲线如图 6-14 所示；开环传递函数中无右极点，即 $P=0$，由图 6-14 可见，系统开环 Nyquist 不包围（-1，j0）点，即 $N=0$，故 $N=P$，所以闭环系统是稳定的。

例 6-10 某单位反馈系统，其开环传递函数

$$G(s) = \frac{K}{s^2(Ts+1)}$$

试用 Nyquist 判据判别闭环系统的稳定性。

解： 系统开环 Nyquist 轨迹，如图 6-15 所示。图中虚线是按 $\nu=2$ 画的总相角增补圆弧，开环幅相频率特性曲线顺时针包围（-1，j0）点两圈。从 ω 的整个变化区间分析，$N=-2$，开环右极点数 $P=0$，即 $N \neq P$，所以闭环系统不稳定。

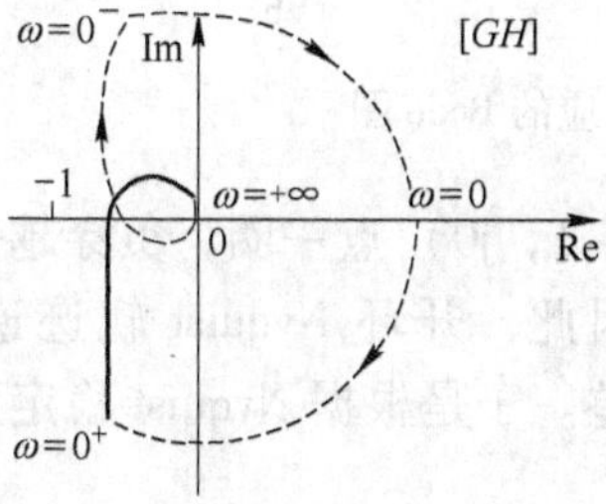

图 6-14　$10/[s(0.1s+1)(s+1)]$ 的幅相频率特性曲线

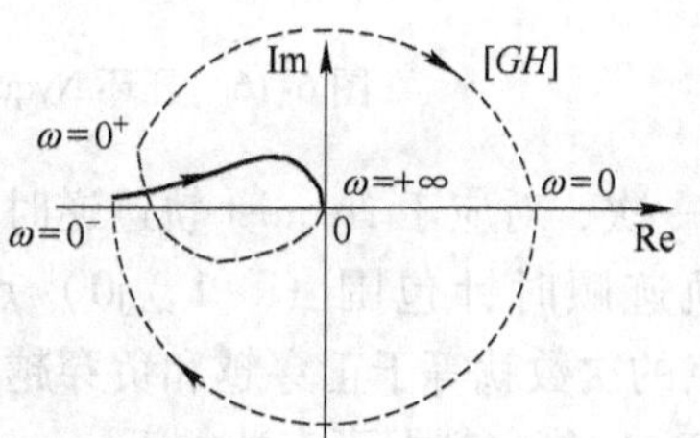

图 6-15　$K/[s^2(Ts+1)]$ 的幅相频率特性曲线

6.2.3.2 Bode 稳定判据

在工程计算中，常采用开环对数频率特性曲线，把 Nyquist 稳定判据的条件转换到开环对数频率特性曲线上来，直接利用开环对数频率特性曲线来判别闭环系统的稳定性。如图 6-16 所示为 Nyquist 图与 Bode 图的对应关系图，图中，系统开环 Nyquist 图和 Bode 图有如下对应关系。

（1）由于 $20\lg|1| = 0\text{dB}$，因此，Nyquist 图上的单位圆对应于 Bode 图上的 0dB 线，即图中的对数幅频特性横轴；$|G(j\omega)H(j\omega)| > 1$ 的范围，对应着 $20\lg|G(j\omega)H(j\omega)| > 0$ 的范围，即单位圆外（内）的 Nyquist 轨迹在对数幅频特性图上则表示在 0dB 线之上（下）。Nyquist 轨迹与单位圆交点的频率，即是对数幅频特性曲线与 0dB 线交点的频率，该频率称为剪切频率或幅值穿越频率，记为 ω_c；在 ω_c 处，输入与输出幅值相等。

（2）Nyquist 图的负实轴相角为 $-180°$，与 Bode 图上的 $-180°$ 线相对应。Nyquist 轨迹与负实轴交点的频率，亦即对数相频特性曲线与 $-180°$ 线交点的频率，称为相位穿越频率或相位交界频率，记为 ω_g；图中 a、b 和 d 三个点均为相位穿越频率。

注意到 Nyquist 轨迹会出现穿越负实轴的情况，这里定义“穿越”的概念：开环

Nyquist 轨迹在（-1，j0）点以左，跨越穿过负实轴称为“穿越”。若沿频率 ω 增加的方向，开环 Nyquist 轨迹自上而下（相位增加）穿过（-1，j0）点以左的负实轴称为正穿越；相反，沿频率 ω 增加的方向，开环 Nyquist 轨迹自下而上（相位减小）穿过（-1，j0）点以左的负实轴称为负穿越。对应于 Bode 图上，在开环对数幅频特性为正值的频率范围内，沿 ω 增加的方向，对数相频特性曲线自下而上穿过 $-180°$线为正穿越；相反，沿 ω 增加的方向，对数相频特性曲线自上而下穿过 $-180°$线为负穿越。如图 6-16 所示，点 a 处为负穿越一次，点 b 处为正穿越一次，点 d 在单位圆内，不列入穿越范围。

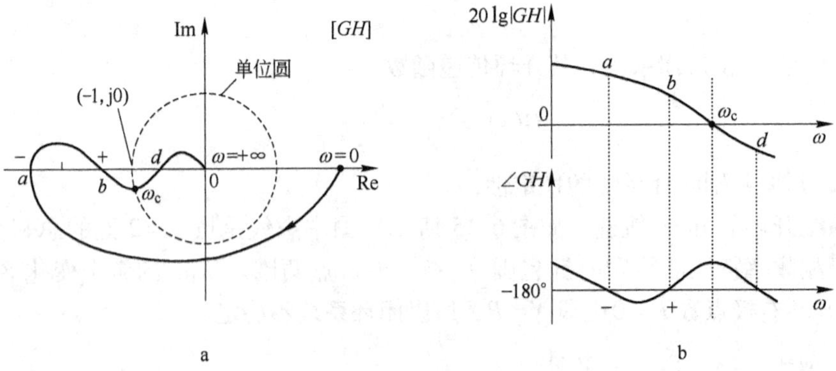

图 6-16 开环 Nyquist 图及其对应的 Bode 图

正穿越一次，对应于 Nyquist 轨迹逆时针包围（-1，j0）点一圈，负穿越一次，对应于 Nyquist 轨迹顺时针包围（-1，j0）点一圈。因此，开环 Nyquist 轨迹逆时针包围（-1，j0）点的次数就等于正穿越和负穿越的次数之差。于是根据 Nyquist 稳定判据和上述对应关系，Bode 稳定判据可表述如下。

闭环系统稳定的充要条件是，在 Bode 图上，如果 0 型或 Ⅰ 型系统开环状态下的特征方程在［s］平面的右半平面内的极点数为 P，并设开环放大倍数大于零，在开环对数幅频特性为正值的频率范围内，开环对数相频特性对 $-180°$线正穿越与负穿越次数之差为 $P/2$，则闭环系统稳定；否则不稳定。

如果是Ⅱ型系统，开环状态下的特征方程在［s］平面的右半平面内的极点数为 P，并设开环放大倍数大于零，在开环对数幅频特性为正值的频率范围内，开环对数相频特性对 $-180°$线正穿越与负穿越次数之差为 $(P+1)/2$，则闭环系统稳定；否则不稳定。

若 $P=0$，开环对数幅频特性曲线 $20\lg|G(j\omega)H(j\omega)|>0$ 的所有频率范围内，对数相频特性 $\angle G(j\omega)H(j\omega)$ 曲线对 $-180°$线的正、负穿越次数之差等于零，则闭环系统稳定；否则，不稳定。

例如，图 6-16 所示系统若已知 $P=0$，由 Nyquist 轨迹和其对数频率特性曲线可知，根据 Nyquist 判据判别，闭环系统是稳定的，用 Bode 判据判别也是稳定的。

绝大多数控制系统的开环系统多为最小相位系统，即 $P=0$ 的情形，对数相频特性 $\angle G(j\omega)H(j\omega)$ 曲线对 $-180°$线的交点为 ω_g。若 $\omega_c<\omega_g$，则闭环系统稳定；若 $\omega_c>\omega_g$，则闭环系统不稳定；若 $\omega_c=\omega_g$，则闭环系统临界稳定。换言之，若开环对数幅频特性达到 0dB，即交于 ω_c 时，其对数相频特性还在 $-180°$线以上，即相位还不足 $-180°$，则闭环系统稳定；若开环相频特性达到 $-180°$时，其对数幅频特性还在 0dB 线以上，即幅值大于

1，则闭环系统不稳定。

在使用 Bode 稳定判据时，会遇上一些特殊情形，如多个剪切频率和有积分环节的开环频率特性，下面予以介绍。

穿越的特殊情形是半穿越。如图 6-17 所示，若沿频率 ω 增加的方向，开环 Nyquist 轨迹在（-1，j0）点以左的负实轴上，出现向下的行进，称为半次正穿越；反之，沿频率 ω 增加的方向，开环 Nyquist 轨迹自（-1，j0）点以左的负实轴上，出现向上的行进，为半次负穿越。对应于 Bode 图，若对数相频特性曲线自 -180°线出发向上，为半次正穿越；反之，对数相频特性曲线自 -180°线出发向下，为半次负穿越。图中点 A 为半次负穿越，点 B 为半次正穿越。

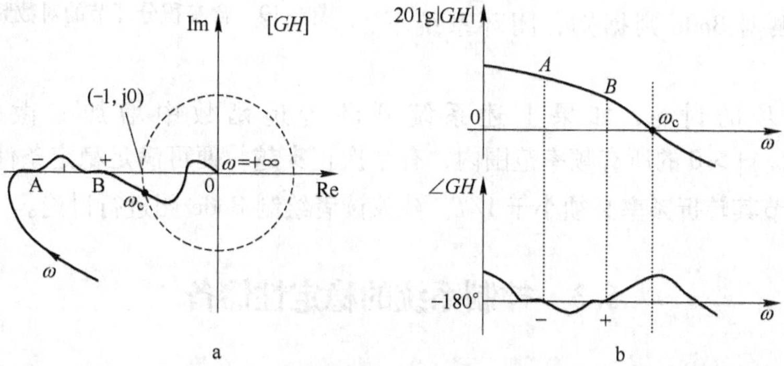

图 6-17 半次穿越

若开环对数幅频特性在 0dB 线有多个剪切频率，如图 6-18 所示，则取剪切频率最大的 ω_{c3} 来判别稳定性，因为，若用 ω_{c3} 判别系统是稳定的，则用 ω_{c1} 和 ω_{c2} 判别，自然也是稳定的。

在几何判据中，须特别注意，Nyquist 稳定判据的逆时针包围(-1，j0)点一圈，$N=1$；正好对应于 Bode 稳定判据中的正穿越一次。顺时针包围（-1，j0）点一圈，记 $N=-1$，正好对应于 Bode 稳定判据中的负穿越一次。因此，Nyquist 轨迹逆时针包围（-1，j0）点的次数就等于正负穿越次数差。

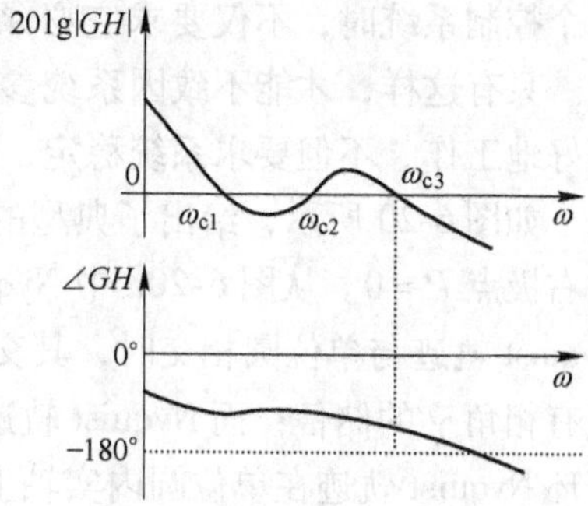

图 6-18 多个剪切频率点

Bode 稳定性判别方法避免了 Nyquist 轨迹绘制的繁琐及幅角转动方向的辨认，此外，用 Bode 图来判别稳定性的方法还有下列优点：

（1）利用 Bode 图上的渐近线，可以粗略地快速判别系统的稳定性；

（2）在 Bode 图中，可以分别作出各环节的对数幅频、对数相频特性曲线，以便明确哪些环节是造成不稳定性的主要因素，从而对其中参数进行合理选择或校正；

（3）在调整开环增益 K 时，只需将 Bode 图中的对数幅频特性上下平移即可，因此很容易看出为保证稳定性所需的增益值。

例 6-11 已知系统开环传递函数

$$G(s)H(s) = \frac{K}{s^2(Ts+1)}$$

试用 Bode 判据判别闭环系统的稳定性。

解：绘制系统开环对数频率特性曲线，如图 6-19 所示。

开环传递函数中有两个积分环节，其相角滞后量为 -180°，开环极点数为 $P=0$。在 $20\lg|G(j\omega)H(j\omega)|>0$ 的所有频率范围内，相频特性曲线从 -180° 向下行进，故出现负穿越 -180° 半次，即 $N=1/2$，而相频特性曲线没有正穿越；正负穿越次数之差为 $-1/2\neq(P+1)/2$，根据 Bode 判据知，闭环系统不稳定。

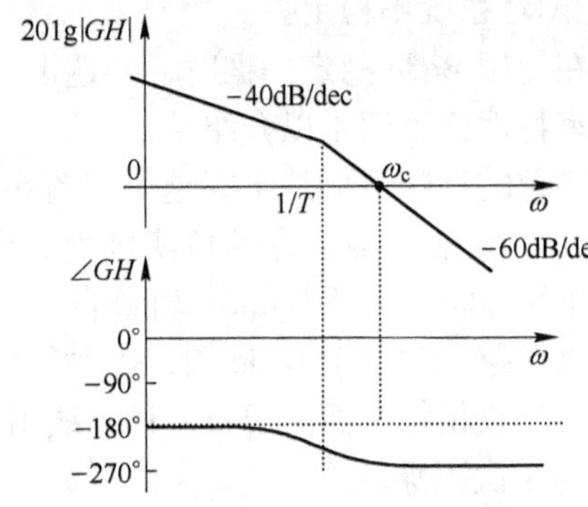

图 6-19　含有积分环节的对数频率特性曲线

作为进一步的讨论，如果上述系统开环传递函数中增加一微分环节，在 $20\lg|G(j\omega)H(j\omega)|>0$ 的所有频率范围内，有半次正穿越，便可满足稳定条件；当然，所增加的微分环节其转折频率必须小于 $1/T$。建议读者绘制 Bode 图进行讨论。

6.3　控制系统的稳定性储备

控制系统稳定与否是绝对稳定性的概念。而对一个稳定的系统而言，还有一个稳定的程度，即相对稳定性的概念。相对稳定性与系统的动态性能指标有着密切的关系。在设计一个控制系统时，不仅要求它必须是绝对稳定的，而且还应保证系统具有一定的稳定程度。只有这样，才能不致因系统参数变化而导致系统性能变差甚至不稳定。为了使系统能很好地工作，不但要求系统稳定，而且要有一定的稳定裕量，即稳定性储备。

如图 6-20 所示，给出了典型的 Nyquist 轨迹及其对应的 Bode 图，假定系统开环传递函数右极点 $P=0$。从图 6-20a 中 Nyquist 轨迹和稳定判据可推知，因 $P=0$，闭环系统稳定；Nyquist 轨迹与单位圆相交时，其交点 ω_c 处的相角尚未达到 -180°，离系统闭环临界稳定还有相角 γ 的储备；而 Nyquist 轨迹在 ω_g 处，其幅值为 $1/K_g$，尚未达到 1。这就是说，当开环 Nyquist 轨迹在单位圆内实轴上，交点离（-1，j0）点越远，则其闭环系统的稳定性裕度越高；相反，开环 Nyquist 轨迹越靠近点（-1，j0），其闭环系统的稳定性裕度越低。这一相对关系称为系统的相对稳定性，它通过 $G(j\omega)H(j\omega)$ 与点（-1，j0）的靠近程度来表征，定量表示为幅值储备 K_g 和相位储备 γ。

相位裕度和幅值裕度是系统开环频率指标，它与闭环系统的动态性能密切相关。

6.3.1　相位裕度 γ

在［GH］平面中，如图 6-20a、图 6-20b 所示，γ 表示 Nyquist 轨迹在单位圆的交点 ω_c 和原点的连线与负实轴的相位差值，称为相位裕度，记为

$$\gamma = 180° + \varphi(\omega_c) \tag{6-9}$$

其中，相角 $\varphi(\omega_c)$ 为负值。

对于稳定系统，如图 6-20a 所示，当 $\omega=\omega_c$ 时，Nyquist 轨迹在负实轴下方进入单位

圆，其相位 $\varphi(\omega_c)$ 大于 $-180°$，由式 6-9 知，γ 为正值，这时称为正的相位裕度；对于不稳定系统，如图 6-20b 所示，当 $\omega=\omega_c$ 时，Nyquist 轨迹在负实轴上方进入单位圆，其相位 $\varphi(\omega_c)$ 小于 $-180°$，由式 6-9 知，γ 为负值，这时称为负相位裕度。

相应地，在 Bode 图中，相位储备表示为，当 $\omega=\omega_c$ 时，相频特性 $\angle GH$ 距 $-180°$线的相位差值 γ。对于稳定系统，如图 6-20c 所示，γ 在 Bode 图 $-180°$线以上，这时称系统具有正的相位裕度；对于不稳定系统，如图 6-20d 所示，γ 在 Bode 图 $-180°$线之下，称为负相位裕度。

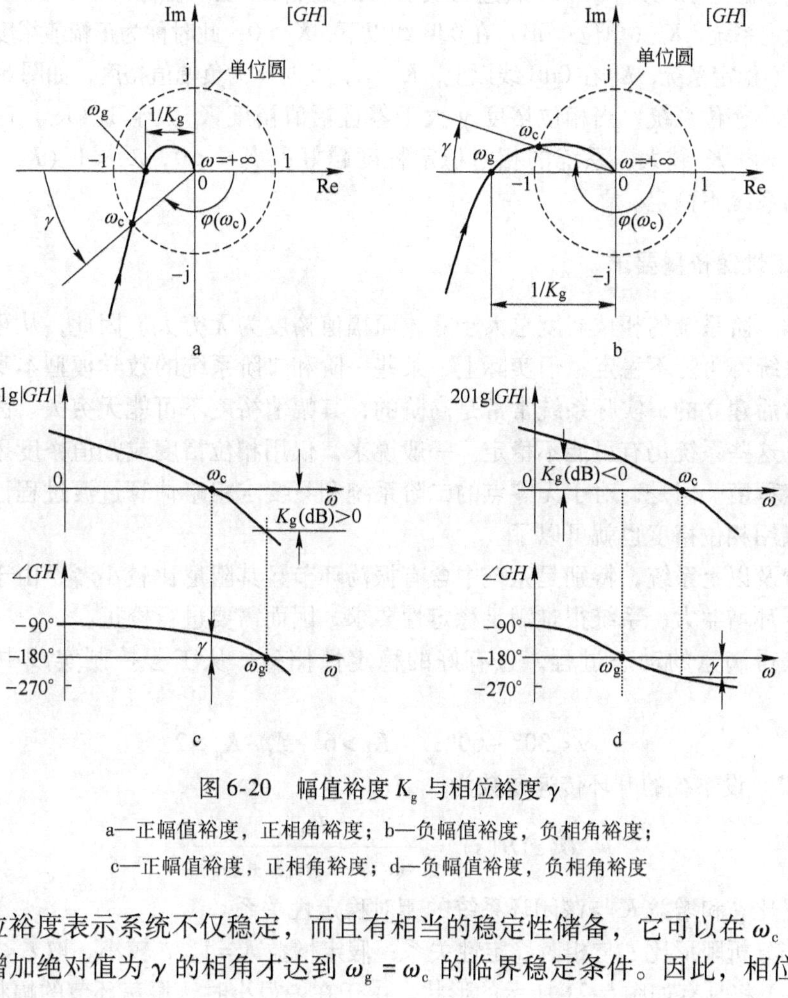

图 6-20 幅值裕度 K_g 与相位裕度 γ

a—正幅值裕度，正相角裕度；b—负幅值裕度，负相角裕度；
c—正幅值裕度，正相角裕度；d—负幅值裕度，负相角裕度

正的相位裕度表示系统不仅稳定，而且有相当的稳定性储备，它可以在 ω_c 的频率下，允许相位再增加绝对值为 γ 的相角才达到 $\omega_g=\omega_c$ 的临界稳定条件。因此，相位裕度 γ 又称相位储备。

6.3.2 幅值裕度 K_g

开环 Nyquist 轨迹与负实轴线交点（相位交界频率）ω_g 处幅值 $|G(j\omega)H(j\omega)|$ 的倒数称为系统的幅值裕度，即

$$K_g=\frac{1}{|G(j\omega_g)H(j\omega_g)|} \tag{6-10}$$

在 Bode 图开环对数频率特性曲线上，相频特性曲线为 -180°时的对数幅值与 0dB 线的距离，如图 6-20c 所示。其表达式为

$$20\lg K_g = -20\lg |G(j\omega_g)H(j\omega_g)|$$

幅值裕度的含义是，如果系统开环增益增大到原来的 K_g 倍，则系统就将处于临界稳定状态，因此，幅值裕度是系统在幅值上的幅值稳定性储备的裕量，又称幅值储备。

如图 6-20a 所示，稳定系统其 Nyquist 轨迹与负实轴的交点 ω_g 在单位圆内；如图 6-20b 所示，不稳定系统其 Nyquist 轨迹与负实轴的交点 ω_g 在单位圆外。

对于稳定系统，K_g（单位：dB）在 0dB 线以下，$K_g>0$，此时称为正幅值裕度，如图 6-20c 所示；对于不稳定系统，K_g 在 0dB 线以上，$K_g<0$，此时称为负幅值裕度，如图 6-20d 所示。

对于最小相位系统，当相位裕度 γ 大于零且幅值裕度 K_g 大于 1（K_g）时，表明系统是稳定的。γ 和 K_g 越大，系统的相对稳定程度越好；当 $\gamma<0$，$K_g<1$（K_g 分贝值为负）时，则表明系统不稳定。

6.3.3　稳定性储备量要求

一阶和二阶系统的相位裕度总大于零，而幅值裕度为无穷大。因此，从理论上讲，一阶、二阶系统不可能不稳定；但实际上，某些一阶和二阶系统的数学模型本身是忽略了一些次要因素后建立的，实际系统常常是高阶的，其幅值裕度不可能无穷大。因此，如开环增益太大，这些系统仍有可能不稳定。一般说来，仅用相位裕度或幅值裕度还不足以说明系统的稳定程度。但是，对于无零点的二阶系统和只要求粗略估算过渡过程性能指标的高阶系统，只用相位裕度也就可以了。

对三阶及以上系统，特别是系统中含有振荡环节且其阻尼比较小者，由于系统相角滞后大，若开环增益大，系统很难满足稳定性要求，因而需要进行校正。

为了获得满意的动态过程，且有好的稳定性储备，从工程控制实践中总结出如下要求：

$$\gamma = 30° \sim 60°;\quad K_g > 6 \quad 或 \quad K_g > 2$$

例 6-12　设系统的开环传递函数为

$$G(s)H(s) = \frac{K\omega_n^2}{s(s^2 + 2\xi\omega_n s + \omega_n^2)}$$

试分析阻尼比 ξ 和增益 K 与该闭环系统的相对稳定性关系。

解：先分析阻尼比 ξ 与相对稳定性关系：假定增益 $K=1$，ξ 较小，取 $\xi<0.3$。系统的 $G(j\omega)H(j\omega)$ 将具有如图 6-21 所示的形状。由于在 ξ 很小时，振荡环节的幅频特性峰值很高，尽管其相位储备 γ 较大，但幅值储备 K_g 却很小。也就是说，$G(j\omega)H(j\omega)$ 的剪切频率 ω_c 处 γ 大，但在频率 ω_g 附近，Nyquist 轨迹十分靠近［GH］平面上的点（-1，j0），可见 K_g 过小。如果仅以 γ 来评定该系统的相对稳定性，将得出系统稳定程度高的结论，此结论不符合实际情况。如果阻尼比极小，$\xi\approx0$，由于谐振峰值很高，系统几乎没有幅值储备，甚至不稳定。

接着分析增益与相对稳定性关系：假定 $\xi=0.2$。比较如图 6-21b 中 $K=1$ 和 $K=10$ 的对数幅频特性，从图中虚线所示的对数幅频特性图可以看出，较大的增益会给出负的幅值

储备，即系统不稳定。

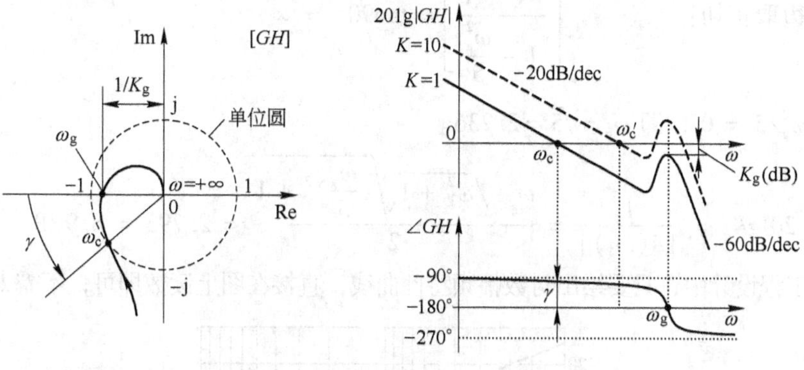

a　　　　　　　　　　b

图 6-21　例 6-12 的 Nyquist 图（a）和 Bode 图（b）

6.3.4　稳定裕度的计算

根据式 6-9，要计算相位裕度 γ，首先要知道截止频率 ω_c。求 ω_c 较方便的方法是先由 $G(s)$ 绘制对数幅频特性曲线 $20\lg|GH|$，由 $20\lg|GH|$ 与 0dB 线的交点确定 ω_c。而求幅值裕度 K_g 首先要知道相位交界频率 ω_g，对于阶数不太高的系统，直接解三角方程 $\angle G(j\omega_g) = -180°$ 是求 ω_g 较方便的方法。通常是将 $G(j\omega)$ 写成虚部和实部，令虚部为零而解得 ω_g。

例 6-13　某单位反馈系统的开环传递函数为

$$G(s) = \frac{K_0}{s(s+1)(s+5)}$$

试求 $K_0 = 10$ 时系统的相角裕度和幅值裕度。

解：

$$G(s) = \frac{K_0/5}{s(s+1)(\frac{1}{5}s+1)} \qquad \begin{cases} K = K_0/5 \\ \nu = 1 \end{cases}$$

绘制开环增益 $K = K_0/5 = 2$ 时的对数幅频特性曲线，$20\lg|GH|$ 曲线如图 6-22 所示。

当 $K = 2$ 时

$$A(\omega_c) = \frac{2}{\omega_c\sqrt{\omega_c^2+1^2}\sqrt{(\frac{\omega_c}{5})^2+1^2}} = 1 \approx \frac{2}{\omega_c\sqrt{\omega_c^2}\sqrt{1^2}} = \frac{2}{\omega_c^2} \qquad (0 < \omega_c < 2)$$

所以

$$\omega_c = \sqrt{2}$$

$$\begin{aligned} \gamma_1 &= 180° + \angle G(j\omega_c) \\ &= 180° - 90° - \arctan\omega_c - \arctan\frac{\omega_c}{5} \\ &= 90° - 54.7° - 15.8° = 19.5° \end{aligned}$$

又由　$180° + \angle G(j\omega_g) = 180° - 90° - \arctan\omega_g - \arctan(\omega_g/5) = 0$

有

$$\arctan\omega_g + \arctan(\omega_g/5) = 90°$$

等式两边取正切：
$$\left[\frac{\omega_g+\frac{\omega_g}{5}}{1-\frac{\omega_g^2}{5}}\right]=\tan 90^\circ=\infty$$

得 $1-\omega_g^2/5=0$，即 $\omega_g=\sqrt{5}=2.236$。

所以
$$20\lg K_g=\frac{1}{|A(\omega_g)|}=\frac{\omega_g\sqrt{\omega_g^2+1}\sqrt{\left(\frac{\omega_g}{5}\right)^2+1}}{2}=2.793=8.9\text{dB}$$

在实际工程设计中，只要绘出对数幅频特性曲线，直接在图上读数即可，不需太多计算。

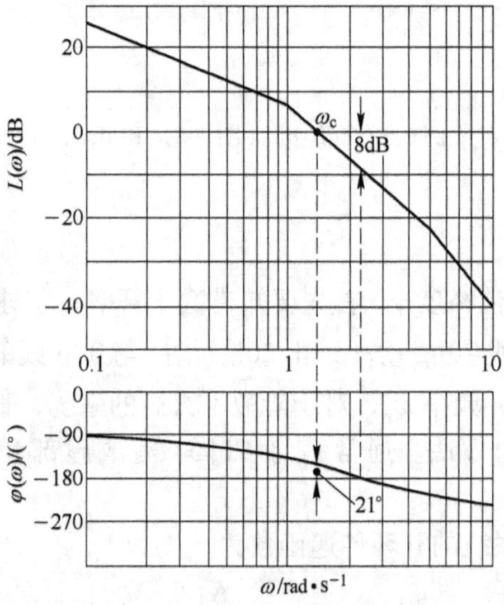

图 6-22　$K=2$ 时的 $L(\omega)$ 曲线

思考题及习题

6-1　如何区别控制系统稳态误差与稳定性？两者在求解上有何不同？不稳定的线性系统是否可以求稳态误差？

6-2　开环 Nyquist 轨迹、开环幅相频率特性曲线和 $G(j\omega)H(j\omega)$ 曲线三个术语是否等价？

6-3　最小相位系统、$P=0$、开环稳定系统此三个名词是否等价？最小相位系统与开环稳定系统在本质上有何异同？

6-4　Nyquist 稳定判据要求开环幅相频率特性 $G(j\omega)H(j\omega)$ 曲线逆时针方向包围（-1，j0）点的圈数 N 等于开环特征式 $N_{GH}(j\omega)$ 的右极点个数 P；而 Bode 稳定判据要求开环对数相频特性 $\angle G(j\omega)H(j\omega)$ 曲线对 $-180°$线正穿越与负穿越次数之差为 $P/2$，为什么 Bode 判据仅要求 $P/2$？

6-5　试用代数判据确定具有下列特征方程的系统稳定性，已知其中有一特征根为 $\lambda=-10$。

（1）$s^3+6s^2-45s-50=0$；

（2）$s^3-7s^2-40s-100=0$。

6-6　单位负反馈系统的开环传递函数为
$$G(s)=\frac{K}{s(s+1)(s+2)}$$
试用劳斯判据确定系统稳定时 K 值的范围。

6-7 系统特征方程为

$$D(s)=s^4+2s^3+3s^2+4s+5=0$$

试用劳斯判据判别系统的稳定性。

6-8 已知一单位反馈系统的开环传递函数为

$$G(s)=\frac{K(s+1)}{s(Ts+1)(2s+1)}$$

试确定能使系统稳定的参数 K、T 的数值，当 $T=3s$ 时，求 K 的范围。

6-9 设系统的特征方程式

$$D(s)=s^3+2s^2+s+2=0$$

试用劳斯稳定判据判别系统稳定性。

6-10 设系统的开环传递函数为

$$G(s)H(s)=\frac{K}{s(Ts+1)}$$

希望特征方程式的所有根都在 $s=-a$ 这条线的左边区域内，试确定 K 值和 T 值的范围。

6-11 负反馈系统开环幅相频率特性图如图 6-23 所示，假设系统开环传递函数 $K=500$，在［s］右半平面内开环极点数 $P=0$，试确定使系统稳定时 K 值的范围。

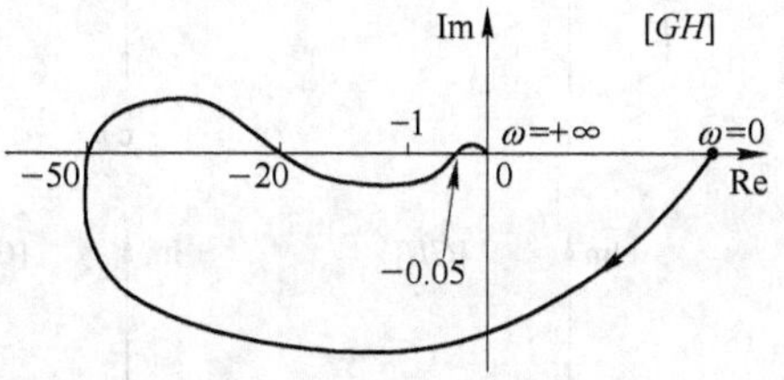

图 6-23　题 6-11 图示

6-12 设控制系统的开环传递函数为

(1) $G(s)=\dfrac{100}{s(0.2s+1)}$；

(2) $G(s)=\dfrac{50}{(0.2s+1)(s+2)(s+0.5)}$；

(3) $G(s)=\dfrac{10}{s(0.1s+1)(0.25s+1)}$；

(4) $G(s)=\dfrac{100(s+1)}{s(0.1s+1)(0.5s+1)(0.8s+1)}$；

(5*) $G(s)=\dfrac{10}{s(0.2s+1)(s-1)}$。

试用 Bode 判据判别对应闭环系统的稳定性，并确定稳定系统的相位裕度和幅值裕度。

6-13 试确定图 6-24 所示系统的稳定性。

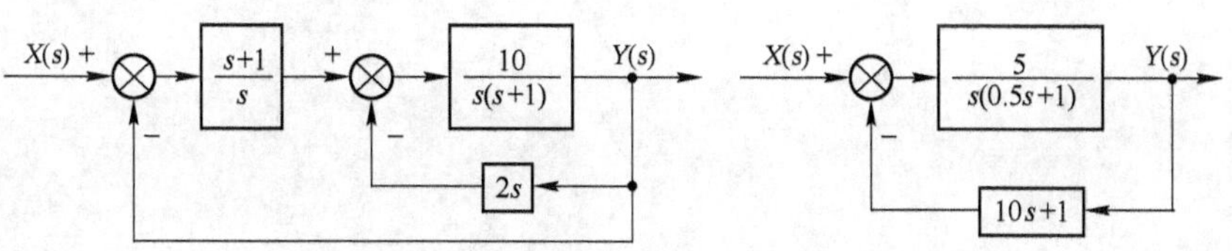

图 6-24　题 6-13 图示

6-14 设系统开环频率特性曲线如图6-25a ~ h 所示，试用 Nyquist 判据判别闭环系统的稳定性。已知各开环传递函数分别为

(a) $G(s)H(s) = \dfrac{K}{(T_1s+1)(T_2s+1)(T_3s+1)}$； (b) $G(s)H(s) = \dfrac{K}{s(T_1s+1)(T_2s+1)}$；

(c) $G(s)H(s) = \dfrac{K}{s^2(Ts+1)}$； (d) $G(s)H(s) = \dfrac{K(T_1s+1)}{s^2(T_2s+1)}$ $(T_1 > T_2)$；

(e) $G(s)H(s) = \dfrac{K(T_1s+1)(T_2s+1)}{s^3}$；

(f) $G(s)H(s) = \dfrac{K(T_5s+1)(T_6s+1)}{s(T_1s+1)(T_2s+1)(T_3s+1)(T_4s+1)}$；

(g) $G(s)H(s) = \dfrac{K}{T_1s-1}$ $(K > 1)$； (h) $G(s)H(s) = \dfrac{K}{T_1s-1}$ $(K < 1)$。

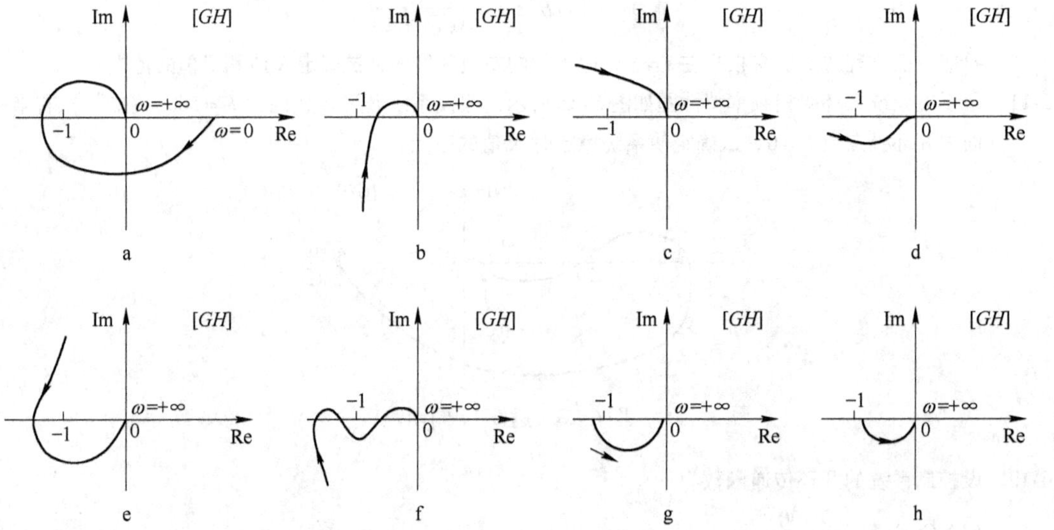

图6-25 题6-14图示

6-15 设单位反馈系统的开环传递函数为

$$G(s)H(s) = \frac{K}{s(s+1)(0.1s+1)}$$

试确定：(1) 使系统的幅值裕度 $K_g = 20\text{dB}$ 的 K 值；

(2) 使系统的相位裕度 $\gamma = 60°$ 的 K 值。

7　系统的性能分析与校正

控制系统良好的稳定性是其正常工作的必要条件，在进行系统设计时往往发现设计出来的系统不能满足指标的预期要求，且有时相互矛盾。例如当提高系统的稳定精度时，其稳定性下降；反之系统有了足够稳定性时，精度又可能达不到要求，这就要求调整系统中原有的某些参数，或者在原系统中加入某些环节使其全面满足给定的设计指标要求。

7.1　频域性能指标与时域性能指标关系

一个控制系统可以分为被控制对象和控制器两大部分。被控制对象包括执行器，它是推动负载对象的基本部分，在全工作过程中，结构形式和参数属于不可变的，通常称为系统的固有部分；如何设计出一个符合系统的性能指标要求的控制器，成为反馈控制系统研究的重要内容。本节侧重讨论系统性能指标，而根据性能指标设计控制器将在本章中讨论。控制系统的性能包括稳定性、快速性、准确性、抗干扰能力。分别从以下五个方面说明。

（1）稳定性指在干扰去除后，系统恢复原有工作状态的能力。稳定性与惯性不同，惯性是系统试图保持原有运动状态的能力。

（2）瞬态性能指系统受到输入作用后，系统输出和内部状态参数在整个时间过程中表现出来的特性。控制系统分析与设计中，对单输入单输出系统，通常关心系统在输入作用后较短时间内输出的结果；侧重讨论响应过渡过程中各时间指标和动态误差的变化规律。

（3）准确性能指系统受到输入作用后，系统输出和内部状态参数在足够长的时间后表现出来的特性。主要讨论足够长时间后，系统稳态误差与系统结构及输入信号形式的关系和特征。

（4）对参数变化的不敏感性指当系统中结构参数变化时，系统保持原有运动状态的能力。

（5）抗噪声能力指当系统承受噪声污染后，系统保持原有运动状态的能力。

抗噪声能力是系统抗外部干扰的能力；而对参数变化的不敏感性是系统抗内部干扰的能力。抗噪声能力强调干扰的持续作用，这一点有别于稳定性。

从控制系统工程实现的基本要求上，设计出一个性能优越的系统，其基本任务是使系统的稳定性储备充足、快速性好且被控制量准确。系统对参数变化的不敏感性和抗噪声能力不在本书讨论范围内，因此，这里讨论的性能指标也就是稳定性储备、快速性、稳态误差和误差准则。稳定性在前面已经讨论，使用误差来改善系统性能指标将在本节最后误差准则中讨论。控制系统可以在频率域和时间域内进行分析，因此，讨论系统快速性的指标相应地有时域性能指标和频域性能指标两种指标形式，两种性能指标间存在相互等价转换的关系，下面分别进行讨论。

7.1.1 时域性能指标

时域性能指标包括瞬态性能指标和稳态性能指标。为了系统的时域性能指标分析上的方便并具有可比性，现约定：（1）设计的闭环系统为单位反馈系统，如图 7-1 所示；（2）取输入信号为单位阶跃函数，即 $X_i(s) = 1/s$；（3）系统的初始状态为零状态。

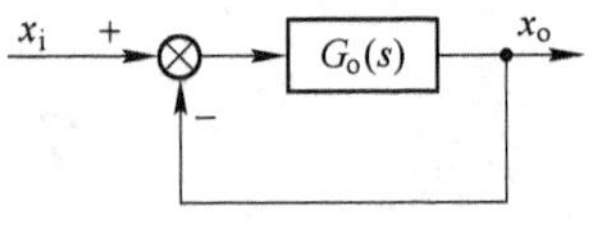

图 7-1 单位反馈系统

为了表征系统的时域瞬态性能指标，一典型系统对单位阶跃输入信号的响应曲线如图 7-2 所示，对应的理论输出达到稳态时，响应值等于参考输入，特规定如下性能指标。

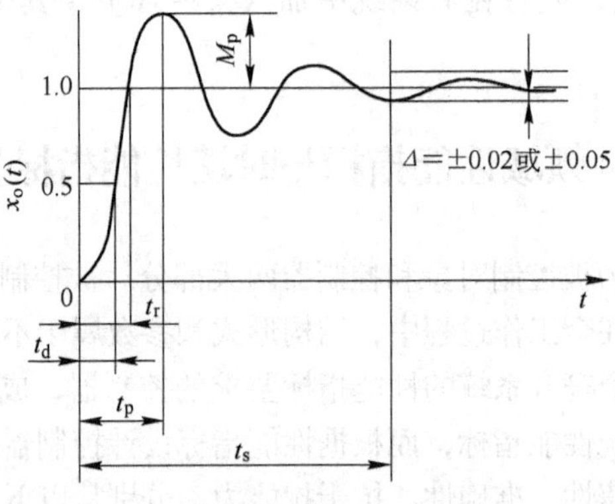

图 7-2 单位阶跃响应曲线

（1）延迟时间 t_d：输出量第一次达到稳态值一半的时间。

（2）上升时间 t_r：输出量第一次达到稳态值 $x_o(\infty)$ 的时间。对于无振荡的系统，常把响应曲线由稳态值的 10% 到 90% 的时间作为上升时间。

（3）峰值时间 t_p：输出量第一次达到峰值的时间。

（4）过渡过程时间或调整时间 t_s：输出量 $x_o(t)$ 与稳态值 $x_o(\infty)$ 之间的差值达到允许范围 Δ 并维持在此范围内所需的时间。Δ 为稳态误差的允许值，一般取 Δ 为 2% 或 5%。

（5）超调量 M_p：输出量最大值 $x_o(t_p)$ 超过 $x_o(\infty)$ 或给定值的百分数，超调量有时被称为最大超调量，表示为

$$M_p = [(x_o(t_p) - x_o(\infty))/x_o(\infty)] \times 100\% \tag{7-1}$$

一般情况下，要求 M_p 值在 1.5% ~25% 之间。

（6）振荡次数 N：在调节时间 t_s 内，输出偏离稳态值的振荡次数。

上述几项指标中，上升时间 t_r 及调整时间 t_s 反映暂态过程的快速性，而超调量 M_p 及振荡次数 N 反映暂态过程的准确性。

系统的误差也属于时域性能指标范围，由于在定义调整时间概念时使用了允许稳态误差，因此，第 4 章中所涉及的误差分析用于评价系统的误差特性而不作为性能指标来要求系统，使用误差来改善系统性能指标将在本节最后误差准则中讨论。

7.1.2 频域性能指标

频域性能指标包括稳定性储备指标和闭环频率性能指标。稳定性储备指标主要有：

（1）幅值储备 K_g；（2）相位储备 γ；（3）剪切频率 ω_c。闭环频率指标主要有：（1）复现频率 ω_m 和复现带宽 $0 \sim \omega_m$；（2）谐振峰值 M_r 及谐振频率 ω_r；（3）截止频率 ω_b 及截止带宽 $0 \sim \omega_b$。

这里讨论闭环频率性能指标。设反馈系统的闭环幅频特性曲线如图 7-3 所示，闭环系统频率域主要特征量表述如下。

（1）零频幅值：是指频率等于零时的闭环幅值，记为 $A(0)$。当 $A(0)=1$（即 $20\lg|A(0)|=0$）时，系统阶跃响应的终值等于输入信号的幅值，稳态误差为零。当 $20\lg|A(0)|\neq 0$ 时，系统存在稳态误差，故零频幅值反映了系统的稳态精度。

（2）谐振峰值 M_r：若记对数幅频特性的最大值 $20\lg|G(j\omega_r)|$ 为 A_{max}，则谐振峰值定义为 $A_{max}/A(0)$，记为 M_r。发生谐振峰值 M_r 对应的频率称谐振频率 ω_r。由此定义，对二阶系统，可以求得

$$M_r = \frac{1}{2\xi\sqrt{1-\xi^2}} \quad 0 \leqslant \xi \leqslant 0.707 \tag{7-2}$$

较大的 M_r 意味着系统的阻尼比小，阶跃响应将有较大的超调量，平稳性差；谐振峰值越大则稳定储备也就越小。一般情况下，要求 $M_r=1.2\sim1.5$，以使得系统有适度的振荡，从而具有较好的快速性。

（3）截止频率 ω_b 及截止带宽：如图 7-3 所示，当闭环对数幅频特性相对于零频幅值 $A(0)$ 下降 3dB 时对应的频率，称为截止频率或带宽频率，记为 ω_b。截止频率的范围称截止频率带宽或简称为带宽，即 $0<\omega\leqslant\omega_b$。图中 ω_b 是闭环幅值曲线上 $0.707A(0)$ 处所对应的频率。截止频率越大，带宽范围就越大，表明系统复现快速变化信号的能力越强，系统快速性好，阶跃响应上升时间和调整时间短；另外，系统抑制输入端高频噪声的能力弱。输入信号频率大于截止频率时，其响应幅值被大幅度衰减。

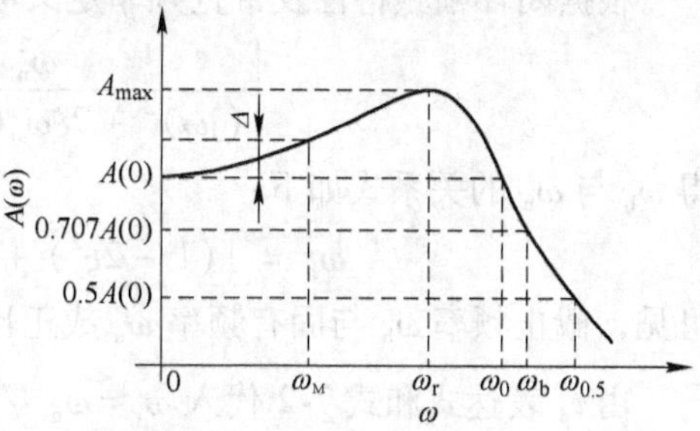

图 7-3 闭环幅频特性曲线

（4）复现频率 ω_M 和复现带宽：复现频率是指幅频特性值 $A(\omega)$ 与零频幅值之差不超出规定的允许误差 Δ 所对应的最大频率，记为 ω_M；复现频率的范围称复现带宽，即 $0<\omega\leqslant\omega_M$。复现带宽表征了系统复现低频输入信号的能力，换言之，认为系统不能正确响应频率大于 ω_M 的输入信号；通常都不希望系统工作中产生谐振，于是，允许误差 Δ 的选取应该使 $\omega_M<\omega_r$。

7.1.3 频域指标与时域性能指标的相互关系

这里主要讨论用以描述控制系统性能的时域性能指标与频域性能指标之间的关系，从而揭示出从不同角度、根据不同的方法来分析与设计控制系统的内在联系。

7.1.3.1 闭环频率特性特征量与时域指标的关系

A 一阶系统

其闭环传递函数为

$$G(s) = 1/(Ts+1)$$

其截止频率为

$$\omega_b = 1/T$$

在第3章时域分析中可知，当取允许误差 $\Delta=5\%$ 时

$$t_s = 3T, \quad t_r = 2.2T$$

因此有关系

$$t_s = 3/\omega_b, \quad t_r = 2.2/\omega_b$$

可见，截止频率和调整时间成反比，和上升时间成反比。

B 欠阻尼二阶系统

设欠阻尼二阶系统为

$$G(j\omega) = \frac{\omega_n^2}{(j\omega)^2 + 2\xi\omega_n(j\omega) + \omega_n^2} \tag{7-3}$$

在时域分析中可知

$$t_s = \frac{3}{\xi\omega_n}, t_r = \frac{\pi-\beta}{\omega_n\sqrt{1-\xi^2}}, t_p = \frac{\pi}{\omega_n\sqrt{1-\xi^2}}$$

根据闭环幅频特性及带宽频率定义可知

$$\left|\frac{\omega_n^2}{(j\omega)^2 + 2\xi\omega_n(j\omega) + \omega_n^2}\right|_{\omega=\omega_b} = 0.707$$

得 ω_b 与 ω_n 的关系式如下：

$$\omega_b = \{(1-2\xi^2) + [(1-2\xi^2)^2 + 1]^{1/2}\}^{1/2} \cdot \omega_n \tag{7-4}$$

可见，截止频率 ω_b 与固有频率 ω_n 成正比。由此，可以推知，t_s、t_r 和 t_p 都和 ω_b 成反比。

由 t_p 表达式和式7-2代入 $\omega_r=\omega_n\sqrt{1-2\xi^2}$ 中，可得

$$t_p = \pi \cdot \omega_r \cdot \sqrt{\frac{2\sqrt{M_r^2-1}}{M_r+\sqrt{M_r^2-1}}} \tag{7-5}$$

通过推导，超调量 M_p 和调整时间 t_s 与谐振峰值 M_r 的关系式如下：

$$M_p = \exp\left(-\pi \cdot \sqrt{\frac{M_r-\sqrt{M_r^2-1}}{M_r+\sqrt{M_r^2-1}}}\right) \times 100\% \tag{7-6}$$

$$t_s = \omega_r \cdot \sqrt{\frac{2\sqrt{M_r^2-1}}{M_r+\sqrt{M_r^2-1}}} \cdot \ln\frac{\sqrt{2M_r}}{\Delta \cdot \sqrt{M_r+\sqrt{M_r^2-1}}} \tag{7-7}$$

C 高阶系统

高阶系统的 M_r、ω_b 与时域指标之间的关系也是确定的，其解析表达式难以求解，这里介绍一个根据闭环幅频特性曲线来估算时域指标的经验公式。参照图7-2所示，时域性

能指标的估算公式为

$$M_p = \left\{41 \cdot \ln\left[\frac{M_r A(\omega_0/4)}{A(0)} \frac{\omega_b}{\omega_{0.5}}\right] + 17\right\} \times 100\% \tag{7-8}$$

$$t_s = (13.57 M_r \frac{\omega_b}{\omega_{0.5}} - 2.51) \frac{1}{\omega_{0.5}} \tag{7-9}$$

7.1.3.2 闭环带宽与开环剪切频率的关系

系统的剪切频率 ω_c 和闭环的截止频率 ω_b 之间有密切关系。ω_c 大，ω_b 也大；反之，ω_c 小，ω_b 也小。因此，也常用 ω_c 来衡量系统的响应速度。

对二阶系统，剪切频率可由 $|G(j\omega_c)| = 1$ 求得，为

$$\omega_c = [(1 + 4\xi^4)^{1/2} - 2\xi^2]^{1/2} \cdot \omega_n \tag{7-10}$$

由式 7-10 解出 ω_n 代入式 7-4，得

$$\omega_b = \omega_c \cdot \sqrt{\frac{(1 - 2\xi^2) + [(1 - 2\xi^2)^2 + 1]^{1/2}}{(1 + 4\xi^4)^{1/2} - 2\xi^2}} \tag{7-11}$$

计算可知，当 $\xi = 0.4$ 时，$\omega_b = 1.6\omega_c$；$\xi = 0.707$ 时，$\omega_b = 1.55\omega_c$；初步设计时，可取 $\omega_b \approx 1.6\omega_c$。

初步设计时，如果系统主要特性由主导极点支配，则可仿照二阶系统，取 $\omega_b = (1.5 \sim 1.6)\ \omega_c$ 来近似计算；对闭环特性近似为三阶的高阶系统，取 $\omega_b = 1.3\omega_c$ 来近似计算，待设计后再进一步修正。

7.1.3.3 开环对数频率特性和时域指标的关系

下面介绍由开环对数频率特性曲线的特征量 γ 和 ω_c 来估算时域指标。相位储备 γ 是在频域内描述系统稳定程度的指标，而系统的稳定程度直接影响时域指标 M_p 和 t_s，因此，γ 必定与 M_p 和 t_s 存在内在联系。对式 7-3 所表达的二阶系统，其相位储备为

$$\gamma = 180° + \angle G(j\omega_c)H(j\omega_c) = 90° - \arctan\frac{\omega_c}{2\xi\omega_c} \tag{7-12}$$

将式 7-10 代入式 7-12，得

$$\gamma = \arctan\frac{2\xi}{\sqrt{\sqrt{1 + 4\xi^4} - 2\xi^2}} \tag{7-13}$$

式 7-13 表明，γ 越大，ξ 也越大；γ 越小，ξ 就越小。

由开环对数幅频特性求时域指标的方法：首先从开环对数幅频特性曲线上求得 ω_n 和 γ 值，然后通过式 7-13 计算 ξ 值，最后由 ξ 值便可计算 M_p、t_p 和 t_s。

7.1.4 误差准则

对稳定的系统，希望其控制性能优良。控制系统的误差 e 是希望输出与其实际输出之差值，将此差值以某误差性能指标规则或函数规律在时间 0 到∞上进行积分，由于该积分是系统参数的函数，若此积分取最优值时，综合性能指标将取极值，则可以获得优良性能的控制系统。这一积分称为误差准则。若记误差 $e = y_d - y$，误差准则的性能指标，通常有如表 7-1 所示形式。

表 7-1 常用误差准则表

序号	积分准则	积分形式	适应场合	主要效果和不足
1	误差平方	$\int_0^\infty e^2(t)\mathrm{d}t$	侧重大误差，特别是初始大误差	过渡过程时间较短；稳定储备较差
2	时间乘误差平方	$\int_0^\infty t\cdot e^2(t)\mathrm{d}t$	侧重过渡过程后期误差	过渡过程时间较长
3	广义误差	$\int_0^\infty [e^2(t)+\tau\cdot \dot{e}^2(t)]\mathrm{d}t$	侧重大误差和误差变化率（τ 为误差变化率权重系数）	过渡过程时间较短；过渡过程输出曲线较平滑
4	绝对误差	$\int_0^\infty \|e(t)\|\mathrm{d}t$	侧重初始误差	过渡过程时间较短，不适宜于过阻尼或过分欠阻尼系统，用解析法不易求解
5	时间乘绝对误差	$\int_0^\infty t\|e(t)\|\mathrm{d}t$	侧重过渡过程后期误差	超调量小，用解析法不易求解
6	时间乘绝对误差及绝对误差变化率	$\int_0^\infty t[\|e(t)\|+\|\dot{e}(t)\|]\mathrm{d}t$	侧重过渡过程后期误差及其变化率	有良好的动态性能，用解析法不易求解

误差准则主要是通过对系统性能指标提出要求，选择期望的权重因素，即对系统性能指标影响大且该指标不够理想的因素，然后对误差积分取得极值从而求得使系统性能最佳的结构参数。误差准则作为控制系统设计的一个方面，其主要意义在于利用误差规则来选择结构参数，以改善系统性能。由于准则的合理选取依赖设计者对系统性能与结构参数的关系的深入理解；同时，误差准则大多用解析法不易求解。下面通过例子说明利用误差准则求解的过程。

例 7-1 设有如图 7-4 所示单位反馈二阶控制系统，其输入为单位阶跃信号，分别按误差平方积分准则、时间乘误差平方积分准则和广义误差平方积分准则，求解使系统性能最佳的结构参数 ξ。

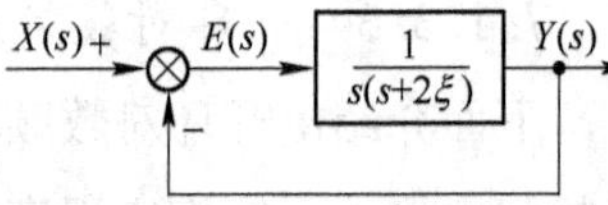

图 7-4 二阶系统框图

解： 由系统框图知，系统误差信号的拉氏变换为

$$E(s)=\frac{1}{1+G(s)H(s)}X_{\mathrm{i}}(s)=\frac{s(s+\xi)}{s^2+2\xi s+1}\cdot\frac{1}{s}$$

将上式拉式反变化得

$$e(t)=\exp(-\xi t)\cdot\left(\cos\sqrt{1-\xi^2}\,t+\frac{\xi}{\sqrt{1-\xi^2}}\sin\sqrt{1-\xi^2}\,t\right)\quad(t\geqslant 0)$$

（1）按误差平方积分准则求解最佳 ξ。误差平方为

$$e^2(t)=\exp(-2\xi t)\cdot\left(\frac{1}{2(1-\xi^2)}+\frac{1}{2}\frac{1-2\xi^2}{1-\xi^2}\cos2\sqrt{1-\xi^2}\,t+\frac{\xi}{\sqrt{1-\xi^2}}\sin2\sqrt{1-\xi^2}\,t\right)\quad(t\geqslant 0)$$

取 $e^2(t)$ 的拉氏变换，记为 $F(s)$，有

$$F(s)=L[e^2(t)]=\frac{1}{2(1-\xi^2)}\times\frac{1}{s+2\xi}+\frac{1}{2}\frac{1-2\xi^2}{1-\xi^2}\times\frac{s+2\xi}{(s+2\xi)^2+4(1-\xi^2)}+$$

$$\frac{\xi}{\sqrt{1-\xi^2}}\times\frac{2\sqrt{1-\xi^2}}{(s+2\xi)^2+4(1-\xi^2)}$$

因为，$\lim\limits_{s\to0}F(s)=\lim\limits_{s\to0}\int_0^\infty e^2(t)\mathrm{e}^{-st}\mathrm{d}t=\int_0^\infty e^2(t)\mathrm{d}t$

所以，$I=\int_0^{\infty} e^2(t)\,\mathrm{d}t=\lim\limits_{s\to 0}F(s)=\xi+\dfrac{1}{4\xi}$。

对 I 求极值，即 $\mathrm{d}I/\mathrm{d}\xi=0$，解得 $\xi=0.5$。

由于 $\mathrm{d}^2I/\mathrm{d}\xi^2>0$，所以在 $\xi=0.5$ 时性能指标 I 具有极小值，其值为1。

（2）按时间乘以平方误差准则求解最佳 ξ。由拉氏变换的微分定理知

$$L[t\cdot e^2(t)]=-\mathrm{d}F(s)/\mathrm{d}s$$

$$-\frac{\mathrm{d}F(s)}{\mathrm{d}s}=\frac{1}{2(1-\xi^2)}\times\frac{1}{(s+2\xi)^2}+\frac{1-2\xi^2}{2(1-\xi^2)}\times\frac{(s+2\xi)^2+4(1-\xi^2)}{[(s+2\xi)^2+4(1-\xi^2)]^2}+\frac{4\xi(s+2\xi)}{[(s+2\xi)^2+4(1-\xi^2)]^2}$$

因此，

$$I=\int_0^{\infty} te^2(t)\,\mathrm{d}t=\lim_{s\to 0}\left[-\frac{\mathrm{d}F(s)}{\mathrm{d}s}\right]=\xi^2+\frac{1}{8\xi^2}$$

求 $\mathrm{d}I/\mathrm{d}\xi=0$，解得 $\xi=0.595$。

（3）按广义误差平方积分准则求解最佳 ξ。广义误差平方积分准则为：$I=\int_0^{\infty}[e^2(t)+\tau\cdot\dot{e}^2(t)]\mathrm{d}t$，取 $\tau=1$，有

$$I=\int_0^{\infty}[e^2(t)+\dot{e}^2(t)]\mathrm{d}t$$

其中，$e(t)$ 在上面已经求得，现给出 $\dot{e}^2(t)$：

$$\dot{e}(t)=(-\xi)\exp(-\xi t)\cdot\left(\cos\sqrt{1-\xi^2}\,t+\frac{\xi}{\sqrt{1-\xi^2}}\sin\sqrt{1-\xi^2}\,t\right)+\exp(-\xi t)\cdot[(-\sqrt{1-\xi^2})\sin\sqrt{1-\xi^2}\,t+\xi\cos\sqrt{1-\xi^2}\,t]\quad(t\geqslant 0)$$

得 $\dot{e}^2(t)=\dfrac{\exp(-2\xi t)}{1-\xi^2}\cdot(\sin\sqrt{1-\xi^2}\,t)^2\quad(t\geqslant 0)$

$$L[\dot{e}^2(t)]=\frac{1}{2(1-\xi^2)}\times\frac{1}{s+2\xi}-\frac{1}{2(1-\xi^2)}\times\frac{s+2\xi}{(s+2\xi)^2+4(1-\xi^2)}$$

于是

$$I=\int_0^{\infty}[e^2(t)+\dot{e}^2(t)]\mathrm{d}t=\lim_{s\to 0}L[e^2(t)]+\lim_{s\to 0}L[\dot{e}^2(t)]=\xi+\frac{1}{2\xi}$$

由 $\mathrm{d}I/\mathrm{d}\xi=0$，解得 $\xi=\dfrac{\sqrt{2}}{2}\approx 0.707$。

从本例可以看出，采用不同的误差准则求解得到的结构参数是有区别的。

使用误差准则时应特别注意控制系统必须是稳定的，因为不稳定系统的误差是发散的。

7.2 利用开环频率特性分析系统的性能

在频域中对系统进行分析、设计时，通常是以频域指标作为依据的，但是不如时域指

标来得直接、准确。因此，须进一步探讨频域指标与时域指标之间的关系。考虑到对数频率特性在控制工程中应用的广泛性，本节将以 Bode 图为基点，首先讨论开环对数幅频特性曲线 20lg |*GH*| 的形状与性能指标的关系，然后根据频域指标与时域指标的关系估算出系统的时域响应性能。

实际系统的开环对数幅频特性 20lg |*GH*| 一般都符合如图 7-5 所示的特征：左端（频率较低的部分）高；右端（频率较高的部分）低。将 20lg |*GH*| 人为地分为三个频段：低频段、中频段和高频段。低频段主要指第一个转折点以前的频段；中频段是指截止频率 ω_c 附近的频段；高频段指频率远大于 ω_c 的频段。这三个频段包含了闭环系统性能不同方面的信息，需要分别进行讨论。

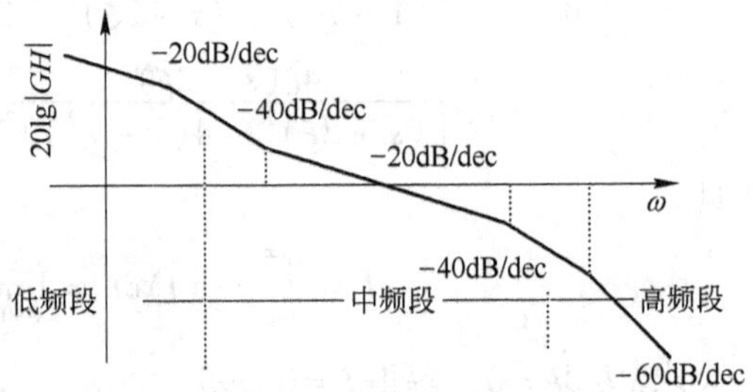

图 7-5 对数频率特性三频段的划分

需要指出，开环对数频率特性三频段的划分是相对的，各频段之间没有严格的界限。一般控制系统的频段范围在 0.01 ~ 100Hz 之间。这里所述的“高频段”与无线电学科里的“超高频”、“甚高频”不是一个概念。

7.2.1 20lg|*GH*| 低频渐近线与系统稳态误差的关系

系统开环传递函数中含积分环节的数目（系统型别）确定了开环对数幅频特性低频渐近线的斜率，而低频渐近线的高度则取决于开环增益的大小。因此，对数幅频特性曲线 20lg|*GH*| 低频段渐近线集中反映了系统跟踪控制信号的稳态精度信息。根据对数幅频特性曲线 20lg |*GH*| 低频段可以确定系统型别 υ 和开环增益 K，利用第 4 章中介绍的静态误差系数法可以确定系统在给定输入下的稳态误差。

7.2.2 20lg|*GH*| 中频段特性与系统动态性能的关系

开环对数幅频特性的中频段是指截止频率 ω_c 附近的频段。设开环部分纯粹由积分环节构成，图 7-6a 所示的对数幅频特性对应一个积分环节，斜率为 −20dB/dec，相角 $\varphi(\omega) = -90°$，因而相位裕度 $\gamma = 90°$；图 7-6b 的对数幅频特性对应两个积分环节，斜率为 −40dB/dec，相角 $\varphi(\omega) = -180°$，因而相位裕度 $\gamma = 0°$。

一般情况下，系统开环对数幅频特性的斜率在整个频率范围内是变化的，故截止频率 ω_c 处的相位裕度 γ 应由整个对数幅频特性中各段的斜率共同确定。在 ω_c 处，20lg|*GH*| 曲线的斜率对相位裕度 γ 的影响最大，远离 ω_c 的对数幅频特性，其斜率对 γ 的影响就很小。为了保证系统有满意的动态性能，希望 20lg|*GH*| 曲线以 −20dB/dec 的斜率穿过 0dB 线，并保持较宽的频段。截止频率 ω_c 和相位裕度 γ 是系统开环频域指标，主要由中频段决定，它与系统动态性能指标之间存在着密切关系，因而频域指标是表征系统动态性能的间接指标。

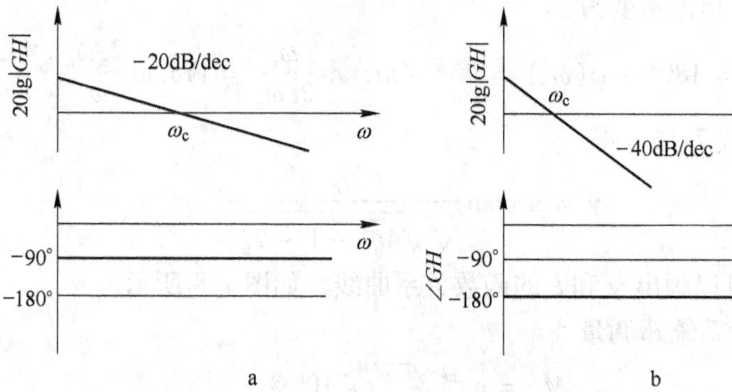

图 7-6 20lg|GH| 中频段对稳定性的影响

7.2.2.1 二阶系统

典型二阶系统的结构图可用图 7-7 表示。其中开环传递函数为

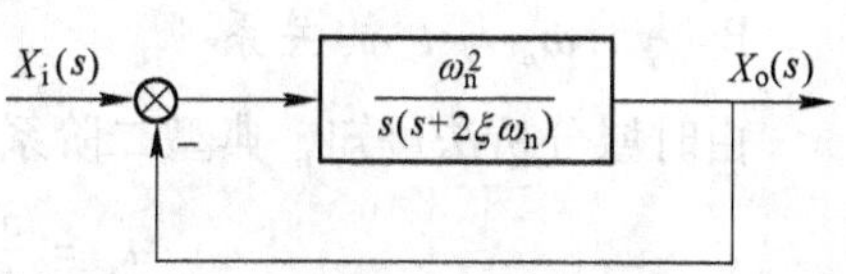

图 7-7 典型二阶系统结构图

$$G_K(s) = \frac{\omega_n^2}{s(s+2\xi\omega_n)} \quad (0 < \xi < 1)$$

相应的闭环传递函数为

$$G_B(s) = \frac{\omega_n^2}{s^2 + 2\xi\omega_n s + \omega_n^2}$$

A γ 和 M_p 的关系

系统开环频率特性为

$$G(j\omega) = \frac{\omega_n^2}{j\omega(j\omega + 2\xi\omega_n)} \tag{7-14}$$

开环幅频和相频特性分别为

$$A(\omega) = \frac{\omega_n^2}{\omega\sqrt{\omega^2 + (2\xi\omega_n)^2}}$$

$$\varphi(\omega) = -90° - \arctan\frac{\omega}{2\xi\omega_n}$$

在 $\omega = \omega_c$ 处，$A(\omega) = 1$，即

$$A(\omega_c) = \frac{\omega_n^2}{\omega_c\sqrt{\omega_c^2 + (2\xi\omega_n)^2}} = 1$$

亦即

$$\omega_c^4 + 4\xi^2\omega_n^2\omega_c^2 - \omega_n^4 = 0$$

解之，得

$$\omega_c = \sqrt{\sqrt{4\xi^4 + 1} - 2\xi^2}\,\omega_n \tag{7-15}$$

当 $\omega = \omega_c$ 时，有

$$\varphi(\omega_c) = -90° - \arctan\frac{\omega_c}{2\xi\omega_n}$$

由此可得系统的相位裕度为

$$\gamma = 180° + \varphi(\omega_c) = 90° - \arctan\frac{\omega_c}{2\xi\omega_n} = \arctan\frac{2\xi\omega_n}{\omega_c} \tag{7-16}$$

将式 7-15 代入式 7-16，得

$$\gamma = \arctan\frac{2\xi}{\sqrt{\sqrt{4\xi^4+1}-2\xi^2}} \tag{7-17}$$

根据式 7-17，可以画出 γ 和 ξ 的函数关系曲线，如图 7-8 所示。

另外，典型二阶系统超调量

$$M_p = e^{-\pi\xi/\sqrt{1-\xi^2}} \times 100\% \tag{7-18}$$

为便于比较，将式 7-18 的函数关系也一并绘于图 7-8 中。

从图 7-8 所示曲线可以看出：γ 越小（即 ξ 小），M_p 就越大；反之，γ 越大，M_p 就越小。通常希望 $30° \leqslant \gamma \leqslant 60°$。

B　γ、ω_c 与 t_s 的关系

由时域分析法可知，典型二阶系统调节时间（取 $\Delta = 0.05$ 时）为

$$t_s = \frac{3.5}{\xi\omega_n} \quad (0.3 < \xi < 0.8) \tag{7-19}$$

将式 7-19 与式 7-15 相乘，得

$$t_s\omega_c = \frac{3.5}{\xi}\sqrt{\sqrt{4\xi^4+1}-2\xi^2} \tag{7-20}$$

再由式 7-17 和式 7-20 可得

$$t_s\omega_c = \frac{7}{\tan\gamma} \tag{7-21}$$

将式 7-21 的函数关系绘成曲线，如图 7-9 所示。可见，调节时间 t_s 与相位裕度 γ 和截止频率 ω_c 都有关。当 γ 确定时，t_s 与 ω_c 成反比。换言之，如果两个典型二阶系统的相位裕度 γ 相同，那么它们的超调量也相同（图 7-8），这样，ω_c 较大的系统，其调节时间 t_s 必然较短（图 7-9）。

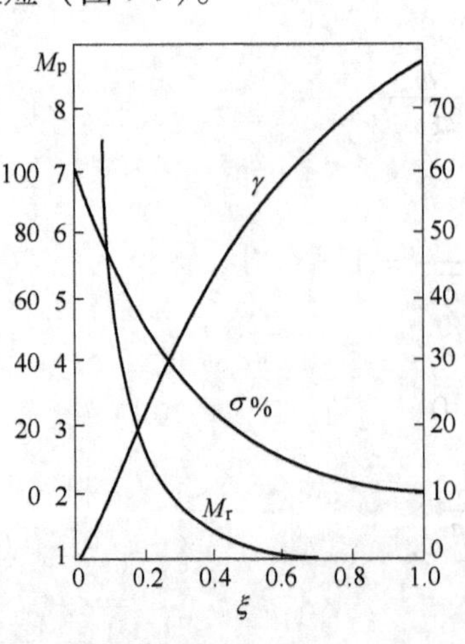

图 7-8　二阶系统 M_p、γ 与 ξ 的关系曲线

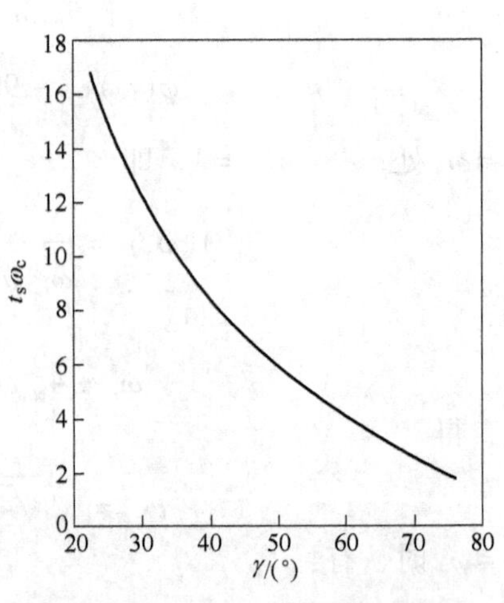

图 7-9　二阶系统 $t_s\omega_c$ 与 γ 的关系曲线

例 7-2 二阶系统结构图如图 7-10 所示。试分析系统开环频域指标与时域指标的关系。

解： 系统的开环传递函数为

$$G_K(s) = \frac{K_1K_2\alpha}{T_i s(T_a s+1)} = \frac{K}{s(T_a s+1)}$$

式中，$K = K_1K_2\alpha/T_i$，转折频率为 $\omega_2 = 1/T_a$。若取

$$\omega_c = \frac{1}{2T_a} = \frac{\omega_2}{2} \tag{7-22}$$

则开环对数幅频特性如图 7-11 所示。系统的相角裕度为

$$\gamma = 180° + \varphi(\omega_c) = 180° + (-90° - \arctan\omega_c T_a)$$
$$= 180° + (-90° - \arctan\frac{1}{2T_a}T_a) = 63.4°$$

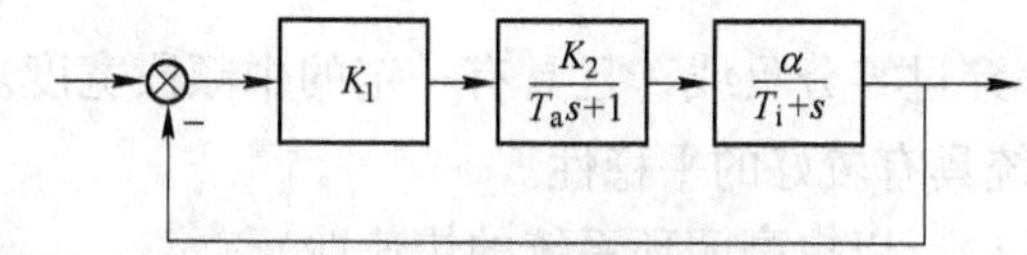

图 7-10 系统的结构图

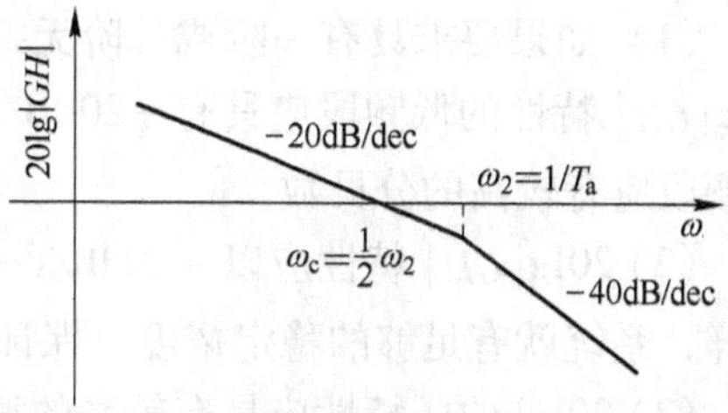

图 7-11 系统的对数幅频特性

根据所求得的 γ 值，查图 7-8 可得 $\xi = 0.707$，$\sigma\% = 4.3\%$。由图 7-9 查得 $t_s\omega_c = 3.5$。再由式 7-19 得

$$t_s = \frac{3.5}{\omega_c} = \frac{7}{\omega_2} = 7T_a$$

若增加开环增益，则图 7-11 的对数幅频特性曲线向上平移，ω_c 右移。当 ω_c 移至更靠近 ω_2 时，相位裕度变得较小，超调量自然变大。例如，若选 $\omega_c = \omega_2 = 1/T_a$ 时，则相角裕度 $\gamma = 45°$，从上述曲线查得 $\xi = 0.42$，$\sigma\% = 23\%$。若 K 值进一步加大，则 ω_c 将落在斜率为 −40dB/dec 的高频渐近线段上，相位裕度将变得更小，超调量就更大。

7.2.2.2 高阶系统

对于一般三阶或三阶以上的高阶系统，要准确推导出开环频域特征量（γ 和 ω_c）与时域指标（M_p 和 t_s）之间的关系是很困难的，即使导出这样的关系式，使用起来也不方便，实用意义不大。在控制工程分析与设计中，通常采用下述两个近似公式由频域指标估算系统的动态性能指标：

$$M_p = \left[0.16 + 0.4\left(\frac{1}{\sin\gamma} - 1\right)\right] \times 100\% \quad (35° \leqslant \gamma \leqslant 90°) \tag{7-23}$$

$$t_s = \frac{\pi}{\omega_c}\left[2 + 1.5\left(\frac{1}{\sin\gamma} - 1\right) + 2.5\left(\frac{1}{\sin\gamma} - 1\right)^2\right] \quad (35° \leqslant \gamma \leqslant 90°) \tag{7-24}$$

7.2.3 20lg|GH| 高频段对系统性能的影响

20lg|GH| 的高频段特性是由小时间常数的环节构成的，其转折频率均远离截止频率

ω_c，所以对系统的动态响应影响不大。但是，从系统抗干扰的角度出发，研究高频段的特性是具有实际意义的，现说明如下。

对于单位反馈系统，开环频率特性 $G_K(j\omega)$ 和闭环频率特性 $G_B(j\omega)$ 的关系为

$$G_B(j\omega) = \frac{G_K(j\omega)}{1 + G_K(j\omega)}$$

在高频段，一般有 $20\lg|GH| \ll 0$，即 $|GH| \ll 1$。故由上式可得

$$|G_B(j\omega)| = \frac{|GH|}{|1 + GH|} \approx |GH|$$

即在高频段，闭环幅频特性近似等于开环幅频特性。

因此，$20\lg|GH|$ 特性高频段的幅值，直接反映出系统对输入端高频信号的抑制能力，高频段的分贝值越低，说明系统对高频信号的衰减作用越大，即系统的抗高频干扰能力越强。

综上所述，我们所希望的开环对数幅频特性应具有下述性质。

(1) 如果要求具有一阶或二阶无差度（即系统在阶跃或斜坡作用下无稳态误差），则 $20\lg|GH|$ 特性的低频段应具有 -20dB/dec 或 -40dB/dec 的斜率。为保证系统的稳态精度，低频段应有较高的分贝数。

(2) $20\lg|GH|$ 特性应以 -20dB/dec 的斜率穿过零分贝线，且具有一定的中频段宽度。这样，系统就有足够的稳定裕度，保证闭环系统具有较好的平稳性。

(3) $20\lg|GH|$ 特性应具有较高的截止频率 ω_c，以提高闭环系统的快速性。

(4) $20\lg|GH|$ 特性的高频段应有较大的斜率，以增强系统的抗高频干扰能力。

7.3 系统校正

一个系统的性能指标总是根据它所要完成的具体任务规定的。一般情况下，几个性能指标的要求往往是互相矛盾的。例如，减小系统的稳态误差往往会降低系统的相对稳定性，甚至导致系统不稳定。在这种情况下，就要考虑哪个性能要求是主要的，首先加以满足；在另一些情况下，就要采取折中的方案，并加上必要的校正，使两方面的性能要求得到适当满足。所谓校正或称补偿，就是指在系统中增加新的环节，以改善系统性能的方法。

7.3.1 系统的校正方式及特点

按照校正装置在系统中的连接方式不同可以分为串联校正和反馈校正两种基本校正方式。

(1) 串联校正。校正环节和原系统之间是串联的关系，这样的校正方式称为串联校正，如图 7-12 所示。$G_o(s)$ 是原系统传递函数，$G_c(s)$ 就是串联校正环节。通常为了减小校正环节消耗的能量，串联校正环节一般都位于前向通道功率等级较小的位置。

(2) 反馈校正。反馈校正又称为并联校正，校正环节放在局部反馈通道中。如图 7-13 所示，$G_{o1}(s)$、$G_{o2}(s)$ 是系统原始传递函数，$G_c(s)$ 是反馈校正环节，该校正方式要检测输出量 $X_o(s)$，经过运算处理后反馈到输入端进行控制。按照对检测到的输出量的处理方法不同，可以分为位置反馈、速度反馈和加速度反馈三种。

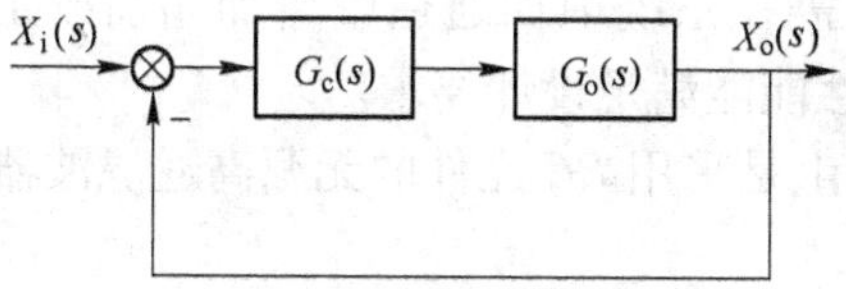

图 7-12 串联校正方框图

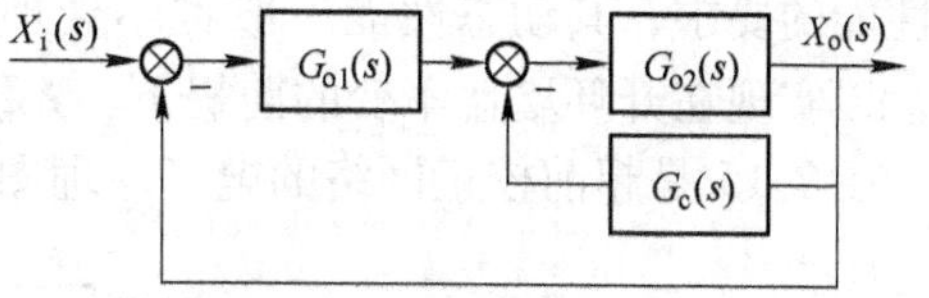

图 7-13 反馈校正方框图

串联校正和反馈校正各有特点，串联校正更容易对已有的传递函数进行各种变换，其物理实现也比较容易，成本较低。反馈校正的设计比串联校正复杂，有时要使用比较昂贵的传感器，但它能消除被包围部分的参数波动对系统性能的影响。因此，对于技术要求不高、结构简单、成本低的系统，可采用串联校正。

若系统有特殊要求时，特别是被控对象参数不稳定时，应采用反馈校正。

在对系统指标要求较高的情况下，可以同时使用反馈校正和串联校正。串联校正和反馈校正一般都位于系统主反馈内部。如图 7-14 所示。

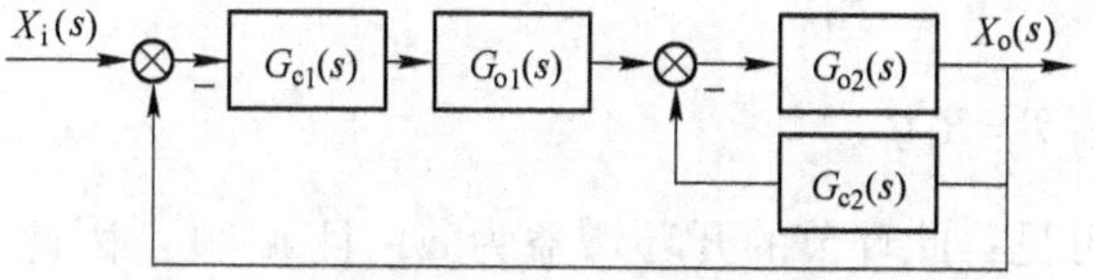

图 7-14 串联、反馈校正方框图

7.3.2 校正装置的设计方法

对于线性控制系统，当设计系统要求的是时域性能指标时，一般在时域内进行系统设计。对三阶和三阶以上系统一般简化为低阶系统，然后进行分析设计。

当系统给出的是频域性能指标时，一般在频域内进行系统设计。它使用开环系统 Bode 图作为分析的主要手段。在 Bode 图上，可以很方便地根据频域指标确定校正装置的参数。这是因为开环 Bode 图表征了闭环系统稳定性、快速性和稳态精度等方面的指标。在 Bode 图低频段，表征了闭环系统的稳态性能；中频段表征了闭环系统的动态性能和稳定性；高频段表征了闭环系统的噪声抑制能力。所以在频域内设计闭环系统时，就是要在原频率特性内加入适合的校正装置，使整个开环系统的 Bode 图变成所期望的形状。

本章系统校正主要采用频域内的分析法，对开环系统的 Bode 图进行改造使其满足要求的指标。校正计算完成后应当检验校正后系统是否满足全部性能指标要求，如不满足则应修正，有时需反复计算才能取得满意的结果。

7.4 串联校正

按照校正环节相频特性的性质不同，串联校正可分为增益调整、相位超前校正、相位滞后校正、相位超前—滞后校正四种。

7.4.1 超前校正

一般而言，控制系统的开环增益将影响到系统的稳定性和准确性。即使满足了系统静态性能的要求，其动态性能一般也不会理想，所以需在系统前面通道中增加超前校正装置，以实现在开环增益不变的前提下，系统的动态性能能满足设计要求。

图 7-15 是超前校正网络的电气原理图，它实际上是采用 RC 元件的无源高通滤波器。

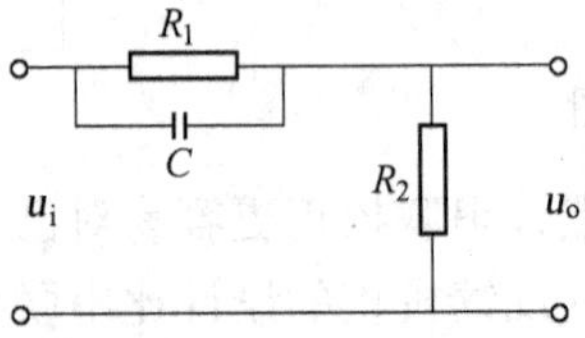

图 7-15 超前校正环节电气原理图

该环节以 u_i 为输入电压，u_o 为输出电压，其传递函数是：

$$G_c(s) = \frac{R_2}{R_2 + \dfrac{1}{Cs + \dfrac{1}{R_1}}} = \frac{R_2}{R_1 + R_2} \cdot \frac{R_1cs + 1}{\dfrac{(R_1cs + 1)R_2 + R_1}{R_1 + R_2}} = \alpha \frac{Ts + 1}{\alpha Ts + 1}$$

式中，$\alpha = \dfrac{R_2}{R_1 + R_2} < 1$；$T = R_1C$。

由以上传递函数可见：此环节的开环增益为 α，且 $\alpha < 1$。因此，当它串联在系统后，会使原系统的稳态误差增大。为消除影响，在下面的讨论中，都采用一个放大倍数是 $1/\alpha$ 的比例环节与超前校正环节串联使用，其总的传递函数是

$$G_c(s) = \frac{Ts + 1}{\alpha Ts + 1} \tag{7-25}$$

与比例环节串联后，新的超前环节的 Bode 图如图 7-16 所示。从 Bode 图上可以看出，超前环节具有通高频、阻低频的特点。

由式 7-25 可得相频特性：$\varphi(\omega) = \arctan T\omega - \arctan\alpha T\omega$。可见，当频率从 0 到 ∞ 变化时，其相位 $\varphi(\omega)$ 均大于零，这说明正弦信号通过该环节后，输出信号比输入信号具有超前的相位，这也是超前环节名称的由来。

$\varphi(\omega)$ 的极值 $\varphi(\omega_m)$ 可由 $\varphi(\omega)$ 对 ω 求导得来。

$$\left.\frac{d\varphi(\omega)}{d\omega}\right|_{\omega=\omega_m} = \frac{T}{1 + T^2\omega_m^2} - \frac{\alpha T}{1 + (\alpha T)^2\omega_m^2} = 0$$

得 $\omega_m = \dfrac{1}{\sqrt{\alpha}T}$。 (7-26)

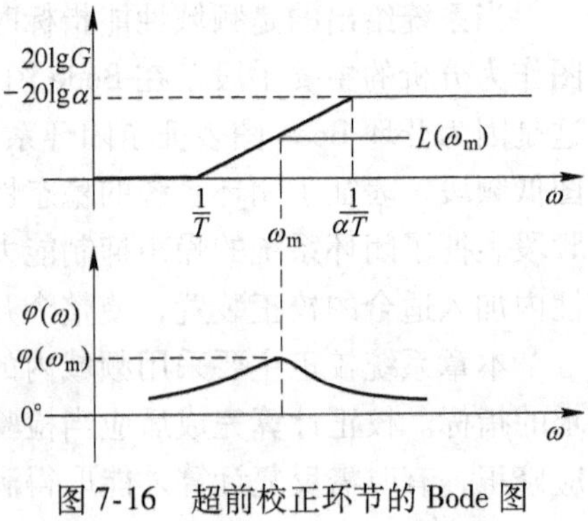

图 7-16 超前校正环节的 Bode 图

因此，$\sin\varphi(\omega_m) = \dfrac{1-\alpha}{1+\alpha}$，$\varphi(\omega_m) = \arcsin\dfrac{1-\alpha}{1+\alpha}$。 (7-27)

由式 7-26 可求出：$L(\omega_m) = 20\lg\left|\dfrac{1 + Tj\omega_m}{1 + T\alpha j\omega_m}\right| = 10\lg\dfrac{1}{\alpha}$。

又因为 $\lg\omega_m = \dfrac{1}{2}(\lg\dfrac{1}{\alpha T} + \lg\dfrac{1}{T})$，所以在对数横坐标轴上，$\omega_m$ 恰好位于转折频率 $\dfrac{1}{\alpha T}$ 和 $\dfrac{1}{T}$ 的几何中心。α 取得越小，$\varphi(\omega_m)$ 越大，其相位超前作用越强。

经过校正以后，闭环系统带宽增大，系统响应速度加快。另外，由于超前环节的正相移作用，对数相频特性曲线上移，因此校正后系统相位裕度增大，相对稳定性增加。但是系统高频段叠加了正的分贝值，因此校正后系统高频段幅频特性明显上翘，表明系统高频段增益增加，对噪声的抑制能力降低，这也是使用超前校正的缺点。

使用频率法进行串联超前校正的一般步骤归纳如下。

（1）根据稳态误差的要求，确定原系统的开环增益 K。

（2）利用已确定的开环增益 K，绘出原系统的开环 Bode 图，并计算未校正系统的相位裕度 γ'。

（3）根据系统要求的性能指标，确定需要产生的最大超前角 $\varphi(\omega_m)$，公式为：

$$\varphi(\omega_m) = \gamma - \gamma' + (5° \sim 10°)$$

其中，γ 是校正后要求达到的相位裕度。

考虑到校正后，系统新的剪切频率将比原剪切频率增大并右移，使系统相位裕度减小，因此，在 $\varphi(\omega_m)$ 的计算公式中增加了 5°～10°作为补充。根据 $\varphi(\omega_m)$，由式 7-27 可以计算出 α 的数值。

（4）把校正装置的最大超前角频率 ω_m 确定为系统新的剪切频率，即要求原系统 Bode 图在 ω_m 处的幅值为 $-10\lg\dfrac{1}{\alpha}$，从而确定 ω_m，也就是新系统的剪切频率 ω_c。由得出的 ω_m 和 α 及式 7-26 可求出校正装置的另一个参数 T。

（5）根据 T 和 α 计算校正装置的传递函数。

（6）验算校正后系统的性能指标是否满足要求，如果不满足就需重选参数进行校正。

求解的流程可简单表示如下：$K \to \varphi(\omega_m) \to \alpha \to \omega_m \to T$。

例 7-3 系统开环传递函数是 $G(s) = \dfrac{K}{s(0.1s+1)(0.001s+1)}$，对该系统的要求是：系统相位裕度 $\gamma \geqslant 44°$，静态速度误差系数 $K_v = 1000$。求校正装置的传递函数。

解：（1）由稳态指标要求，求得 $K = 1000$。

（2）画出未校正系统的开环 Bode 图如图 7-17 中虚线所示。解得剪切频率 $\omega_c = 100$，$\varphi(\omega_c) = -180°$，所以相位裕度 $\gamma' = 0°$。系统处于临界稳定状态。

（3）考虑加入超前校正装置，系统叠加正的相位，使相位裕度达到要求。确定需要产生的最大超前角 $\varphi(\omega_m)$，由 $\varphi(\omega_m) = \gamma - \gamma' + (5° \sim 10°)$，取相位增加的补充值是 6°，得 $\varphi(\omega_m) = 50°$，由 $\varphi(\omega_m) = \arcsin\dfrac{1-\alpha}{1+\alpha} = 50°$，解得 $\alpha = 0.132$。

（4）因 $\varphi(\omega_m)$ 位于 $\omega_m = \dfrac{1}{\sqrt{\alpha}T}$ 处，所以，求得超前校正环节在 ω_m 处的幅值为 $10\lg\dfrac{1}{\alpha} = 8.8$ dB，在原伯德图上可以计算出幅值为 -8.8dB 的频率为 166rad/s，此即校正后系统新的剪切频率，$\omega_m = \omega_c = 166$rad/s，又 $\omega_m = \dfrac{1}{\sqrt{\alpha}T}$，得 $T = 0.0166$。

（5）校正环节的传递函数 $G_c(s) = \dfrac{1+Ts}{1+\alpha Ts} = \dfrac{1+0.0166s}{1+0.0022s}$。

校正后系统的传递函数 $G(s) = \dfrac{1000(1+0.0166s)}{s(1+0.0022s)(1+0.1s)(1+0.001s)}$。

（6）校正后开环系统的 Bode 图如图 7-17 中实线所示。

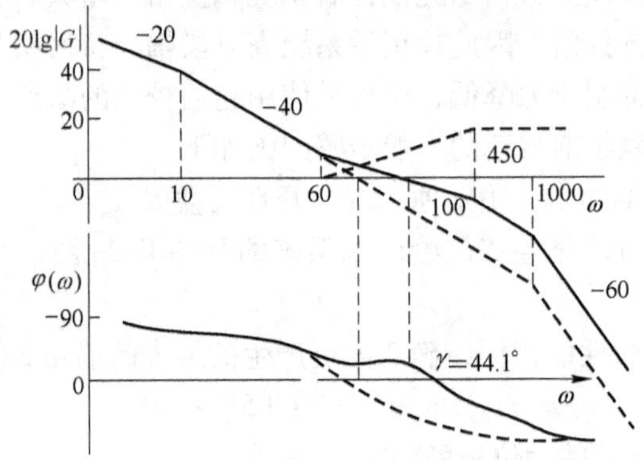

图 7-17　超前校正的开环 Bode 图

其相位裕度 $\gamma = 180° + \arctan 0.0166\omega_c - 90° - \arctan 0.0022\omega_c - \arctan 0.1\omega_c - \arctan 0.001\omega_c = 44.1°$，满足要求。

从上例可见，利用超前环节进行校正，不是利用其通高频、阻低频，而是利用它相位超前的特性，在某一频率范围内使其相频特性曲线上翘，增大相位裕量，提高相对稳定性。采用超前校正后，系统的剪切频率右移，闭环系统带宽增加，但也减弱了对噪声的抑制作用。超前校正多用于对系统快速性要求较高的场合，如流量控制、随动系统等。

7.4.2　滞后校正

7.4.2.1　滞后校正环节的特点

图 7-18 是滞后校正环节的电气图，它实质上也是一个无源 *RC* 网络，此环节的传递函数是：

$$G_c(s) = \frac{R_2 + \dfrac{1}{Cs}}{R_1 + R_2 + \dfrac{1}{Cs}} = \frac{Ts + 1}{\beta Ts + 1}$$

式中，$\beta = \dfrac{R_1 + R_2}{R_2} > 1$；$T = R_2 C$。

它的 Bode 图如图 7-19 所示。在幅频特性上，低频段增益不变，而高频段增益下降，因此滞后环节具有通低频阻高频的特点。环节的相频特性 $\varphi(\omega) = \arctan T\omega - \arctan\beta T\omega$，因 $\beta > 1$，所以 $\varphi(\omega) < 0$，也就是输出信号的相位滞后于输入信号的相位，这也是滞后环节名称的由来。

令最大滞后角度处的频率为 ω_m，则 $\varphi(\omega_m)$ 可由 $\varphi(\omega)$ 对 ω 求导得来。

$$\left.\frac{d\varphi(\omega)}{d\omega}\right|_{\omega=\omega_m} = \frac{T}{1 + T^2\omega^2} - \frac{\beta T}{1 + (\beta T)^2\omega^2} = 0$$

解得：$\omega_m = \dfrac{1}{\sqrt{\beta}T}$。

因此，$\sin\varphi(\omega_m) = \frac{\beta - 1}{\beta + 1}$，$\varphi(\omega_m) = \arcsin\frac{\beta - 1}{\beta + 1}$。

根据对数坐标的关系，容易求得 ω_m 位于转折频率$\frac{1}{\beta T}$和$\frac{1}{T}$之间。Bode 图上，ω_m 处的幅值：

$$L(\omega_m) = 20\lg\left|\frac{1 + Tj\omega_m}{1 + T\beta j\omega_m}\right| = 10\lg\frac{1}{\beta}$$

利用滞后环节进行校正，不是利用其相位滞后的性质，而是主要利用其高频幅值衰减性能。在图 7-20 中，$1/T$ 之后的幅值都衰减了 $20\lg\beta$，而 $1/\beta T$ 之前幅值保持不变，因此，如果保持高频段增益不变，就相当于低频段增益增大，而低频段增益越大，稳态误差就越小。另外，滞后校正使已校正系统的剪切频率下降，从而可能使系统获得足够的相位裕度，增大了系统的相对稳定性。

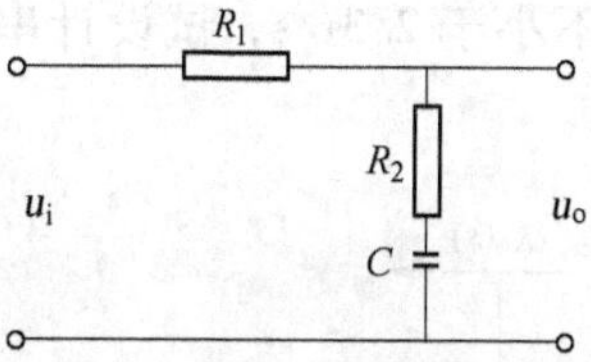

图 7-18　滞后校正环节电气原理图

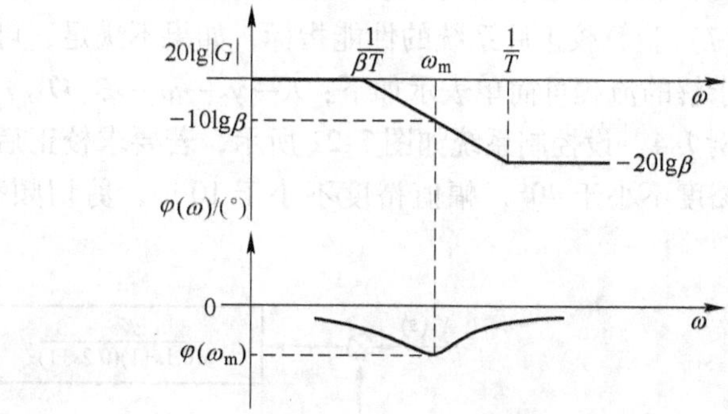

图 7-19　滞后环节的 Bode 图

7.4.2.2　滞后校正环节的应用

如图 7-20 所示系统，原系统开环 Bode 图如虚线所示，滞后校正环节的 Bode 图如点划线所示。很显然，原系统的相位裕度和幅值裕度均为负值，因此系统不稳定。采用滞后校正，一般要使滞后环节的转折频率 $1/T$ 远离原剪切频率 ω_c，这一方面减小了相位滞后对相位裕度 γ 值的影响，另一方面，由于校正环节低频段幅频特性是 0dB，因此对原系统低频段幅频特性影响很小，校正后系统的稳态精度不受影响。校正后的系统开环 Bode 图如实线所示，系统的剪切频率左移，幅值裕度和相位裕度均变为正值，系统稳定性增强。但是，采用滞后校正后，系统的 ω_c 减小，闭环系统带宽减小，系统响应速度减慢，但高频抗干扰能力增强。

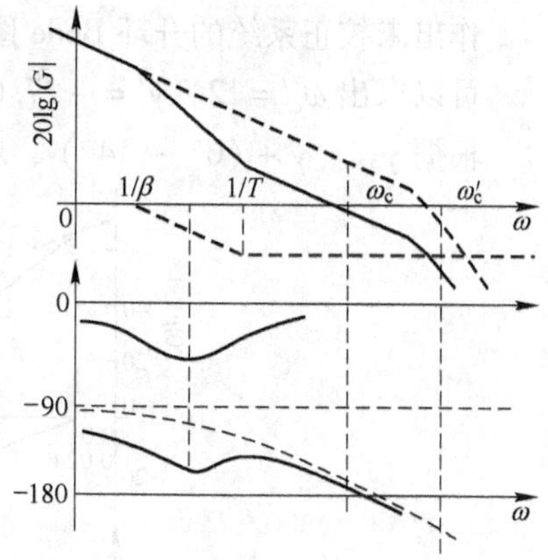

图 7-20　滞后校正环节的应用

利用滞后校正装置在频域内进行校正的具体步骤为：

(1) 根据稳态误差的要求，确定原系统的开环增益 K。

(2) 利用已确定的开环增益 K，绘出原系统 Bode 图并计算未校正系统的相位裕度 γ'

和剪切频率 ω_c'，看其是否满足要求。

（3）在原 Bode 图上选择 ω_c 作为新的剪切频率，使其对应的相位裕度为 γ_2，且 γ_2 满足：

$$\gamma_2 = \gamma + (6° \sim 14°)$$

其中，γ 是校正后系统要求的相位裕度。考虑到校正后，串联滞后校正装置将产生相位滞后，γ_2 比要求的相位裕度增加了 $6° \sim 14°$。

（4）计算出原系统在 ω_c 处的对数幅频特性幅值 $20\lg|GH|$，为使校正后系统的剪切频率为 ω_c，确定滞后校正装置高频衰减的数值，即：$-20\lg\beta + 20\lg|GH| = 0$，由此求得 β。

（5）为减小滞后校正装置相位滞后特性对系统相位裕度的影响，滞后校正装置的剪切频率应远离 ω_c，可取：$\dfrac{1}{T} = (0.1 \sim 0.25)\omega_c$，由此可确定 T。

（6）根据 T 和 β 计算校正装置的传递函数。

（7）验算校正后系统的性能指标，如果不满足，可重新计算。

求解的流程可简单表示如下：$K \to \gamma_2 \to \omega_c \to \beta \to T$。

例 7-4 设控制系统如图 7-21 所示，若要求校正后系统的静态速度误差系数等于 30，相位裕度不小于 40°，幅值裕度不小于 10dB，剪切频率不小于 2.3r/s，试设计串联校正装置。

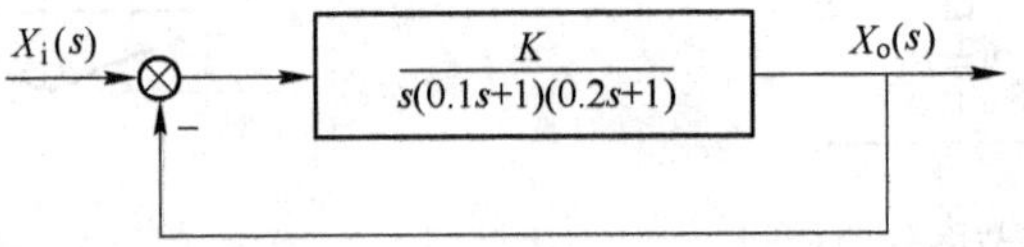

图 7-21 系统的控制框图

解： 根据稳态误差的要求，确定 $K=30$。

作出未校正系统的开环 Bode 图，如图 7-22 虚线所示。

可以求出 $\omega_c'=12$，$\gamma'=-27.6°$。

根据 $\gamma_2 = \gamma + (6° \sim 14°)$，取 $\gamma_2 = 46°$。

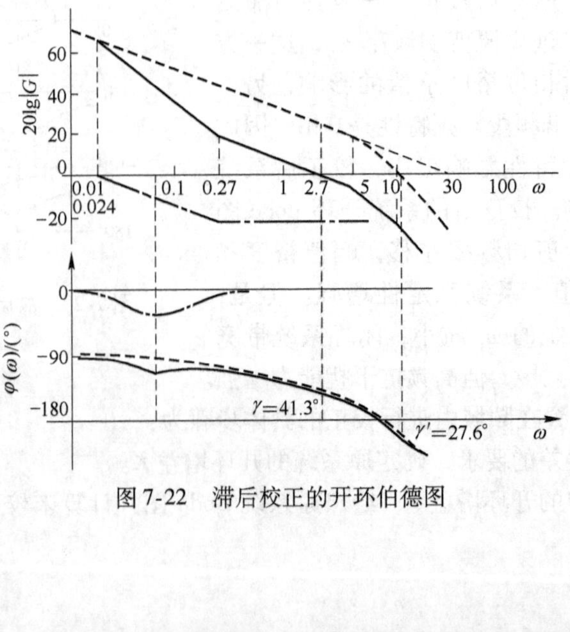

图 7-22 滞后校正的开环伯德图

在 Bode 图上求出相位为 46°时对应的频率 $\omega_c = 2.7$（满足剪切频率不小于 2.3 的要求），以此作为校正后系统新的剪切频率，并求得 $20\lg|GH| = 21\text{dB}$。

由 $-20\lg\beta + 20\lg|GH| = 0$，得 $\beta = 11.22$。

取 $\frac{1}{T} = 0.1\omega_c$，$T = 3.7\text{s}$。串联滞后校正装置的传递函数为：$G_c(s) = \frac{1+Ts}{1+\beta Ts} = \frac{1+3.7s}{1+41.5s}$。

在图 7-23 中绘制了校正装置以及校正后系统的开环传递函数的对数幅频特性曲线。校正后系统的性能指标为：$\omega_c = 2.7\text{rad/s}$，$\gamma = 41.3°$，$\omega_g = 6.8\text{rad/s}$，$20\lg K_g = 10.5\text{dB}$，满足要求。

采用滞后校正后，开环系统的剪切频率左移，系统调节时间加长，稳定性增加，多用于对快速性要求不高，但对稳态精度要求较高的场合，如恒温控制。

7.4.3 滞后—超前校正

采用超前校正可以增强系统的快速性和相对稳定性，但对稳态精度改善不大；采用滞后校正可以增大系统的稳态精度和相对稳定性，但却有损于快速性。如果采用滞后—超前校正，就可能既提高系统的快速性，又增加系统的稳态精度。

滞后—超前校正环节的电气图如图 7-23 所示。

其传递函数为：$G_c(s) = \frac{(1+R_1C_1s)(1+R_2C_2s)}{(1+R_1C_1s)(1+R_2C_2s)+R_1C_2s}$

分母多项式化为：$R_1C_1R_2C_2s^2 + (R_1C_1 + R_2C_2 + R_1C_2)s + 1 = (T_1s+1)(T_2s+1)$

令 $\tau_1 = R_1C_1, \tau_2 = R_2C_2$ 且 $\tau_1 > \tau_2$，则：$T_1T_2 = \tau_1\tau_2, T_1 + T_2 = R_1C_1 + R_2C_2 + R_1C_2$

令 $T_1 > \tau_1 > \tau_2 > T_2$，那么，$G_c(s) = \frac{(1+\tau_1 s)}{(1+T_1 s)} \cdot \frac{(1+\tau_2 s)}{(1+T_2 s)}$

可见滞后—超前环节是由滞后环节 $G_{c1}(s) = \frac{(1+\tau_1 s)}{(1+T_1 s)}$ 和超前环节 $G_{c2}(s) = \frac{(1+\tau_2 s)}{(1+T_2 s)}$ 串联而成，滞后—超前环节的 Bode 图如图 7-24 所示，滞后—超前校正的作用如图7-25所示。

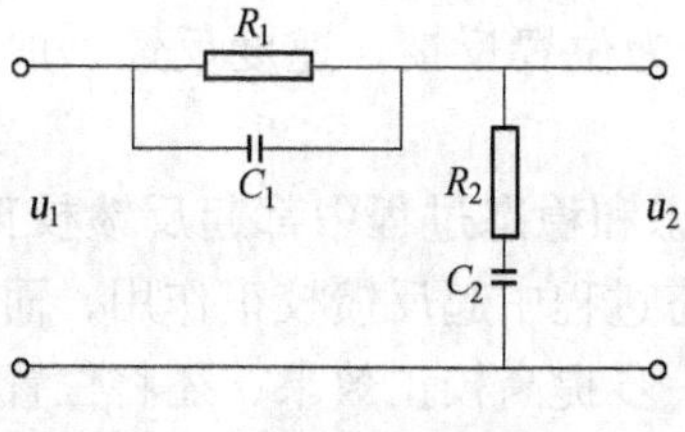

图 7-23 滞后—超前校正环节电气原理图

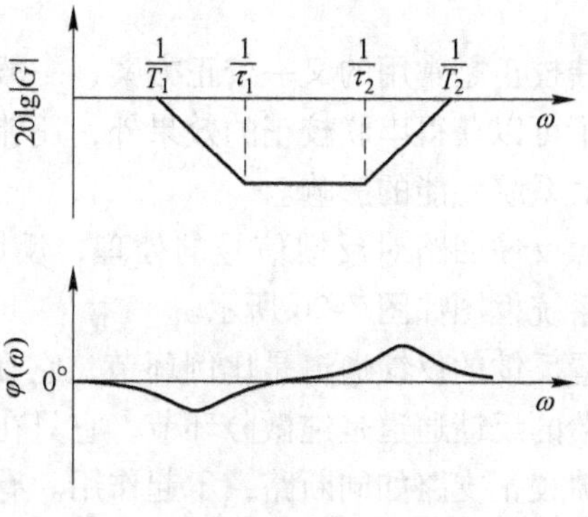

图 7-24 滞后—超前环节的 Bode 图

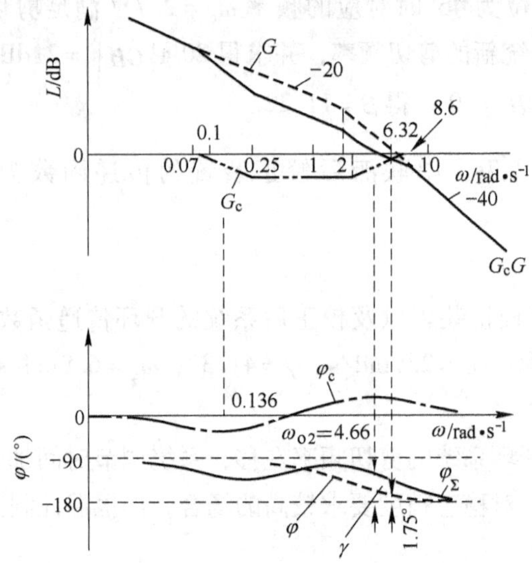

图 7-25　滞后—超前校正的作用

图 7-25 中虚线代表原系统，点划线表示滞后—超前环节，实线表示校正后的系统。由图分析可见，原系统相位裕度 γ 较小。采用滞后—超前校正后，由于超前环节的正相移作用，相位裕度增加。剪切频率 ω_c 左移，但比起纯粹的滞后校正，ω_c 减小的幅度不大。由于滞后环节的高频幅值衰减性能，系统高频段增益不变，比纯粹的超前校正有更好的抗高频干扰的能力。但与滞后校正一样，为了减小滞后环节负相移对系统相对稳定性的影响，使用滞后—超前校正时，一般取 $1/\tau_1 = (0.1 \sim 0.2)1/\tau_2$。

以上介绍的几种串联校正装置都属于无源校正装置，这种简单的 RC 网络常会使信号产生衰减，并且在前、后级串联环节间产生负载效应，这样会大大削弱校正的效果。由运算放大器构成的有源校正装置，可以对信号产生放大作用，且其输入阻抗很大，而输出阻抗很小，环节之间串联时，其负载效应可以忽略。因此实际中，多采用有源校正装置。

需要指出的是：要改善某一系统的性能，其校正方式并不是唯一的，即使是采用相同的校正方式，也会因为参数选择不同而使校正装置的参数不同。

7.5　反馈校正

反馈校正是常用的又一校正方案，一般放在主反馈回路内部，构成系统的内环。反馈校正除了可以获得串联校正的效果外，还能消除反馈校正回路所包围系统不可变部分的参数波动对系统性能的影响。

按照反馈回路对反馈信号的处理，反馈校正可分为位置反馈、速度反馈、加速度反馈，其系统框图如图 7-26 所示。

位置反馈的反馈通道是比例环节，它在系统的动态和稳态过程中都起反馈校正作用；速度反馈的反馈通道是纯微分环节，它只在系统的动态过程中起反馈校正作用，而在稳态时，反馈校正支路如同断路，不起作用。有时为了进一步提高校正效果，还将位置与速度反馈结合，构成一阶微分负反馈。

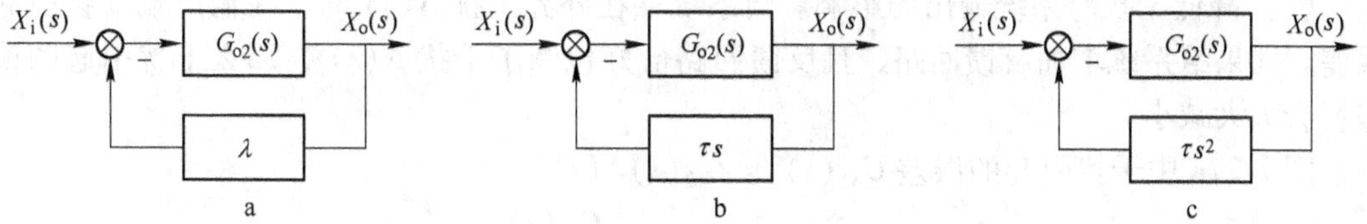

图 7-26 反馈校正系统框图

设固有部分的传递函数为 $G_{o2}(s)$，反馈校正环节的传递函数为 $G_c(s)$，则校正后系统被包围部分的传递函数变为：

$$\frac{X_o(s)}{X_i(s)} = \frac{G_{o2}(s)}{1 + G_c(s)G_{o2}(s)} \tag{7-28}$$

系统采用反馈校正后，具有以下作用：

（1）改变系统被包围环节的结构和参数，使系统的性能达到设计要求，方法如下。

1）比例环节的反馈校正。如果系统固有部分的传递函数是 $G_{o2}(s) = K$，由于比例系数过大，系统的稳定性会受到较大影响。

当采用位置反馈校正时，假设 $G_c(s) = \lambda$，则校正后的传递函数为 $G(s) = \dfrac{K}{1+\lambda K}$，增益降低为原来的 $\dfrac{K}{1+\lambda K}$。因此，对于那些因为增益过大而影响系统性能的环节，采用位置反馈是一种有效的方法。

2）惯性环节的反馈校正。如果系统固有部分的传递函数是 $G_{o2}(s) = \dfrac{K}{Ts+1}$，采用 $G_c(s) = \lambda$ 的位置反馈时，校正后的传递函数为：

$$G(s) = \frac{K}{Ts + 1 + \lambda K} = \frac{K/(1+\lambda K)}{\dfrac{T}{1+\lambda K}s + 1}$$

惯性环节的时间常数和增益均降为原来的 $1/(1+\lambda K)$，提高了原系统的稳定性和快速性。

3）二阶振荡环节的反馈校正。设系统固有部分是一个二阶振荡环节，其传递函数是

$$G_{o2}(s) = \frac{\omega_n^2}{s^2 + 2\xi\omega_n s + \omega_n^2}$$

当它的阻尼比 ξ 较小时，系统超调量较大，可能不满足设计要求。

对该系统采用速度反馈校正，令反馈环节 $G_c(s) = \tau s$，则校正后的系统传递函数为：

$$G_{o2}(s) = \frac{\omega_n^2}{s^2 + 2\omega_n(\xi + 0.5\omega_n\tau)s + \omega_n^2}$$

可见校正后系统的阻尼比增大，系统超调量减小，而表征系统快速性的无阻尼固有频率 ω_n 却保持不变。

（2）消除系统固有部分中不希望有的特性，削弱被包围环节对系统性能的不利影响。由式 7-28 可知，当 $G_{o2}(s)G_c(s) \gg 1$ 时，$\dfrac{X_o(s)}{X_i(s)} \approx \dfrac{1}{G_c(s)}$，所以被包围环节的特性主要被校正环节代替，但此时对反馈校正环节参数的稳定性和精确性要求较高。

（3）降低干扰对系统输出的影响。当系统存在外界干扰 $N(s)$ 时，在输出端就会引起误差。如果给系统增加反馈回路，且反馈回路恰好包围了干扰 $N(s)$，那么干扰引起的误差就会大大减小。

图 7-27a 中干扰引起的误差 $C_{N1}(s) = G_{o2}(s)N(s)$；

图 7-27b 中干扰引起的误差 $C_{N2}(s) = \dfrac{G_{o2}(s)}{1+G_{o1}(s)G_{o2}(s)H(s)}N(s)$。

比较两个干扰误差可以发现有：$C_{N2}(s) < C_{N1}(s)$，所以反馈校正能够提高系统抗干扰的能力。

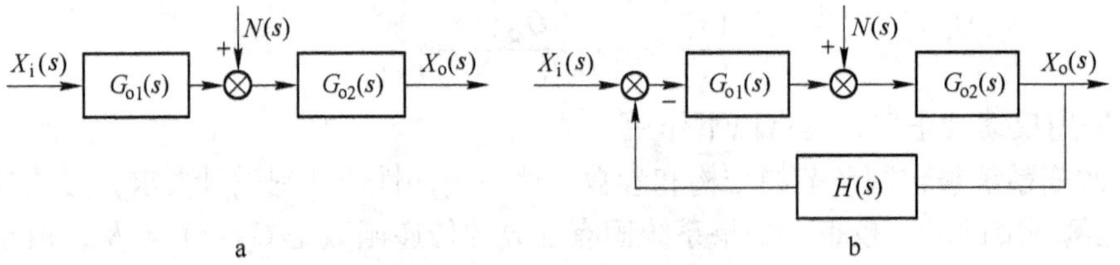

图 7-27 反馈校正降低干扰引起的误差（a，b）

（4）降低系统模型参数的变化对系统性能的影响。当系统不可变部分模型的参数发生变化时，就会影响到系统的输出。但如果参数变化部分被反馈环节包围，就会大大降低输出对参数变化的敏感性。

图 7-28a 中系统输出 $X_o(s) = X_i(s)G(s)$，当 $G(s)$ 发生变化 $\Delta G(s)$ 时，输出变化 $\Delta X_o(s) = X_i(s)\Delta G(s)$。

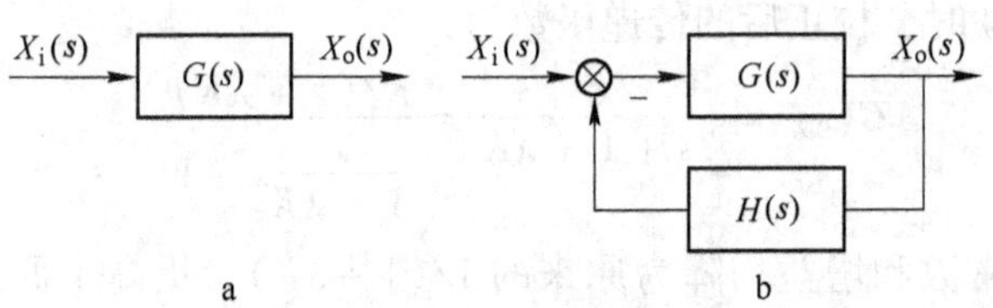

图 7-28 反馈校正降低系统模型参数的变化对系统性能的影响（a，b）

图 7-28b 中，$X_o(s) = \dfrac{G(s)}{1+G(s)H(s)}X_i(s)$，当系统模型发生变化时，

$$X_o(s) + \Delta X_o(s) = \frac{G(s)+\Delta G(s)}{1+[G(s)+\Delta G(s)]H(s)}X_i(s)$$

因 $\Delta G(s) \ll G(s)$，所以 $X_o(s) + \Delta X_o(s) \approx \dfrac{G(s)+\Delta G(s)}{1+H(s)G(s)}X_i(s)$，故 $\Delta X_o(s) \approx \dfrac{\Delta G(s)}{1+H(s)G(s)}X_i(s)$。

可见，图 7-28b 输出的变化要远小于图 7-28a 的变化。

（5）正反馈可以增大系统的放大倍数。以上所讨论的反馈校正，如果不特别说明，均为负反馈。实际上有时利用正反馈也可以达到校正的目的。

图 7-29 中，K_1、K_2 均为常数，在加入正反馈之前，$CX_o(s) = K_1X_i(s)$。

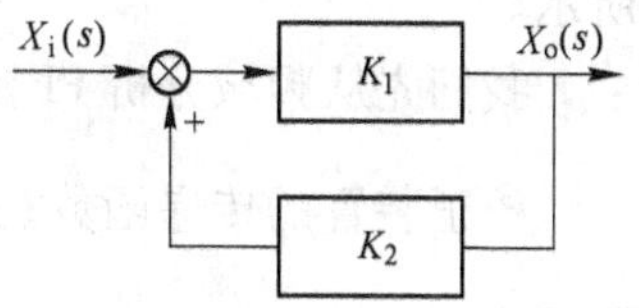

图 7-29 正反馈系统

使用正反馈校正后，$CX_o(s)=\dfrac{K_1}{1-K_1K_2}X_i(s)$，如果使 K_1、K_2 之积接近于 1 却小于 1，则校正后系统的放大倍数要远远大于校正前。因此，正反馈校正的系统可以用一个较小的输入得到一个较大的输出，加速了系统的响应过程。

图 7-30 为直流电动机调速系统示意框图，控制电枢的给定电压可以控制电动机的转速，但负载转矩的波动会影响电动机实际的转速，使实际转速偏离希望的转速，这时可以采用电流正反馈。

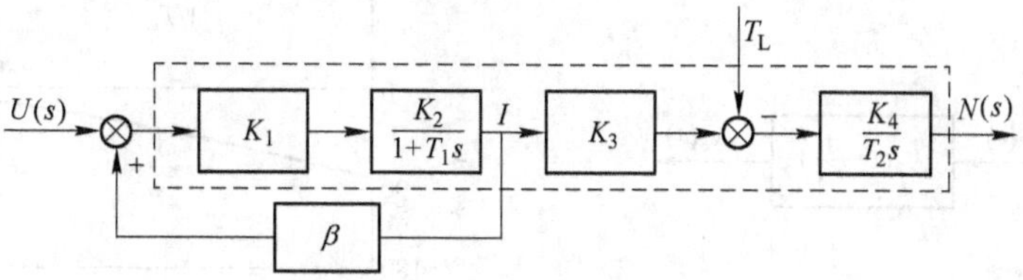

图 7-30 带有电流正反馈的直流电动机调速框图

图 7-30 中：$U(s)$ 是电枢给定电压，T_L 是负载转矩，输出 $N(s)$ 是电动机转速，虚线框内是直流电动机模型（忽略了感生电动势）。当电枢给定电压不变而负载转矩增大时，电动机转速降低。由 $T_L=K_3I$ 知，此时电枢电流 I 增大。而电流正反馈能够补偿这种转速降落，使电枢给定电压自动增大，电动机转速回升，电枢电流减小。

正反馈在使用中也有不少局限性，如：正反馈在某些情况下会引起控制器或执行元件的饱和，还会导致系统不稳定。因此其后多采用非线性环节如限幅等，并且正反馈一般应用在多环系统的内环中。

7.6 PID 校正

PID 校正装置也称 PID 调节器，在工业现场获得广泛的应用，这主要是因为其结构简单、需要调整的参数较少，并且控制效果对系统参数的变化不敏感。

PID 校正实际上是由 P（比例控制）、I（积分控制）、D（微分控制）三种环节组合而成，通常 PID 调节器一般放在负反馈系统中的前向通道，与被控对象串联，实际上它也是一种串联校正装置，只是 7.4 节是从相位关系的角度把串联校正划分为滞后与超前校正，而本节是从校正装置输入与输出的数学关系上把串联校正划分为比例校正（P）、积分校正（I）、微分校正（D）、比例积分校正（PI）、比例微分校正（PD）和比例积分微分校正（PID）。本节着重讨论后三种。

7.6.1 PI 校正

7.6.1.1 PI 校正的传递函数及频域特性

PI 校正的时域表达式为：$x_o(t)=K_p\left[e(t)+\dfrac{1}{T_i}\int_0^t e(t)\,dt\right]$，传递函数框图如图 7-31

所示。

我们先从频域分析 PI 校正装置的作用。

校正装置的传递函数是：$G_c(s) = K_p(1+\frac{1}{T_i s})$，它是由比例环节 K_p 和积分环节 $\frac{K_p}{T_i s}$ 并联而成。

为了分析简单起见，令 $K_p = T_i$，画出其 Bode 图，如图 7-32 所示。

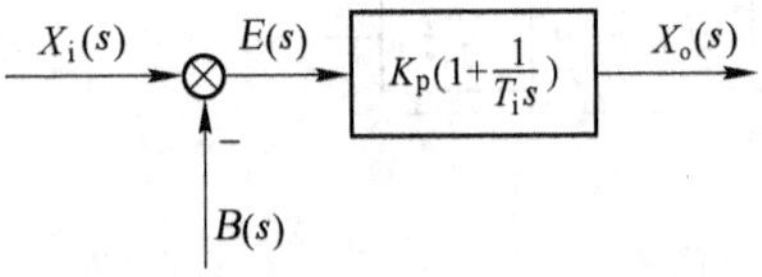

图 7-31 PI 调节器传递函数框图

$X_i(s)$ —输入信号；$B(s)$ —反馈信号；

$E(s)$ —偏差信号；$X_o(s)$ —调节器输出信号；

K_p—比例放大倍数；T_i—积分时间常数

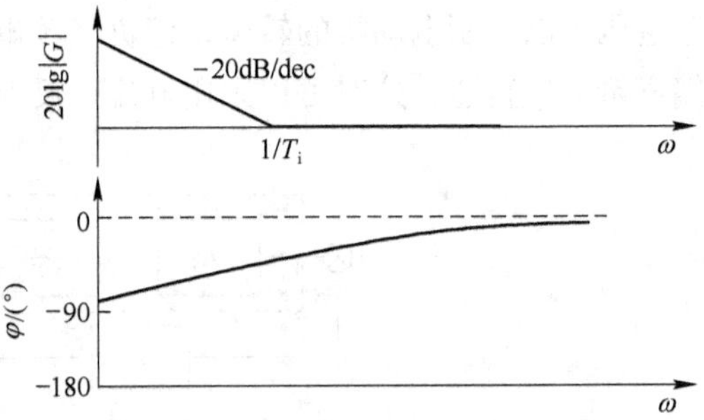

图 7-32 PI 校正环节的 Bode 图

很明显，PI 校正属于滞后校正，它的作用体现在以下几方面：

（1）与原系统串联后使系统增加了一个积分环节，提高了系统型次。

（2）低频段的增益增大，而高频段增益可保持不变，这就使闭环系统稳态精度提高，而抑制高频干扰的能力却没有减弱。

（3）PI 校正具有相位滞后的性质，会使系统的响应速度下降，相位裕量有所减少。因此，使用 PI 校正时，系统要有足够的稳定裕度。

7.6.1.2 PI 校正的时域分析

从时域的角度来看，PI 校正装置的输出是比例校正和积分校正输出之和。

比例校正的输出与偏差成正比，只要有偏差存在，装置就会输出控制量，当偏差为零时，比例校正的输出也为零。如果只采用比例校正，则必须存在偏差才能使校正装置有输出量，偏差是比例校正起作用的前提条件。可见，比例校正是一种有差校正。由稳态误差的知识可知，较大的比例系数会减小系统稳态误差，但太大就会使系统超调量加大，甚至导致系统不稳定。而积分校正是一种无差校正，关键在于积分环节具有“记忆”功能。

例 7-5 单位反馈系统如图 7-33 所示，$G_o(s) = \frac{1}{(s+1)(s+2)(s+5)}$，此系统是一个 0 型系统，对单位阶跃输入 $X_i(s)$ 存在稳态误差，现采用 PI 校正装置 $G_c(s) = K_p(1+\frac{1}{T_i s})$ 对系统进行校正。

解： 图 7-34 是采用不同的校正参数所得的单位阶跃响应曲线。由图可知，采用 PI 校正后，系统由 0 型变为 1 型，改善了稳态性能，使其对单位阶跃响应的稳态误差变为零。当校正装置的比例系数均是 $K_p = 2$ 时，积分时间常数 T_i 越大，积分作用越弱，调节时间加长，而 T_i 越小，积分作用越强，调节时间越短，但过小的 T_i 会使系统振荡加剧，趋于不稳定。因此 PI 校正装置的参数要合理选择才能达到理想的校正效果，这也是校正装置设计的主要内容。

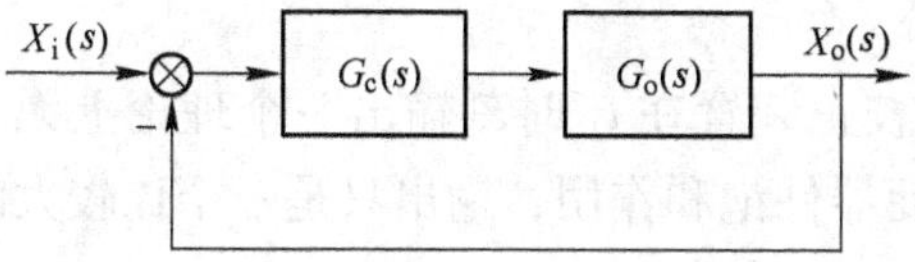

图 7-33　单位反馈系统框图

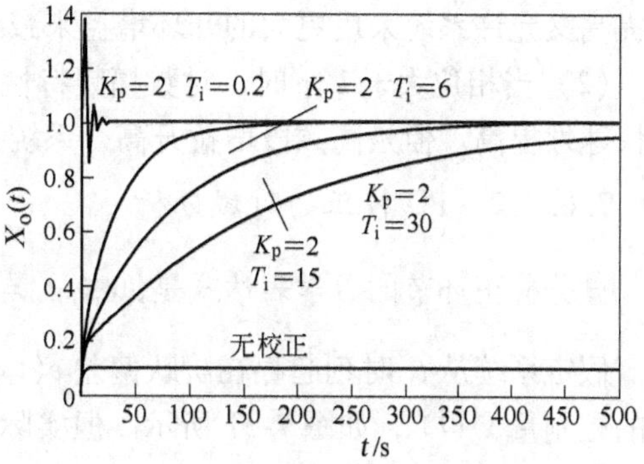

图 7-34　系统单位阶跃响应曲线

7.6.2 PD 校正

7.6.2.1 PD 校正的传递函数及频域特性

PD 校正的框图如图 7-35 所示，其传递函数为 $G_c(s) = K_p(1 + \tau s)$。

其中：τ 为微分时间常数；K_p 为比例放大倍数。

输出时域表达式是：$x_o(t) = Ke(t) + K_p\tau\dfrac{de(t)}{dt}$。

所以 PD 校正可视为一个比例环节和一个微分环节的并联。

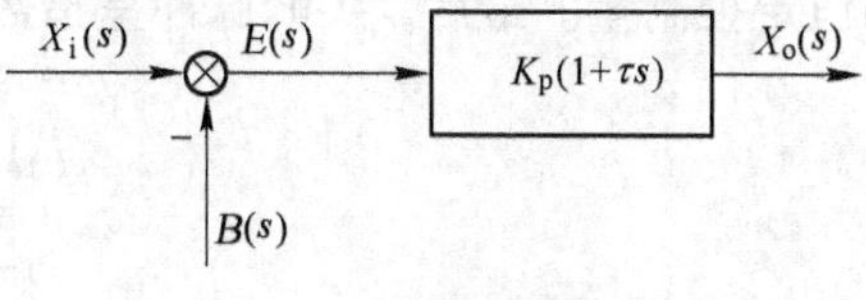

图 7-35　PD 调节器传递函数框图

为研究方便，令 $K_p = 1$，则 $G_c(s) = 1 + \tau s$，此校正环节实际上是一个一阶微分环节。其 Bode 图如图 7-36 所示。

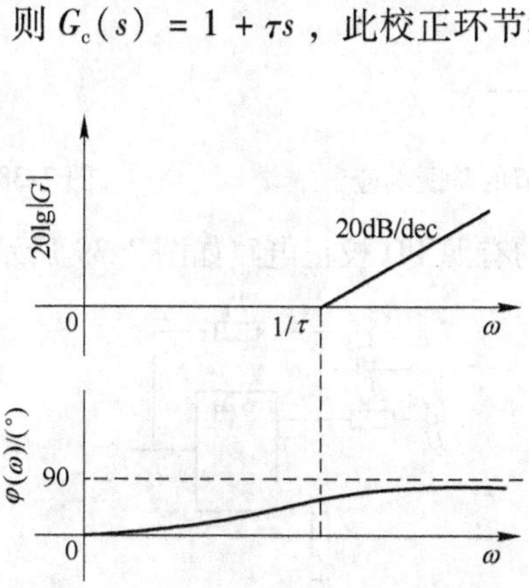

图 7-36　PD 校正环节的 Bode 图

从对数相频特性上看，PD 校正具有正相移，因此它属于超前校正。PD 校正作用主要体现在以下两方面：

（1）如果参数选取合适，PD 校正可以增大系统的相位裕度，提高稳定性，而稳定性的提高又允许系统采用更大的开环增益来减小稳态误差。

（2）当相位大于 $1/\tau$ 时，对数幅频特性幅度增大，这可以使剪切频率 ω_c 增加，系统的快速性提高。但是高频段增益升高，系统抗干扰能力减弱。

7.6.2.2 PD 校正的时域分析

微分校正环节的数学表达式是：$x_o(t) = \tau \dfrac{de(t)}{dt}$。

假定系统从 t_1 时刻起存在阶跃偏差 $e(t)$，则校正装置在 t_1 时刻输出一个理论上无穷大的控制量 $x_o(t)$，如图 7-37 所示。但实际由于元器件饱和作用，输出只是一个比较大的数值，而不是无穷大。

微分校正的输出实际上反映了偏差变化的速度，当偏差刚出现且较小时，微分作用就产生一个比较大的控制输出来抑制偏差的变化。即无需等到偏差很大，仅需偏差具有变大的趋势时就可参与调节。因此微分校正具有超前预测的作用，可以加快调节速度，改善动态特性。但是微分校正环节只对动态偏差起作用，对于静态偏差，其输出为零，失去了调节功能。所以微分校正一般不单独使用，通常与比例环节或比例积分环节组合成 PD 或 PID 校正。

此外，从图 7-37 可以看出，由于微分环节对高频干扰信号具有很强的放大作用，其抑制高频干扰的能力很差。在使用包含微分环节的校正如 PD、PID 的时候，要特别注意这一点。

上述 PD 校正环节对阶跃偏差的控制作用如图 7-38 所示。偏差刚出现时，在微分环节作用下，PD 校正装置输出较大的尖峰脉冲，力图将偏差消除在“萌芽”中。同时，在同方向上出现比例环节产生的恒定控制量。最后，尖峰脉冲呈指数衰减到零，微分作用完全消失，成为比例校正。

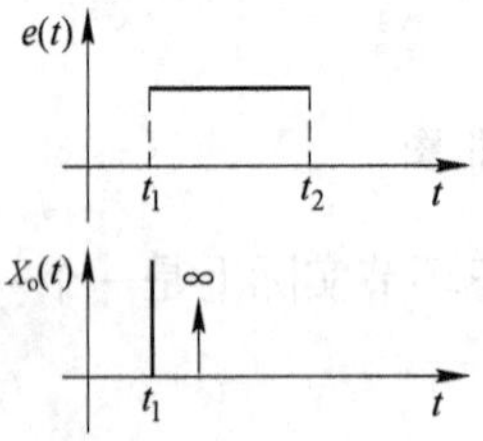

图 7-37 微分校正环节的阶跃响应

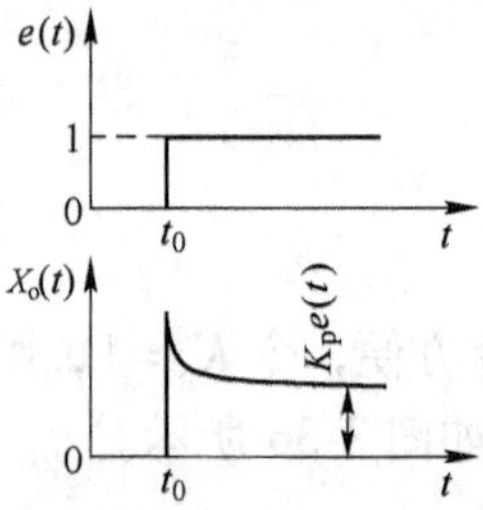

图 7-38 PD 校正的阶跃偏差响应

一种由运算放大器构成的有源 PD 校正电路如图 7-39 所示。

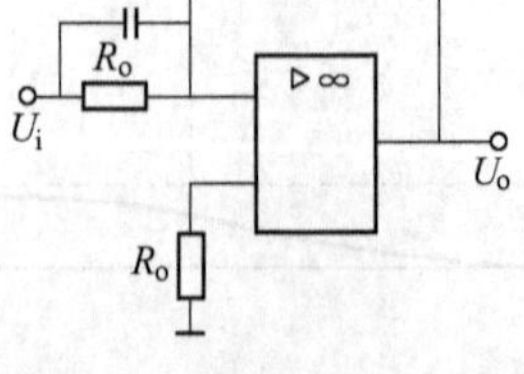

图 7-39 有源 PD 校正电路

例 7-6　单位反馈系统如图 7-40 所示，$G_o(s) = \dfrac{815625}{s(s+361.2)}$，此系统对单位阶跃输入 $X_i(s)$ 的最大超调量为 52.7%，现在系统前向通道放置 PD 校正装置 $G_c(s) = K_p(1+\tau s)$ 对系统进行校正，试分析校正后的系统特性。

解： 图 7-40 是采用不同的校正参数所得的单位阶跃响应曲线。

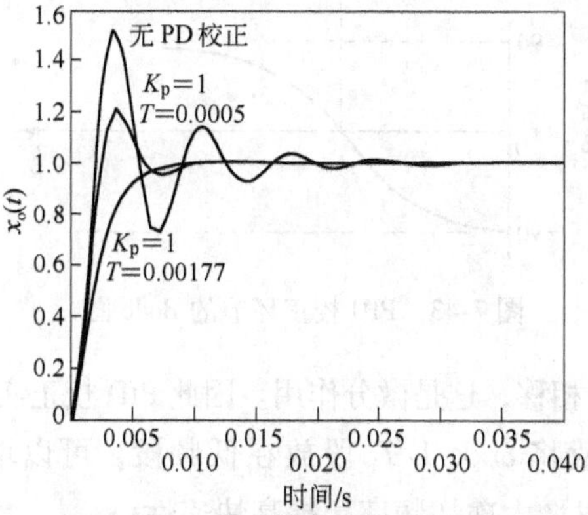

图 7-40　不同 τ 时系统的阶跃响应

由图可见，采用适当的 PD 校正参数后，改善了系统的阻尼，降低了最大超调量，缩短了调节时间。在一定的范围内，τ 越大，微分作用越强，最大超调量越小，调整时间 t_s 越小，快速性越好。

7.6.3　PID 校正

7.6.3.1　PID 校正的传递函数及频域特性

上述的 PI、PD 校正均有各自的优点和缺点，将它们结合起来取长补短，就构成了更加完善的 PID 校正。有源 PID 校正装置的电气网络如图 7-41 所示。

其传递函数为 $G_c(s) = K_p(1+\dfrac{1}{T_i s}+\tau s)$，也可写为 $G_c(s) = K\dfrac{(1+T_i s)(1+\tau s)}{s}$，传递函数框图如图 7-42 所示。

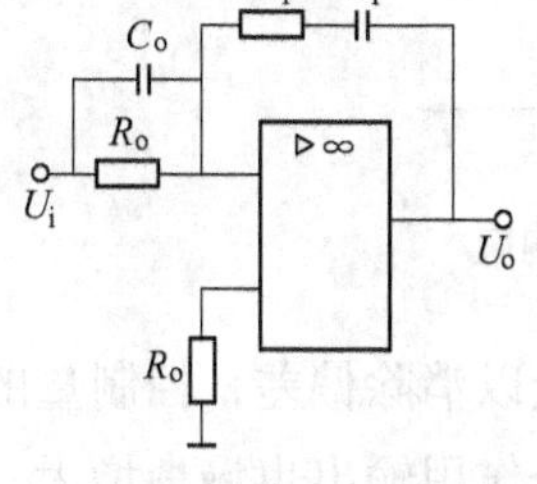

图 7-41　有源 PID 校正装置

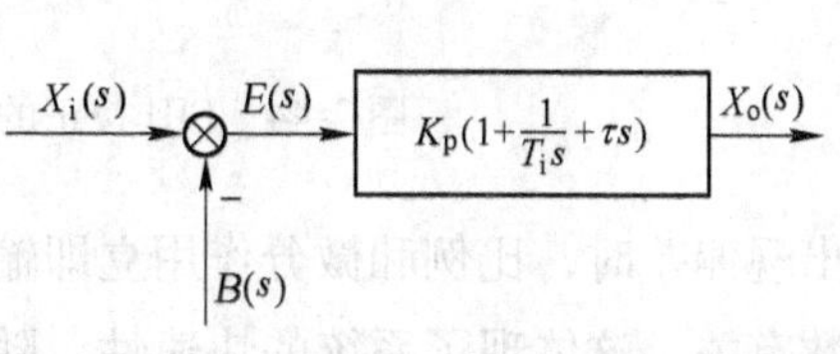

图 7-42　PID 校正环节的传递函数框图

PID 校正为系统提供了两个具有负实部的零点，增大了校正的灵活性，改善了系统的动态性能。当 $T_i > \tau$ 时，其 Bode 图如图 7-43 所示。

当 $\omega < 1/T_i$ 时，对数幅频特性斜率是 −20dB，具有负相移，这是积分作用；当 $\omega > 1/\tau$

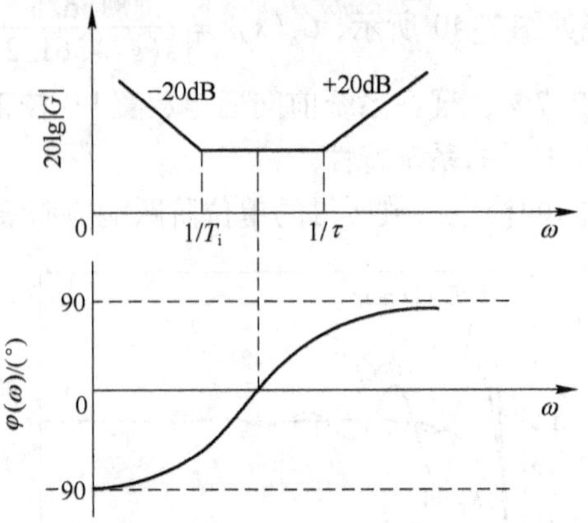

图 7-43 PID 校正环节的 Bode 图

时，斜率是 +20dB，具有正相移，这是微分作用。因此 PID 校正实质上也就是滞后—超前校正。使用 PID 校正时，一般将 $\omega < 1/T_i$ 段放在低频段，可以增大系统的稳态精度；将 $\omega > 1/\tau$ 段放在中频段，可以增大剪切频率，提高快速性。

7.6.3.2 PID 校正的时域分析

PID 校正的数学表达式为：$x_o(t) = K_p\left(e(t) + \dfrac{1}{T_i}\int_0^t e(t)\,dt + \tau\dfrac{de(t)}{dt}\right)$

以系统出现阶跃偏差为例，PID 校正装置的输出如图 7-44 所示。

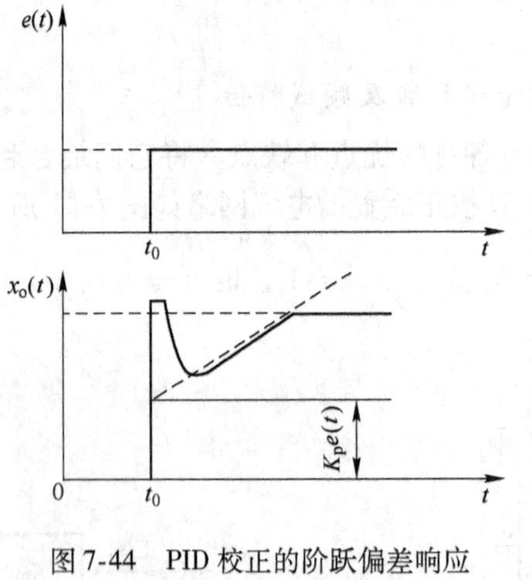

图 7-44 PID 校正的阶跃偏差响应

当系统出现偏差时，比例和微分作用立即输出控制量以消除偏差，控制量的大小与比例和微分常数有关，这体现了系统的快速性。随后，积分作用输出也慢慢增大，对偏差进行累积。经过很短时间后，微分作用消失，校正装置变为 PI 校正，输出量是比例和积分作用的叠加。只要偏差存在，此输出就不断增大，直到偏差为零为止。可见，校正装置的输出包含了现在、过去、将来的信息。

PI、PD、PID 校正可以分别看做是滞后、超前、滞后—超前校正的特殊情况。在校正过程中，系统同一性能指标可能会受两个参数的共同影响，并且几组不同的 PID 参数可以达到相同的控制效果。因此，满足要求的 PID 参数不是唯一的，需要反复实验。

例 7-7 单位反馈系统，前向通道 $G_o(s)=\dfrac{2.718\times10^9}{s(s+400.26)(s+3008)}$，当采用 PI、PD、PID 三种校正方式时，输入单位阶跃信号，其阶跃响应曲线如图 7-45 所示。

解：三种校正方式的表达式分别为：

PI：$G_c(s)=0.075(1.2+\dfrac{1}{s})$

PD：$G_c(s)=1+0.001s$

PID：$G_c(s)=0.3(1+0.0014s+\dfrac{1}{10s})$

PID 校正装置的设计主要就是选择适当的 K_p、τ、T_i，只要参数合适，它就兼具 PI、PD 校正的优点。

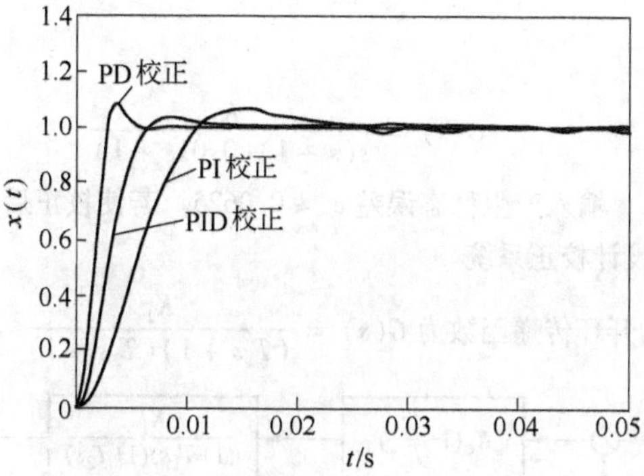

图 7-45 不同校正方式下系统的阶跃

PI、PD、PID 校正可以分别看做是滞后、超前、滞后—超前校正的特殊情况，校正装置的设计方法均采用基于频率法的串联校正设计方法。在校正过程中，系统同一性能指标可能会受两个参数的共同影响，并且几组不同的 PID 参数可以达到相同的控制效果。因此，满足要求的 PID 参数不是唯一的，需要反复实验。工程上的整定方法主要有响应曲线法和临界比例度法。

思考题及习题

7-1 控制系统的性能指标主要有哪些？它们之间有什么关系？

7-2 什么是串联校正和反馈校正？它们各自有什么特点？

7-3 设有一单位反馈系统的开环传递函数是

$$G(s)=\frac{K}{s(0.2s+1)(s+1)}$$

（1）若要求满足性能指标：静态速度误差系数 $K_v=8$，相位裕度为 $\gamma\geqslant40°$，试设计一个串联滞后校正装置。

（2）比较校正前后系统的开环剪切频率 ω_c 和 ω'_c，并说明校正装置的主要作用。

7-4 如图 7-46 所示的控制系统，

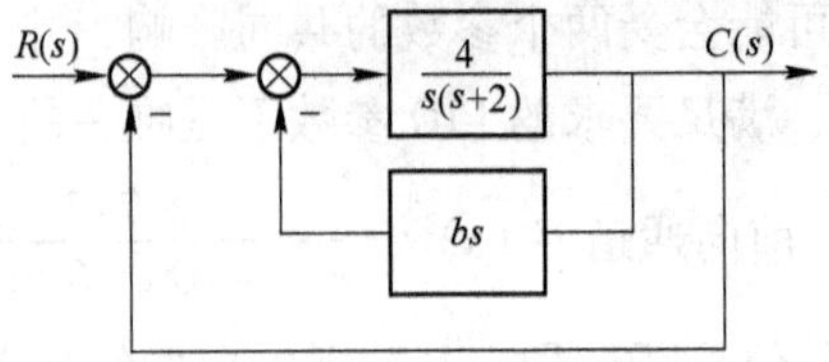

图 7-46 题 7-4 图示

（1）当没有速度反馈回路 bs 时，试求出单位阶跃输入下系统的阻尼比 ξ，自然振荡频率 ω_n，最大超调量 M_p 以及单位斜坡输入的稳态误差 e_{ss}。

（2）要求系统的阻尼比 $\xi=0.8$ 时，速度反馈系数 b 应为多少？求此条件下最大超调量 M_p 以及单位斜坡输入的稳态误差 e_{ss}。

7-5 设有一单位反馈系统的开环传递函数是

$$G(s)=\frac{100K}{s(0.04s+1)}$$

若要求系统对单位斜坡输入信号的稳态误差 $e_{ss}\leqslant 1\%$，相位裕度为 $\gamma\geqslant 45°$，试确定系统的串联超前校正网络。

7-6 设开环传递函数

$$G(s)=\frac{K}{s(s+1)(0.01s+1)}$$

单位斜坡输入 $R(t)=t$，输入产生稳态误差 $e_{ss}\leqslant 0.0625$。若使校正后相位裕度不低于45°，幅值穿越频率 $\omega_c>2\text{rad/s}$，试设计校正系统。

7-7 设如图 7-47 所示系统的开环传递函数为 $G(s)=\dfrac{K_1}{(T_1s+1)(T_2s+1)}$

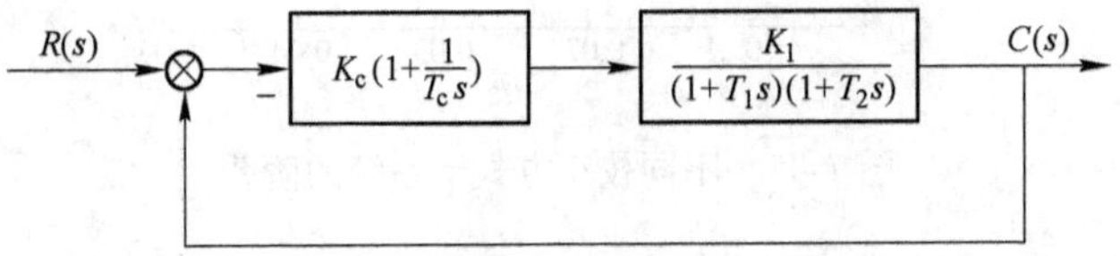

图 7-47 题 7-7 图示

其中：$T_1=0.33$，$T_2=0.036$，$K_1=3.2$。采用 PI 调节器（$K_c=1.3$，$T_c=0.33\text{s}$），对系统作串联校正。试比较系统校正前后的性能。

7-8 如图 7-48 所示，其中 ABC 是未加校正环节前系统的 Bode 图，图中 $GHKL$ 是加入某种串联校正环节后的 Bode 图。试说明它是哪种串联校正方法，写出校正环节的传递函数并说明它对系统性能的影响。

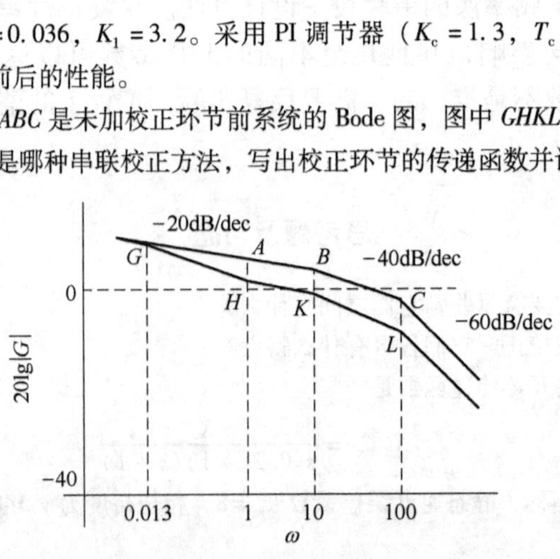

图 7-48 题 7-8 图示

8 非线性控制系统

前面几章讨论的均为线性系统的分析和设计方法，然而，对于非线性程度比较严重的系统，不满足小偏差线性化的条件，则只有用非线性系统理论进行分析。本章主要讨论本质非线性系统，研究其基本特性和一般分析方法。

8.1 非线性控制系统概述

在物理世界中，理想的线性系统并不存在。严格来讲，所有的控制系统都是非线性系统。例如，由电子线路组成的放大元件，会在输出信号超过一定值后出现饱和现象。当由电动机作为执行元件时，由于摩擦力矩和负载力矩的存在，只有在电枢电压达到一定值的时候，电动机才会转动，存在死区。实际上，所有的物理元件都具有非线性特性。如果一个控制系统包含一个或一个以上具有非线性特性的元件，则称这种系统为非线性系统，非线性系统的特性不能由微分方程来描述。

图 8-1 所示的伺服电机控制特性就是一种非线性特性，图中横坐标 μ 为电机的控制电压，纵坐标 ω 为电机的输出转速，如果伺服电动机工作在 A_1OA_2 区段，则伺服电机的控制电压与输出转速的关系近似为线性，因此可以把伺服电动机作为线性元件来处理。但如果电动机的工作区间在 B_1OB_2 区段，那么就不能把伺服电动机再作为线性元件来处理，因为其静特性具有明显的非线性。

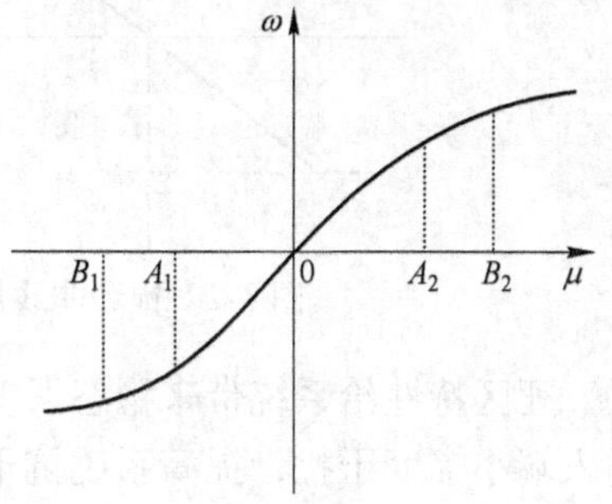

图 8-1 伺服电动机特性

8.1.1 控制系统中的典型非线性特性

组成实际控制系统的环节总是在一定程度上带有非线性。例如，作为放大元件的晶体管放大器，由于它们的组成元件（如晶体管、铁心等）都有一个线性工作范围，超出这个范围，放大器就会出现饱和现象；执行元件例如电动机，总是存在摩擦力矩和负载力矩，因此只有当输入电压达到一定数值时，电动机才会转动，即存在不灵敏区，同时，当输入电压超过一定数值时，由于磁性材料的非线性，电动机的输出转矩会出现饱和；各种传动机构由于机械加工和装配上的缺陷，在传动过程中总存在着间隙。

实际控制系统总是或多或少地存在着非线性因素，所谓线性系统只是在忽略了非线性因素或在一定条件下进行了线性化处理后的理想模型。常见典型非线性特性有饱和非线性、死区非线性、继电非线性、间隙非线性等。

8.1.1.1 饱和非线性

控制系统中的放大环节及执行机构受到电源电压和功率的限制，都具有饱和特性。如图 8-2 所示，其中 $-a<x<a$ 的区域是线性范围，线性范围以外的区域是饱和区。许多元件的运动范围由于受到能源、功率等条件的限制，也都有饱和非线性特性。有时，工程上还人为引入饱和非线性特性来限制过载。

8.1.1.2 不灵敏区（死区）非线性

控制系统中的测量元件、执行元件等一般都具有死区特性。例如一些测量元件对微弱的输入量不敏感，电动机只有在输入信号增大到一定程度的时候才会转动等。如图 8-3 所示，其特性是输入信号在 $-\Delta<x<\Delta$ 区间时，输出信号为零。超出此区间时，呈线性特性。这种只有在输入量超过一定值后才有输出的特性称为不灵敏区非线性，其中区域 $-\Delta<x<\Delta$ 叫做不灵敏区或死区。

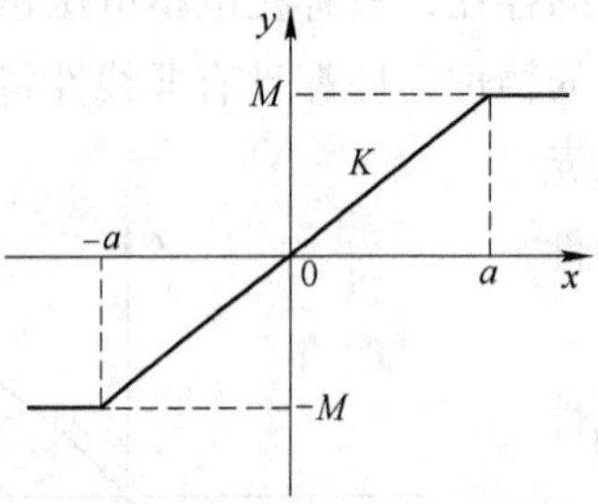

图 8-2 饱和非线性

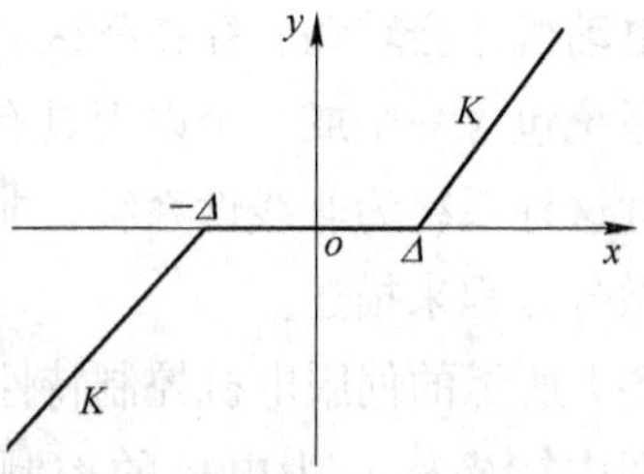

图 8-3 不灵敏区非线性特性

死区特性给系统带来稳态误差和低速运动不稳定影响。但死区特性会减弱振荡、过滤输入端小幅度干扰，提高系统抗干扰能力。

8.1.1.3 具有不灵敏区的饱和非线性特性

在很多情况下，系统元件同时存在死区特性和饱和限幅特性。如电枢电压控制的直流电动机的控制特性就具有这种特性。具有不灵敏区的饱和非线性特性如图 8-4 所示。

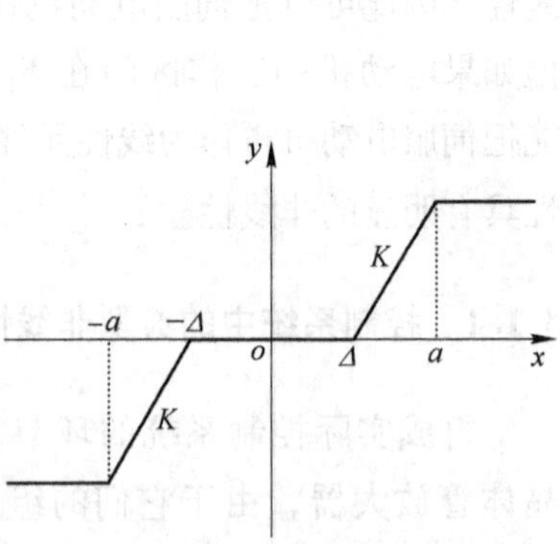

图 8-4 具有不灵敏区的饱和特性

8.1.1.4 继电器非线性

实际继电器的特性如图 8-5 所示，输入和输出之间的关系不完全是单值的。由于继电器吸合及释放状态下磁路的磁阻不同，吸合与释放电流是不相同的。因此，继电器的特性有一个滞环。这种特性称为具有滞环的三位置继电特性。当 $m=-1$ 时，可得到纯滞环的两位置继电特性，如图 8-6 所示。当 $m=1$ 时，可得到具有三位置的理想继电非线性特性，如图 8-7 所示。

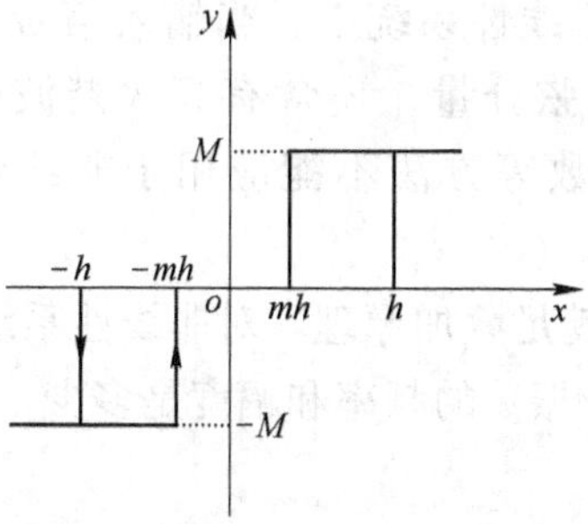

图 8-5 具有滞环的三位置继电非线性特性

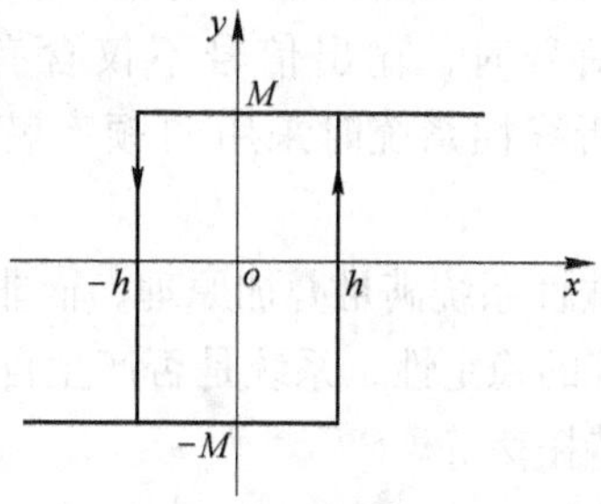

图 8-6 具有滞环的两位置继电非线性特性

8.1.1.5 间隙非线性

间隙非线性形成的原因是由于滞后作用，如磁性材料的滞后现象，机械传动中的干摩擦与传动间隙。间隙非线性也称滞环非线性。间隙非线性的特点是：当输入量的变化方向改变时，输出量保持不变，一直到输入量的变化超出一定数值（间隙）后，输出量才跟着变化。齿轮传动中的间隙是最明显的例子。间隙非线性如图 8-8 所示。

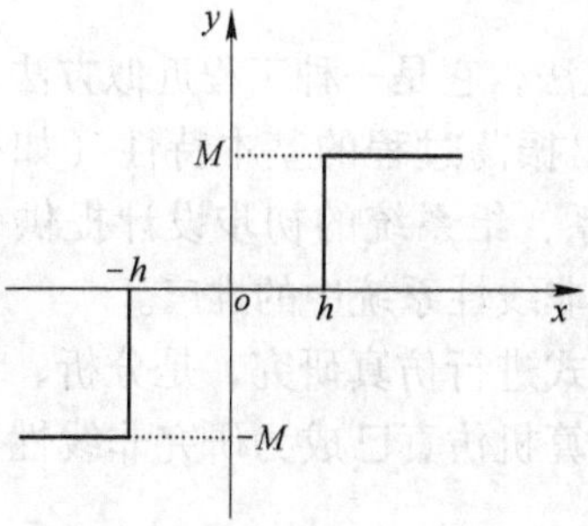

图 8-7 具有三位置的理想继电非线性特性

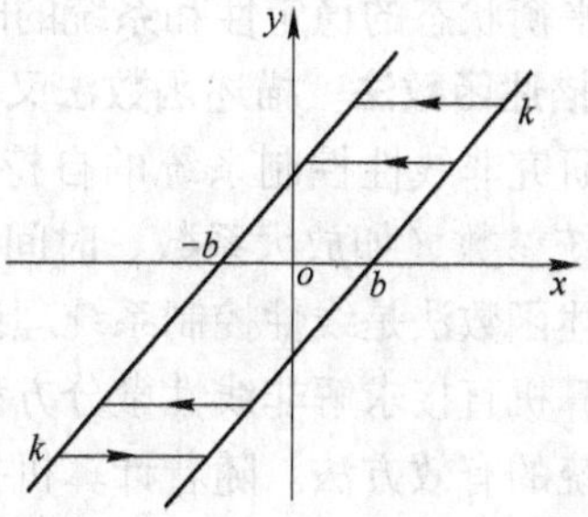

图 8-8 间隙非线性特性

8.1.2 非线性控制系统的特殊性

非线性系统与线性系统相比，有许多独有的特点。

（1）线性系统的稳定性由系统的闭环极点决定，也就是说一旦系统确定，其稳定性也随即确定，与初始条件和输入信号无关。而非线性系统的稳定性除了与系统的闭环极点相关外，还与初始条件和输入信号相关。对于某一个确定的非线性系统，在一种初始条件下是稳定的，而在另一种初始条件下则可能是不稳定的，或者在一种输入信号作用下是稳定的，而在另一种输入信号作用下却是不稳定的。

（2）线性系统的运动状态不是收敛与平衡状态，就是发散。理论上说，当系统处于临界时，会出现等幅振荡。但是在实际情况下，这种状态不可能维持，外界环境或系统参数稍有变化，系统就会趋于平衡状态或发散状态。而非线性系统的运动状态除了收敛和发散以外，还有等幅振荡的状态。这种振荡状态在没有外界作用的情况下也会存在，而且保持一定的幅度和频率，称为自持振荡、自振荡或自激振荡。自持振荡由系统结构和参数决定，是非线性系统独有的现象。

（3）线性系统在输入某一频率的正弦信号时，输出的稳态分量是同频率的正弦信号，系统只会改变输入信号的幅度和相位。而在非线性系统中，当输入信号是某一频率的正弦信号时，输出信号不仅含有同频率的正弦分量，还含有高次谐波分量。因此，在分析线性系统时采用的频率特性、传递函数等方法不能应用于非线性系统的分析。

（4）线性系统满足叠加原理，而非线性系统不满足叠加原理。对非线性系统的分析，重点是系统的稳定性，系统是否产生自持振荡，自持振荡的频率和幅度是多少，如何减小和消除自持振荡等。

8.1.3 非线性控制系统的分析方法

目前尚没有通用的求解非线性微分方程的方法。虽然有一些针对特定非线性问题的系统分析与设计方法，但其适用范围有限。因此分析非线性系统要根据其不同特点，选用有针对性的不同方法。

（1）**相平面分析法**。非线性控制系统的相平面分析法是一种用图解法求解二阶非线性常微分方程的方法。相平面上的轨迹曲线描述了系统状态的变化过程，因此可以在相平面图上分析平衡状态的稳定性和系统的时间响应特性。

（2）**描述函数法**。描述函数法又称为谐波线性化法，它是一种工程近似方法。应用描述函数法研究非线性控制系统的自持振荡时，能给出振荡过程的基本特性（如振幅、频率）与系统参数（如放大系数、时间常数等）的关系，给系统的初步设计提供一个思考方向。描述函数法是线性控制系统理论中的频率法在非线性系统中的推广。

用计算机直接求解非线性微分方程，以数值解形式进行仿真研究，是分析、设计复杂非线性系统的有效方法。随着计算机技术的发展，计算机仿真已成为研究非线性系统的重要手段。

本章重点讨论非线性系统的描述函数分析方法。

8.2 描述函数法

描述函数法是一种基于谐波线性化概念，将分析线性系统的频率响应法移植到分析非线性系统中的一种工程近似方法。其基本思想是：当系统满足某种条件时，系统中非线性环节的输出信号中的高次谐波分量可以忽略，用基波近似输出信号，由此导出非线性环节的近似频率特性，即描述函数。此时的非线性系统就近似为一个线性系统，可以用线性系统分析方法中的频率响应法对其进行分析。描述函数法主要用于分析非线性系统的稳定性，是否产生自持振荡，自持振荡的频率和幅度，消除和减弱自持振荡的方法等。

8.2.1 描述函数的基本概念

8.2.1.1 继电特性引例

理想继电特性如图 8-9a 所示，当输入正弦信号 $x(t) = X\sin\omega t$ 时，其输出 $y(t)$ 是一个与输入正弦函数同频率的周期方波。

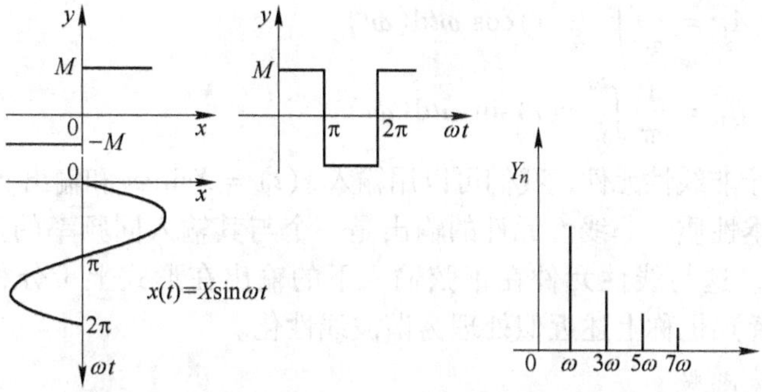

图 8-9 理想继电特性及输入、输出波形与输出波形

输出周期函数可展开成傅里叶级数

$$y(t) = \frac{4M}{\pi}\left(\sin\omega t + \frac{1}{3}\sin 3\omega t + \frac{1}{5}\sin 5\omega t + \cdots\right)$$

$$= \frac{4M}{\pi}\sum_{n=0}^{\infty}\frac{\sin(2n+1)\omega t}{2n+1} \tag{8-1}$$

由式 8-1 可以看出，方波函数可以看做是无数个正弦信号分量的叠加。这些分量中，有一个与输入信号频率相同的分量，称为**基波分量**（或一次谐波分量），其幅值最大。其他分量的频率均为输入信号频率的奇数倍，统称为**高次谐波**。频率愈高的分量，振幅愈小，各谐波分量的振幅与频率的关系称为该方波的频谱，如图 8-9b 所示。

8.2.1.2 谐波线性化

对于任意非线性特性，设输入的正弦信号为 $x(t) = X\sin\omega t$，输出波形为 $y(t)$。

输出 $y(t)$ 有傅氏形式：

$$y(t) = A_0 + \sum_{n=1}^{\infty}\left[A_n\cos(n\omega t) + B_n\sin(n\omega t)\right]$$

$$= A_0 + \sum_{n=1}^{\infty} Y_n\sin(n\omega t + \varphi_n)$$

式中

$$A_0 = \frac{1}{2\pi}\int_0^{2\pi} y(t)\,\mathrm{d}(\omega t)$$

$$A_n = \frac{1}{\pi}\int_0^{2\pi} y(t)\cos(n\omega t)\,\mathrm{d}(\omega t) \tag{8-2}$$

$$B_n = \frac{1}{\pi}\int_0^{2\pi} y(t)\sin(n\omega t)\,\mathrm{d}(\omega t) \tag{8-3}$$

$$Y_n = \sqrt{A_n^2 + B_n^2},\ \varphi_n = \arctan\frac{A_n}{B_n}$$

对于本章所讨论的几种典型非线性特性，均属于奇对称函数，$y(t)$ 是对称的，则 $A_0 = 0$；若为单位奇对称函数，则 $A_0 = A_1 = 0$。

谐波线性化的基本思想或处理方法是略去输出高次谐波分量，用输出 $y(t)$ 的基波分量 $y_1(t)$ 近似地代替整个输出。即

$$y(t) \approx y_1(t) = A_1\cos\omega t + B_1\sin\omega t = Y_1\sin(\omega t + \varphi_1) \tag{8-4}$$

式中

$$Y_1 = \sqrt{A_1^2 + B_1^2};\quad \varphi_1 = \arctan\frac{A_1}{B_1}$$

$$A_1 = \frac{1}{\pi}\int_0^{2\pi} y(t)\cos \omega t\mathrm{d}(\omega t) \tag{8-4a}$$

$$B_1 = \frac{1}{\pi}\int_0^{2\pi} y(t)\sin \omega t\mathrm{d}(\omega t) \tag{8-4b}$$

因此，对于一个非线性元件，我们可以用输入 $x(t) = X\sin\omega t$ 和输出 $y_1(t) = Y_1\sin(\omega t + \varphi_1)$ 近似描述其基本性质。非线性元件的输出是一个与其输入同频率的正弦量，只是振幅和相位发生了变化。这与线性元件在正弦输入下的输出在形式上十分相似，故有些学者（特别是前苏联学者）也称上述近似处理为谐波线性化。

8.2.1.3 描述函数

非线性特性在进行谐波线性化之后，可以仿照幅相频率特性的定义，建立非线性特性的等效幅相特性，即描述函数。

非线性元件的描述函数是由输出的基波分量 $y_1(t)$ 对输入 $x(t)$ 的复数比来定义的，即

$$N = \frac{Y_1}{X}\angle\varphi_1 = \frac{\sqrt{A_1^2 + B_1^2}}{X}\arctan\angle\frac{A_1}{B_1} \tag{8-5}$$

式中 N——非线性元件的描述函数；

X——正弦输入的幅值；

Y_1——输出信号一次谐波的幅值；

φ_1——输出信号一次基波与输入信号的相位差。

描述函数的实质是用一个等效线性元件替代原来的非线性元件，而等效线性元件的幅相特性函数 N 是输入信号 $x = X\sin\omega t$ 的幅值 X 的函数。

图 8-10 所示为包括非线性元件的非线性系统框图，即非线性系统分成线性部分 $G(s)$ 与非线性部分 $N(s)$。

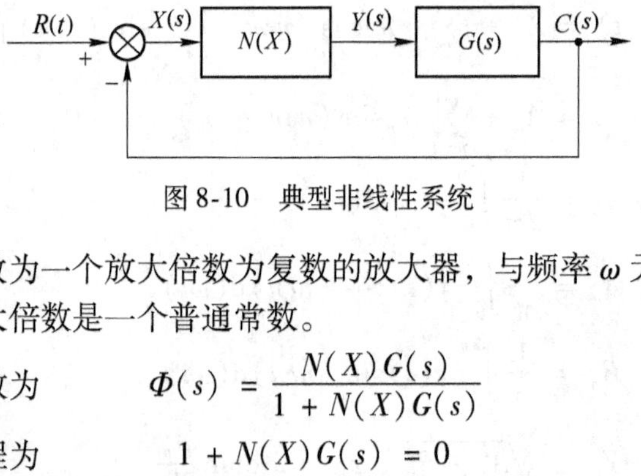

图 8-10 典型非线性系统

把非线性元件等效为一个放大倍数为复数的放大器，与频率 ω 无关。这相当于线性系统中的放大器，其放大倍数是一个普通常数。

系统闭环传递函数为 $$\Phi(s) = \frac{N(X)G(s)}{1 + N(X)G(s)}$$

闭环系统特征方程为 $$1 + N(X)G(s) = 0$$

8.2.2 典型非线性元件的描述函数

8.2.2.1 理想继电特性的描述函数

理想继电特性的数学表达式为 $y(x) = \begin{cases} M & \text{当 } x > 0 \\ -M & \text{当 } x < 0 \end{cases}$

当输入正弦信号 $x(t) = X\sin\omega t$ 时，继电特性为过零切换，则理想继电特性及在正弦信号作用下的输入、输出波形，如图 8-11 所示。

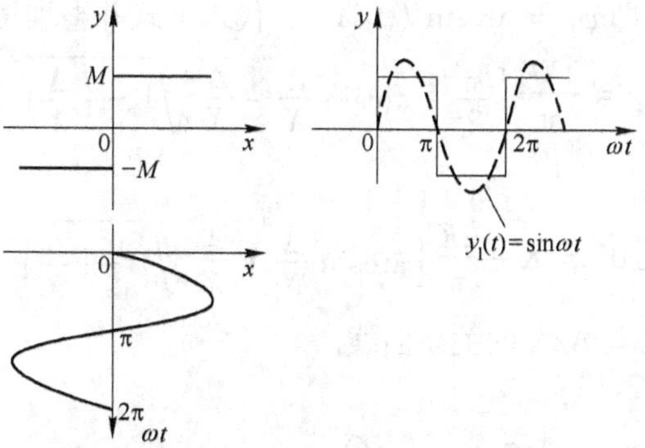

图 8-11 理想继电特性及输入、输出波形

由于正弦信号是单值奇函数，因此，$A_0=0, A_1=0$ 及 $\varphi_1=0$。

根据式 8-4b 得傅氏级数基波分量的系数 B_1

$$B_1=\frac{1}{\pi}\int_0^{2\pi}y(t)\sin\omega t\mathrm{d}(\omega t)$$

因为 $y(t)$ 是周期 2π 的方波，且对 π 点奇对称，故 B_1 可改写为

$$B_1=\frac{4}{\pi}\int_0^{\frac{\pi}{2}}M\sin\omega t\mathrm{d}(\omega t)=\frac{4M}{\pi}$$

因此基数分量为 $y_1(t)=\frac{4M}{\pi}\sin\omega t$

$$N(X)=\frac{Y_1}{X}\angle 0^\circ=\frac{4M}{\pi X} \tag{8-6}$$

显然，理想继电特性的描述函数是一个实数量，并且只是输入振幅 X 的函数。

8.2.2.2 死区特性的描述函数

假设输入正弦信号函数为 $x(t)=X\sin\omega t$，则输出特性的数学表达式为：

$$\begin{cases}y(t)=0 & \text{当 } 0<\omega t<\varphi_1\\ y(t)=K(X\sin\omega t-a) & \text{当 } \theta_1\leqslant\omega t\leqslant\frac{\pi}{2}\end{cases}$$

当 $\omega t>\frac{\pi}{2}$ 时，死区特性及其输入、输出波形如图 8-12 所示。

当输入信号幅值在死区范围内时，输出为零，只有输入信号幅值大于死区时，才有输出，故输出为一些不连续、不完整的正弦波形。

由于死区特性为单值奇对称函数，故 $A_0=0, A_1=0, \varphi_1=0$，

而 $B_1=\frac{1}{\pi}\int_0^{2\pi}y(t)\sin\omega t\mathrm{d}(\omega t)=\frac{4}{\pi}\int_{\varphi_1}^{\frac{\pi}{2}}K(X\sin\omega t-\Delta)\sin\omega t\mathrm{d}(\omega t)$

并且由于 $y(t)$ 在一个周期中波形对称，即当 $0\sim\varphi_1$ 时，$y(t)=0$，

故 B_1 的积分值只要计算

$$B_1=\frac{4KX}{\pi}\int_{\varphi_1}^{\frac{\pi}{2}}\sin^2\omega t\mathrm{d}(\omega t)-\frac{4K\Delta}{\pi}\int_{\varphi_1}^{\frac{\pi}{2}}\sin\omega t\mathrm{d}(\omega t)$$

$$=\frac{4KX}{\pi}\left(\frac{\pi}{4}-\frac{\varphi_1}{2}+\frac{1}{4}\sin 2\varphi_1\right)-\frac{4K\Delta}{\pi}\cos\varphi_1$$

其中 $\Delta = X\sin\varphi_1$，即 $\varphi_1 = \arcsin(\Delta/X)$，代入上式并整理得

$$B_1 = \frac{2XK}{\pi}\left[\frac{\pi}{2} - \arcsin\frac{\Delta}{X} - \frac{\Delta}{X}\sqrt{1-\left(\frac{\Delta}{X}\right)^2}\right]$$

其描述函数为

$$N(X) = \frac{B_1}{X}\angle 0^\circ = K - \frac{2K}{\pi}\left[\arcsin\frac{\Delta}{X} + \frac{\Delta}{X}\sqrt{1-\left(\frac{\Delta}{X}\right)^2}\right] \quad X \geqslant \Delta \tag{8-7}$$

图 8-13 所示为 Δ/X 与 N/K 的关系曲线。

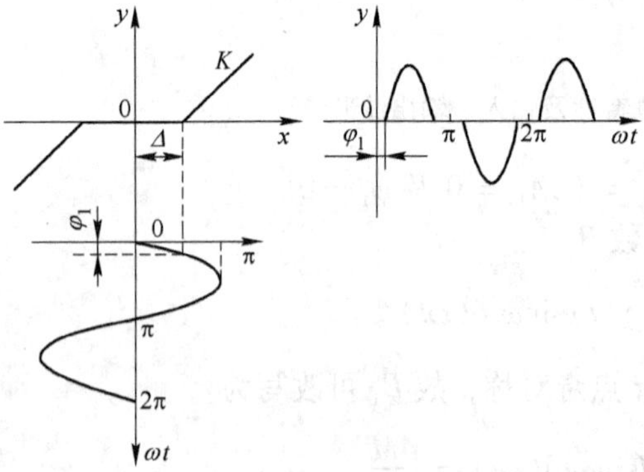

图 8-12　死区特性及输入、输出波形

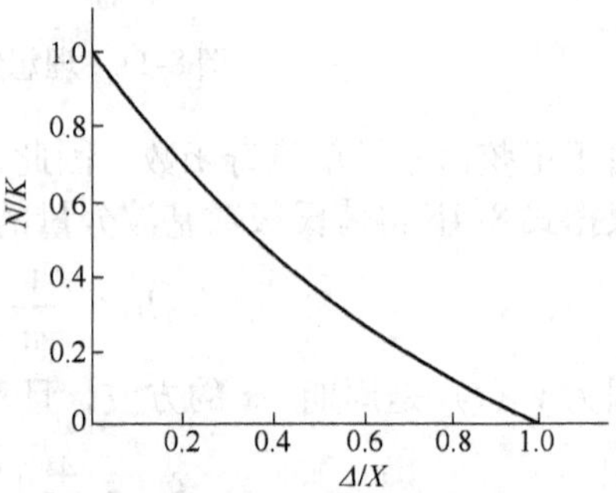

图 8-13　死区特性描述函数

由图 8-13 可见，当 $\Delta/X \geqslant 1$ 时，输出为零，从而描述函数的值也为零；如死区 Δ 很小，或输入的振幅很大时，$\Delta/X \approx 0, N(X) \approx K$，亦即可认为描述函数为常量，恰好等于死区特性线性段的斜率，这表明死区影响可忽略不计。

8.2.2.3　饱和非线性特性的描述函数

假设输入正弦信号函数为 $x(t) = X\sin\omega t$，则**饱和非线性特性**的数学表达式为：

$$\begin{cases} y(t) = KX\sin\omega t & \text{当 } 0 \leqslant \omega t \leqslant \theta_1 \\ y(t) = Kb & \text{当 } \theta_1 \leqslant \omega t \leqslant \dfrac{\pi}{2} \end{cases}$$

式中，K 为斜率。饱和特性及其输入、输出波形如图 8-14 所示。

由图 8-14 可见，当正弦输入信号的振幅 $X < b$ 时，工作在线性段，没有非线性的影响。当 $X \geqslant b$ 时才进入非线性区。因此饱和特性的描述函数仅在 $X \geqslant b$ 的情况下才有意义。

由于饱和特性为单值奇对称函数，所以 $A_0 = A_1 = 0, \varphi_1 = 0$，且

$$\begin{aligned} B_1 &= \frac{1}{\pi}\int_0^{2\pi} y(t)\sin(n\omega t)\,\mathrm{d}(\omega t) \\ &= \frac{4}{\pi}\left[\int_0^{\varphi_1} KX\sin^2\omega t\,\mathrm{d}(\omega t) + \int_{\varphi_1}^{\frac{\pi}{2}} Kb\sin\omega t\,\mathrm{d}(\omega t)\right] \\ &= \frac{2KX}{\pi}\left[\arcsin\frac{b}{X} + \frac{b}{X}\sqrt{1-\left(\frac{b}{X}\right)^2}\right] \quad X \geqslant b \end{aligned}$$

故描述函数为

$$N(X) = \frac{B_1}{X} = \frac{2K}{\pi}\left[\arcsin\frac{b}{X} + \frac{b}{X}\sqrt{1-\left(\frac{b}{X}\right)^2}\right] \quad X \geqslant b \tag{8-8}$$

b/X 与 N/K 之间的关系如图 8-15 所示。

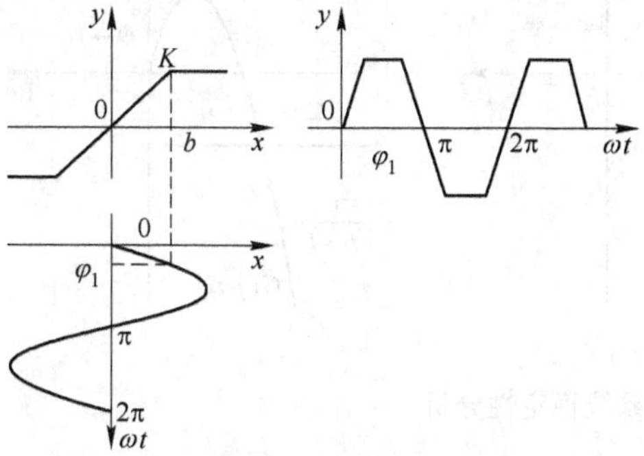

图 8-14 饱和特性及其输入、输出波形

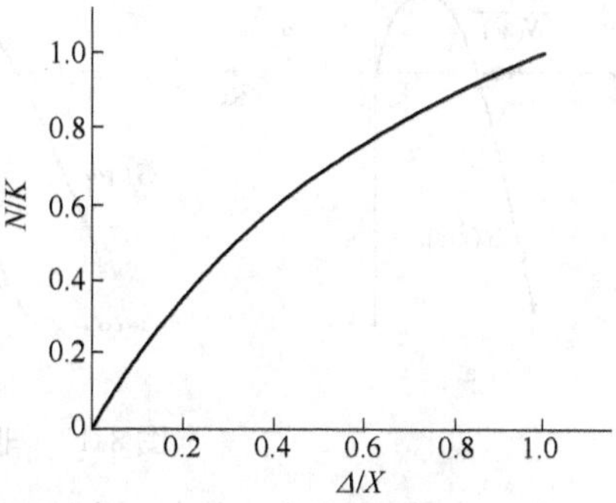

图 8-15 饱和特性描述函数

8.2.3 用描述函数法分析系统的稳定性

用描述函数法分析非线性系统的稳定性，首先将系统化简成图 8-16 所示的形式。系统的频率响应为

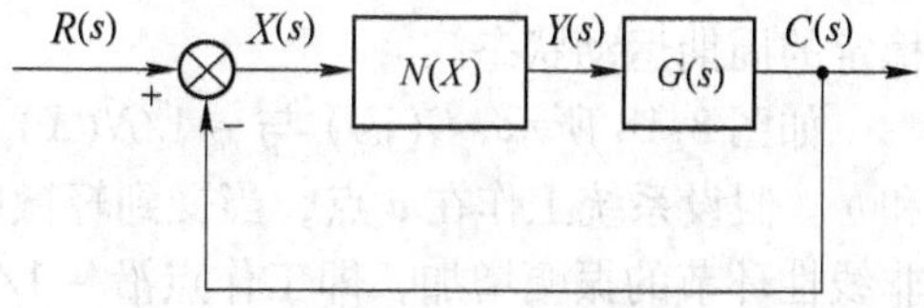

图 8-16 非线性系统

$$\frac{C(\mathrm{j}\omega)}{R(\mathrm{j}\omega)}=\frac{N(X)G(\mathrm{j}\omega)}{1+N(X)G(\mathrm{j}\omega)} \quad (8\text{-}9)$$

可以看出，当 $s=\mathrm{j}\omega$ 时，系统的特征方程为

$$1+N(X)G(\mathrm{j}\omega)=0 \quad (8\text{-}10)$$

或者写成

$$G(\mathrm{j}\omega)=-\frac{1}{N(X)} \quad (8\text{-}11)$$

其中，$-1/N(X)$ 称为非线性环节的负倒描述函数。$G(\mathrm{j}\omega)$ 与 $-1/N(X)$ 之间的相对位置就决定了非线性系统的稳定性，证明略去。

判断非线性系统的稳定性，首先应在 s 平面上画出 $G(\mathrm{j}\omega)$ 与 $-1/N(X)$ 轨迹，并在 $G(\mathrm{j}\omega)$ 上标明 ω 增大的方向，在 $-1/N(X)$ 上标明 X 增大的方向。如果非线性系统中的线性部分满足最小相位条件，则非线性系统稳定性的判定规则如下：

(1) 如果 $G(\mathrm{j}\omega)$ 不包围 $-1/N(X)$ 的轨迹，如图 8-17a 所示，则系统稳定。$G(\mathrm{j}\omega)$ 离 $-1/N(X)$ 越远，系统的相对稳定性越好。

(2) 如果 $G(\mathrm{j}\omega)$ 包围 $-1/N(X)$，如图 8-17b 所示，则系统不稳定。

(3) 如果 $G(\mathrm{j}\omega)$ 与 $-1/N(X)$ 相交，如图 8-17c 所示。若交点处 $\omega=\omega_0$，而 $X=X_0$，设某一时刻有 $e(t)=X_0\sin\omega_0 t$。可以看出，此信号经过系统闭环回路一周回到输入端仍然为 $X_0\sin\omega_0 t$，系统中存在一个等幅振荡。该振荡可能是自持振荡，也可能在一定条件下收敛或发散。

下面介绍自持振荡的确定。

当 $G(\mathrm{j}\omega)$ 与 $-1/N(X)$ 相交时，方程

$$G(\mathrm{j}\omega)=-\frac{1}{N(X)}$$

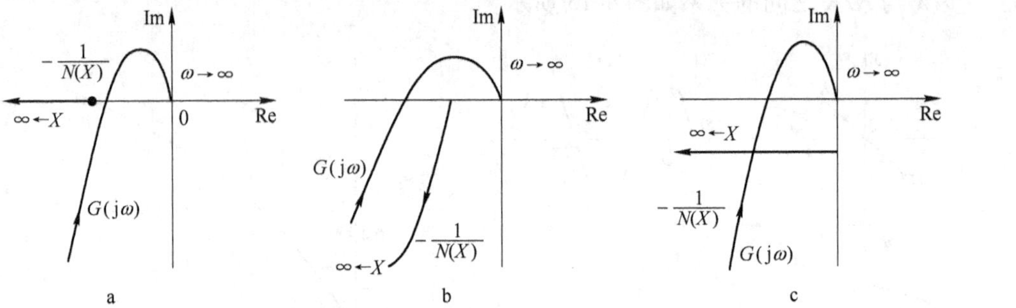

图 8-17 非线性系统稳定性分析

的解对应着一个周期运动的信号的振幅和频率。若这个等幅振荡在系统受到轻微扰动作用后偏离原来的运动状态，而当扰动消失后，系统又回到原来频率和振幅的等幅持续振荡，则这种等幅振荡称为非线性系统的自持振荡。自持振荡是一种稳定的等幅振荡，也称为稳定的极限环。而不稳定的等幅振荡在系统受到扰动的时候，会收敛、发散或转移到另一个稳定的周期运动状态。

如图 8-18 所示，$G(\mathrm{j}\omega)$ 与 $-1/N(X)$ 有两个交点 a 和 b。假设系统工作在 a 点，当受到轻微的扰动时，使非线性环节的振幅增加，即工作点沿 $-1/N(X)$ 的曲线向 X 增大的方向运动到 c 点。由于 c 点被 $G(\mathrm{j}\omega)$ 包围，属于不稳定点，系统的响应发散。此时，工作点会继续沿 $-1/N(X)$ 的曲线向 X 增大的方向运动至 b 点。若系统受到轻微扰动使工作点沿 $-1/N(X)$ 的曲线向 X 减小的方向运动到 d 点。由于 d 点不被 $G(\mathrm{j}\omega)$ 包围，属于稳定点，系统的响应收敛。此时，工作点会继续沿 $-1/N(X)$ 的曲线向 X 减小的方向运动，直到 X 减小为零。显然，a 属于不稳定的等幅振荡点，不是自持振荡点。

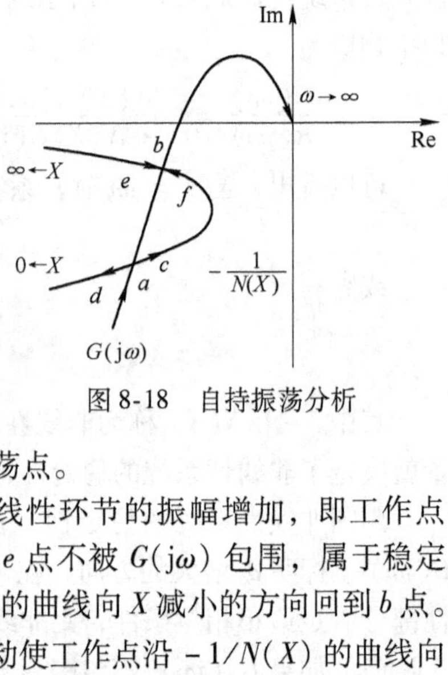

图 8-18 自持振荡分析

假设系统工作在 b 点，当受到轻微的扰动时，使非线性环节的振幅增加，即工作点沿 $-1/N(X)$ 的曲线向 X 增大的方向运动到 e 点。由于 e 点不被 $G(\mathrm{j}\omega)$ 包围，属于稳定点，系统的响应收敛。此时，工作点会继续沿 $-1/N(X)$ 的曲线向 X 减小的方向回到 b 点。若系统受到轻微扰动使工作点沿 $-1/N(X)$ 的曲线向 X 减小的方向运动到 f 点。由于 f 点被 $G(\mathrm{j}\omega)$ 包围，属于不稳定点，系统的响应发散。此时，工作点会继续沿 $-1/N(X)$ 的曲线向 X 增大的方向回到 b 点。显然，b 是一个稳定的等幅振荡点，是自持振荡点。

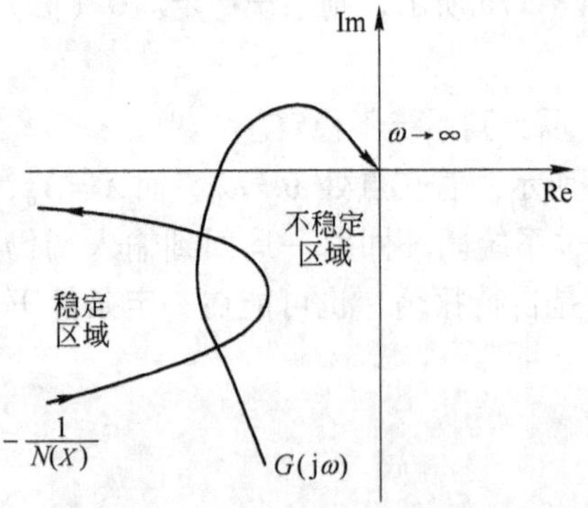

图 8-19 自持振荡的判别

从上面的分析可以看出，图 8-18 所示的系统在非线性环节的输入信号振幅 $X < X_a$ 时，系统收敛；当 $X > X_a$ 时，系统产生自持振荡。系统的稳定性与初始条件及输入信号有关，这是非线性系统与线性系统的一个明显的区别。判断周期运动点是否是自持振荡点的方法为：如图 8-19 所示，将 $G(\mathrm{j}\omega)$ 包围的区域看做是不稳定区域，不被 $G(\mathrm{j}\omega)$ 包围的区域看做是稳定区域。当交点处的 $-1/N(X)$ 轨迹沿 $-1/N(X)$ 增大的方向由不稳定区域进入稳定区域时，该交点是自持振荡点。反之，当交点处的 $-1/N(X)$ 轨迹沿 $-1/N(X)$ 增大的方向由稳定区域进入不稳定区域时，该交点不是自持振荡点。

8.3 机电控制系统中的非线性环节分析举例

实际工程控制系统大多是机电系统，如雷达与卫星跟踪设备的天线位置控制系统、轧钢钢坯定位系统、钢带跑偏控制等，在这些系统中存在的轴系—传动装置、电机、液压马达类机械结构是不可缺少的组成部分。机械机构参数（因素）包括转动惯量、驱动系统刚度、轴系精度、传动链间隙、齿轮运动误差、摩擦等，本节以控制系统中的传动链间隙为例进行分析，讨论解决这类问题的处理基本方法。

8.3.1 传动链的间隙

图 8-20 是一个典型的雷达位置伺服系统方框图。

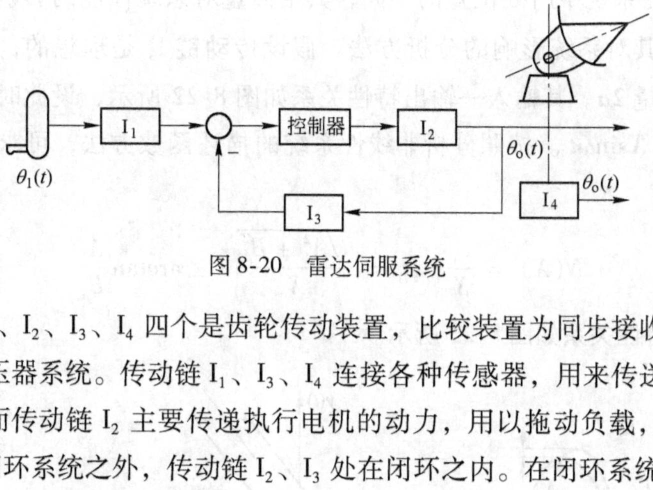

图 8-20　雷达伺服系统

图 8-20 中 I_1、I_2、I_3、I_4 四个是齿轮传动装置，比较装置为同步接收机和同步发送机组成的自同步变压器系统。传动链 I_1、I_3、I_4 连接各种传感器，用来传送各种信息，也称为数据传动链。而传动链 I_2 主要传递执行电机的动力，用以拖动负载，也称为动力传动链。I_1、I_4 处在闭环系统之外，传动链 I_2、I_3 处在闭环之内。在闭环系统中，传动链 I_2 又处在前向通道，I_3 处在反馈通道。传动链在系统中所处位置不同，其传动链的间隙对系统性能的影响也不同。

一般在各个传动链中都存在一定程度的间隙，包括齿轮的侧向间隙、轴承间隙以及连接部分的花键轴销间隙等。这些间隙集中反映到传动链的空回量上。

分析模型如图 8-21 所示，图中 θ_i 为传动链的输入角，θ_o 为传动链的输出角。$2a$ 为输出轴固定时，从输入轴上度量而得到的空回量，它是一个角度值。

图 8-21 中，Δ 为间隙，R_1 为主动轮节圆半径，所以 $2a=\Delta/R_1$。若传动链没有间隙，那么输出角和输入角之间将呈现线性关系，如图 8-22 所示。若存在间隙，且空回量为 $2a$，那么，当主动轴从中间位置开始转动 a 角时，从动轴不动；只有当主动轴转动角大于 a 时，从动轴才跟随主动轴转动。当主动轴转到某个位置时反向，这时从动轴不能立即跟随

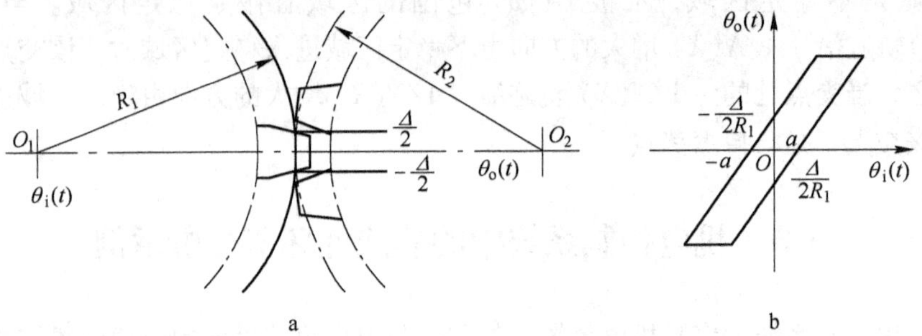

图 8-21　齿轮间隙和输出—输入特性

主动轴反转，只有当主动轴转过整个空回量 $2a$ 时，从动轴才开始跟着主动轴反向转动，使整个曲线呈时滞回线的形状，即滞环非线性。

8.3.2　传动链影响分析

8.3.2.1　传动链 I_2 的影响

根据传动链在系统中所处位置的不同，其空回量对系统性能的影响也不相同。下面以 I_2 为例，讨论其对系统影响的分析方法。假设传动链 I_3 是理想的，没有空回，而传动链 I_2 具有空回量 $2a$。其输入—输出特性关系如图 8-22 所示，设此时输入信号为正弦信号，即 $x(t) = X\sin\omega t$ 。按照分析非线性系统的描述函数方法，可求出间隙非线性的描述函数为

$$N(X) = \frac{Y_1}{X}\cdot\varphi_1 = \frac{\sqrt{A_1^2 + B_1^2}}{X}\cdot\angle\arctan\frac{A_1}{B_1} \tag{8-12}$$

理想输出—输入特性关系如图 8-23 所示。

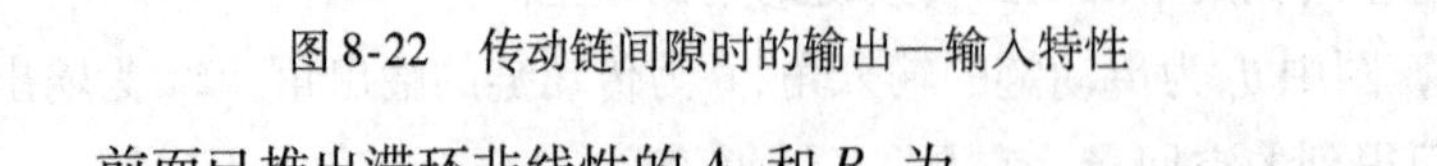

图 8-22　传动链间隙时的输出—输入特性

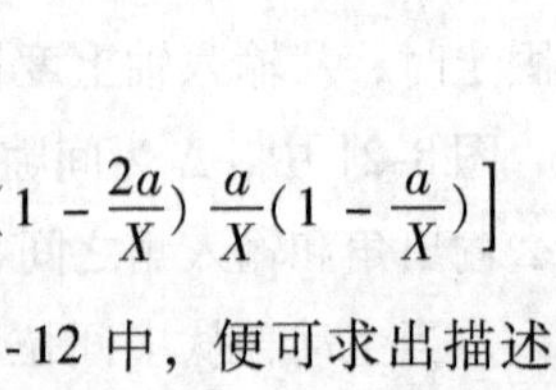

图 8-23　理想输出—输入特性

前面已推出滞环非线性的 A_1 和 B_1 为

$$A_1 = \frac{4K_n a}{\pi}\left(\frac{a}{X} - 1\right),\ B_1 = \frac{K_n X}{\pi}\cdot\left[\frac{\pi}{2} + \arcsin\left(1 - \frac{2a}{X}\right) + 2\left(1 - \frac{2a}{X}\right)\frac{a}{X}\left(1 - \frac{a}{X}\right)\right]$$

对于图 8-20 所示模型，式中 $K_n = 1$ 。将 A_1、B_1 代入式 8-12 中，便可求出描述函数 $N(X)$。

其中幅度为 $|N| = \dfrac{\sqrt{A_1^2 + B_1^2}}{X}$；相角为 $\angle N = \varphi_1 = \arctan\dfrac{A_1}{B_1}$。$|N|$ 和 $\angle N$ 的曲线如图 8-24 所示。

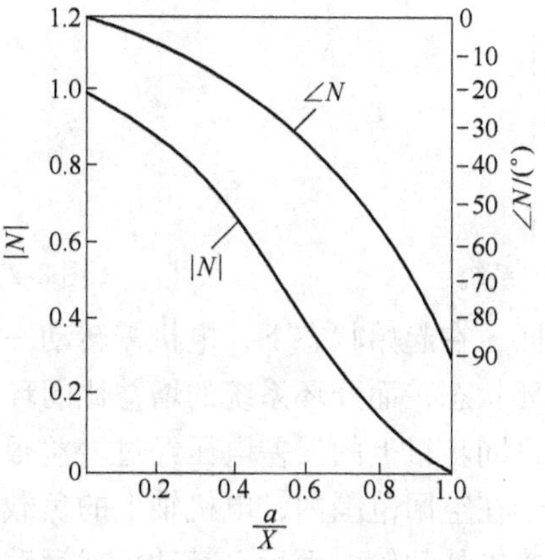

图 8-24 描述函数的幅值和幅角

从图中可以看出，这种非线性所造成的相位滞后，同空回量和输入幅度之比有关，最大可达 90° 之多。因此，空回对系统的稳定性是个严重威胁。含有非线性元件的控制系统框图如图 8-25 所示，令线性部分的频率特性为 $G(\mathrm{j}\omega)$，非线性部分的描述函数为 $N(X)$。则系统的闭环频率特性为

$$\Phi(\mathrm{j}\omega) = \frac{\theta_o(\mathrm{j}\omega)}{\theta_i(\mathrm{j}\omega)} = \frac{G(\mathrm{j}\omega)N(X)}{1 + G(\mathrm{j}\omega)N(X)}$$

其特征方程式为

$$1 + G(\mathrm{j}\omega)N(X) = 0$$

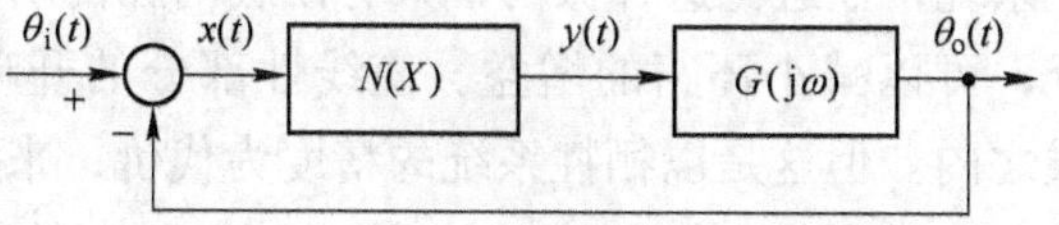

图 8-25 典型非线性系统

即

$$G(\mathrm{j}\omega) = -\frac{1}{N(X)} \tag{8-13}$$

我们知道，系统的稳定性取决于特征方程的根，所以说，式 8-13 就是我们讨论稳定性的基本方程。

为了使讨论简单明了，我们用图解法来求解。

假设某 Ⅰ 型系统的线性部分 $G(\mathrm{j}\omega)$ 的轨迹曲线以及非线性部分的 $-1/N(X)$ 轨迹曲线都画在同一个复平面上，如图 8-26 所示。从图可以看出，两曲线有三个交点，其中 P_1 和 P_3 点的振荡是稳定的，即为稳定极限环；而 P_2 点的振荡是不稳定的，即为不稳定极限环。

应当注意，对于 Ⅰ 型系统，两曲线可能没有交点，也可能有一个交点或数个交点。图 8-26 是有三个交点的实例。如果没有交点，表明此时空回不会引起极限环振荡。但是，对于 Ⅱ 型系统来说，两部分轨迹必然有一个交点，因此必然产生极限环振荡，如图 8-27 所示。

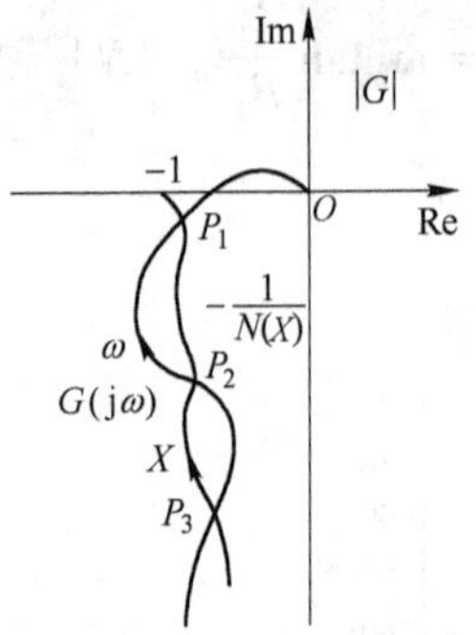

图 8-26 Ⅰ型系统

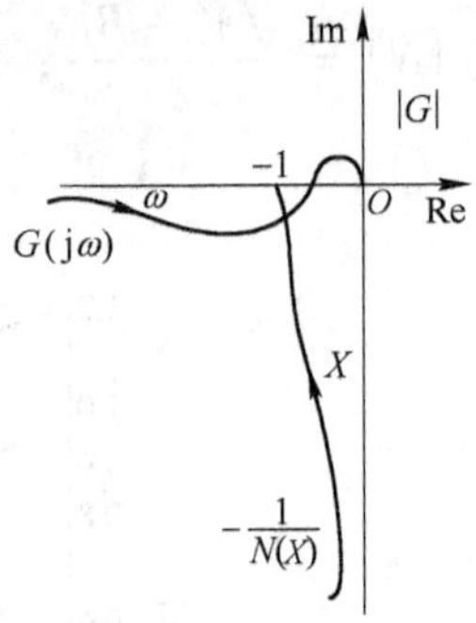

图 8-27 Ⅱ型系统

由于动力传动链存在空回，在起始状态下，电机需转动一个空回的相应角度 a，这时，相当于反馈被断开，处于开环状态，而开环系统的增益比闭环的增益大得多。在这种情况下，使轮转动一个角度 θ_i，自同步机上的误差电压经过增益很大的开环放大，使电机产生一个很大的力矩。同时，由于在空回范围内，电机轴上的负载几乎等于零。因而，使电机轴上的齿轮以很大的加速度撞击从动轮，而后，带动负载运动。正因为这个原因，天线才以比无空回时大得多的速度冲过 θ_i。负载一经被带动，反馈便被接通，开环状态转入闭环状态工作。天线的转角 θ_o则等于 θ_i。出于惯性，又使输出角 θ_o超过 θ_i，形成反极性的误差电压，使电机反转。在反转的过程中，由于空回，反馈又被断开，由闭环状态转为开环状态，直至电机以极大的速度和加速度转过 $2a$ 角才重新拖动天线反转。如此反复，产生振荡。此时，这种振荡不完全是负载的惯性作用，还附加了在空回范围内所积累的动能的作用。因而，即使系统有足够的阻尼，能阻止无空回时系统的振荡，但不能阻止由空回引起的系统的持续振荡。

避免或消除极限环振荡的措施如下：

(1) 对于Ⅲ型以上系统，欲避免这种振荡，只有彻底消除传动链的空回。

(2) 对于Ⅰ型系统，可以减小环路的增益，使线性部分的开环频率特性曲线 $G(j\omega)$ 完全落在 $-1/N(X)$ 线之内。但这是以牺牲系统的精度为代价，来换取系统的稳定性。

(3) 可在系统中加入校正环节，如在图 8-26 的 P_2 和 P_3 点的频率范围区加入微分校正环节，使系统的 $G(j\omega)$ 曲线在这一段转弯，而避免与 $-1/N(X)$ 相交。

对于空回引起的极限环振荡，不管在什么情况下，其振荡频率都会低于系统的截止频率。因此，在实际设备中，根据振荡的波形和振荡的频率是不难鉴别空回型极限环振荡的。

8.3.2.2 传动链 I_1、I_4 的影响

从图 8-20 知道，I_1 和 I_4 都处于闭环之外，用于数据传递，一旦存在空回，便会影响系统的精度。

先看数据传动链 I_1。假设其中有空间量 $2a$，手柄处于中间位置，那么在起始状态下，手柄转动小于 a 角时，同步发送机转子不动，没有误差信号产生，天线也就不可能运动。只有在手柄的转角超过 a 角时，同步发送器的转子才开始转动，才有误差信号发生，天线才有可能运动。这样，在手柄和同步发送器之间，形成了一个 a 角的数据传递误差。手柄

转过某一个较大的角度后，再反转时，由于存在空回，须使手柄转过 $2a$ 角后，同步发生器的转子才反向转动，因而，就形成一个数据传递误差 $2a$ 角。

同样，对于数据传动链 I_4，由于存在空回量 $2a$，控制台上的指示器所指示的天线位置，不是天线的实际位置，两者相差 $2a$ 角。

8.3.2.3 传动链 I_3 的影响

如图 8-20 所示，I_3 处于闭环之内的反馈通道上，作为数据传递之用。

假定 I_3 有空回量 $2a$。在平衡状态下，系统的输入量（角位置 θ_i）等于系统的输出量（角位置 θ_o），误差信号 $\varepsilon=0$。这时，若天线在外负载的扰动下，转动角不大于 $\pm a$ 角时，因为 I_3 有空回，则连接在 I_3 输出轴上的同步接受器，仍然处于静止状态，其输出电压不发生变化，误差信号 ε 仍为零，天线的实际位置和所希望的位置 θ_i 之间相差一个不大于 $\pm a$ 的角度，这便是系统的静态误差。由此可见，闭环内的数据传动链的空回量必会引起静态误差。

至于 I_3 的空回对系统稳定性的影响，完全可以仿照动力传动链中空回量的影响来进行分析，只不过这时空回型非线性的描述函数不是处于前向通道，而是处于反馈通道上，如图 8-28 所示。

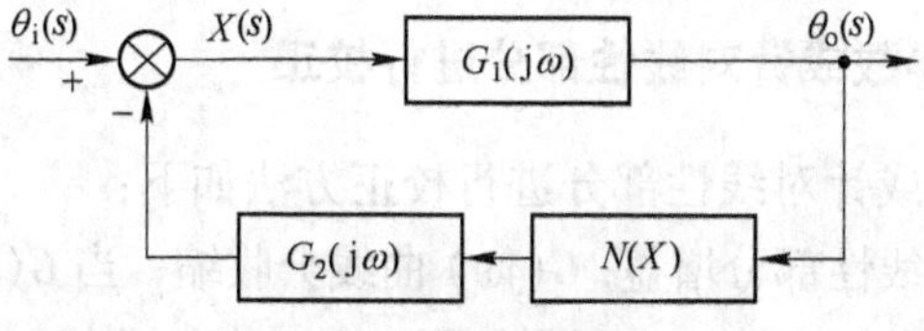

图 8-28 控制系统

显然，其闭环频率特性为

$$\Phi(j\omega)=\frac{\theta_o(j\omega)}{1+N(X)G_1(j\omega)G_2(j\omega)}=\frac{G_1(j\omega)}{1+N(X)G(j\omega)}$$

式中 $G_1(j\omega)$ ——前向通道线性部分的频率特性；

$G_2(j\omega)$ ——反馈通道线性部分的频率特性；

$N(X)$ ——空回型非线性的描述函数。

$$G(j\omega)=G_1(j\omega)G_2(j\omega)$$

系统的特征方程为

$$1+N(X)\cdot G(j\omega)=0$$

即

$$G(j\omega)=-\frac{1}{N(X)} \tag{8-14}$$

式 8-14 和式 8-13 完全一样。因此，在反馈通道上的数据传动链中的空回量对系统稳定性的影响，同处于前向通道动力传动链中空回量影响完全一样，可能引起极限环振荡。

通过以上分析，可以得出如下结论：

（1）传动链中的各种间隙，集中反映在传动链的空回上；

（2）在雷达伺服系统中，各传动链所处位置不同，传动链的空回对系统的影响也不同；

（3）处于闭环之外的数据传动链主要影响系统的数据传递精度；

（4）处于闭环以内的动力传动链主要影响系统的稳定性，使系统可能产生极限环振荡，但不影响系统的静态精度；

(5) 处于闭环以内的数据传动链，既影响系统的稳定性，又影响系统的静态精度。简单关系见表 8-1。

表 8-1　传动链间隙对系统性能的影响

项　目	I_1，I_4	I_2	I_3
影响稳定性	无	有	有
影响精度	有	无	有

8.4　改善非线性系统性能的措施及非线性特性的利用

非线性因素的存在，往往给系统带来不利的影响，如静差增大、响应迟钝或发生自振等。消除或减小非线性因素的影响，是非线性系统研究中一个有实际意义的课题。非线性特性类型很多，在系统中接入的方式也各不相同，没有通用的解决办法，只能根据具体问题灵活采取适宜的校正补偿措施。

8.4.1　改变线性部分的参数或针对线性部分进行校正

改变线性部分的参数或针对线性部分进行校正方法如下：

(1) 改变参数。减小线性部分增益，$G(j\omega)$ 曲线会收缩，当 $G(j\omega)$ 曲线与 $-1/N(A)$ 曲线不再相交时，自振消失。由于 $G(j\omega)$ 不再包围 $-1/N(A)$ 曲线，闭环系统能够稳定工作。

(2) 利用反馈校正方法。为了消除系统自身的自振，可在线性部分加入局部反馈，适当选取反馈系数，可以改变线性环节幅相特性曲线的形状，使校正后的 $G_\beta(j\omega)$ 曲线不再与负倒描述函数曲线相交，故自振不复存在，从而保证了系统的稳定性。

8.4.2　改变非线性特性

系统部件中固有的非线性特性，一般是不易改变的，要消除或减小其对系统的影响，可以引入新的非线性特性。作为一个例子，设 N_1 为饱和特性，若选择 N_2 为死区特性，并使死区范围 Δ 等于饱和特性的线性段范围，且保持两者线性段斜率相同，则并联后总的输入输出特性为线性特性，如图 8-29 所示。

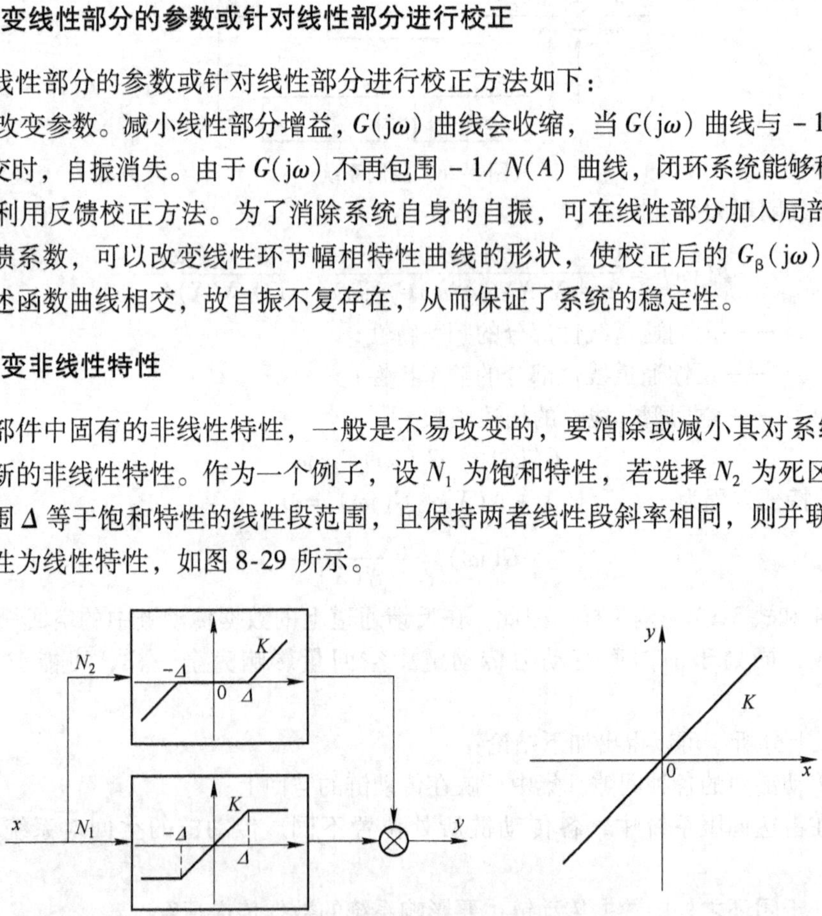

图 8-29　死区特性和饱和特性并联

由描述函数也可以证明：

$$N_1(X)=\frac{2K}{\pi}\left[\arcsin\frac{\Delta}{A}+\frac{\Delta}{A}\sqrt{1-\left(\frac{\Delta}{A}\right)^2}\right]$$

$$N_2(X)=\frac{2K}{\pi}\left[\frac{\pi}{2}-\arcsin\frac{\Delta}{A}-\frac{\Delta}{A}\sqrt{1-\left(\frac{\Delta}{A}\right)^2}\right]$$

故

$$N_1(X)+N_2(X)=K$$

8.4.3 非线性特性的利用

非线性特性可以给系统的控制性能带来许多不利的影响，但是如果运用得当，有可能获得线性系统所无法比拟的良好效果。

图 8-30 所示为非线性阻尼控制系统结构图。在线性控制中，常用速度反馈来增加系统的阻尼，改善动态响应的平稳性。但是这种校正在减小超调量的同时，往往降低响应的速度，使系统的稳态误差增加。采用非线性校正，在速度反馈通道中串入死区特性。则系统输出量较小、小于死区 ε_0 时，没有速度反馈，系统处于弱阻尼状态，响应较快。而当输出量增大、超过死区 ε_0 时，速度反馈被接入，系统阻尼增大，从而抑制了超调量，使输出快速、平稳地跟踪输入指令。图 8-31 中 1、2、3 所示为系统分别在无速度反馈、采用线性速度反馈和采用非线性速度反馈三种情况下的阶跃响应曲线。由图可见，非线性速度反馈时，系统的动态过程（曲线 3）既快又稳，具有良好的控制性能。

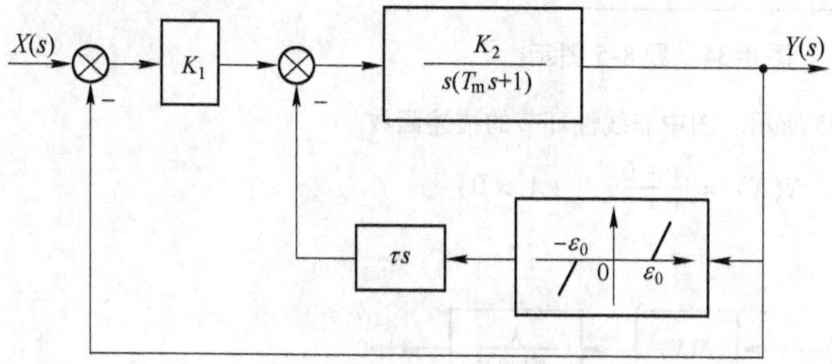

图 8-30　非线性阻尼控制

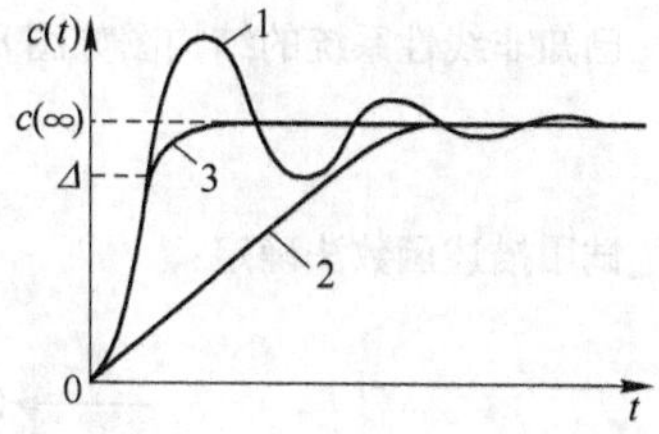

图 8-31　非线性阻尼下的阶跃响应

思考题及习题

8-1　请回答下列问题：

（1）在确定非线性系统描述函数时，要求非线性元件不是时间的函数，并要求具有斜对称性，为什么？

（2）线性元件的传递函数与非线性元件的描述函数有什么相同点和不同点？

（3）非线性系统线性部分的频率特征与非线性元件的负倒幅相特征相等时，系统将出现临界振荡，其理论依据是什么？

8-2　试求图 8-32 所示非线性特性的描述函数。

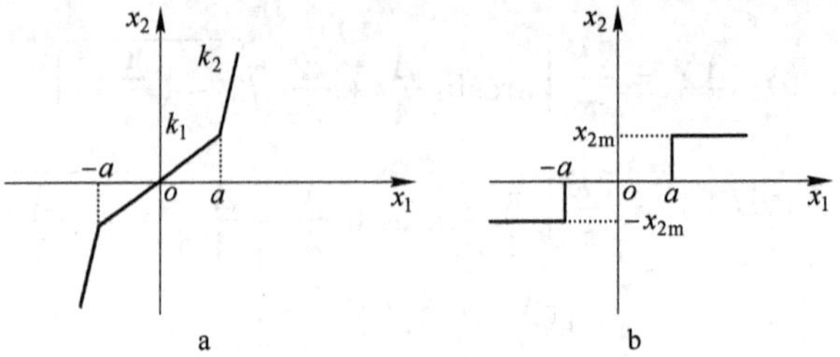

图 8-32 题 8-2 图示

8-3 用描述函数法分析图 8-33 所示非线性系统的稳定性和自激振荡情况。

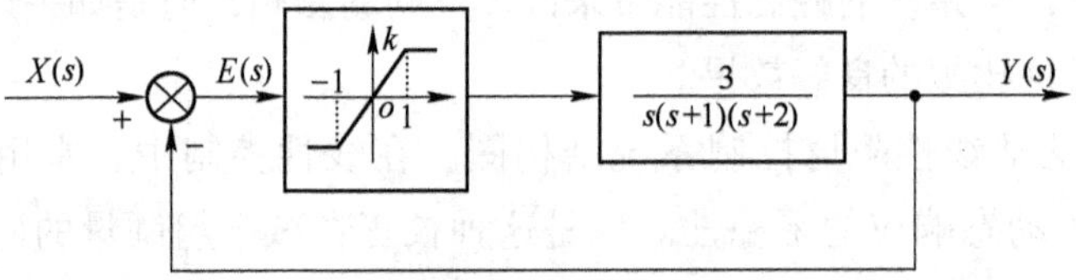

图 8-33 题 8-3 图示

8-4 试求由非线性特性 $y = x^3$ 所表示的非线性元件的描述函数。式中，x 为非线性元件的输入（正弦信号）；y 为非线性元件的输出。

8-5 图 8-34 所示系统是否稳定？

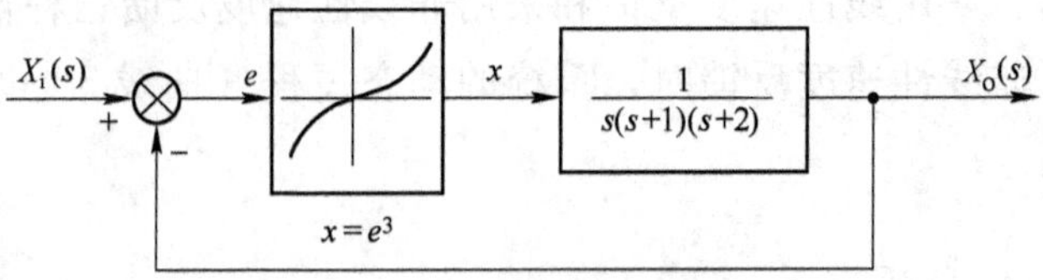

图 8-34 题 8-5 图示

8-6 已知非线性系统的结构图如图 8-35 所示。图中非线性环节的描述函数

$$N(X) = \frac{A+6}{A+2} \qquad (A > 0)$$

试用描述函数法确定：

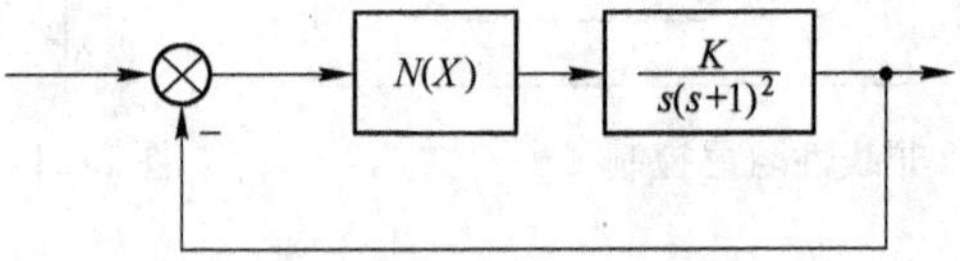

图 8-35 题 8-6 图示

（1）使该非线性系统稳定、不稳定以及产生周期运动时，线性部分的 K 值范围；

（2）判断周期运动的稳定性，并计算稳定周期运动的振幅和频率。

9 线性离散系统初步

从控制系统中信号的形式来划分控制系统的类型，可以把控制系统划分为连续控制系统和离散控制系统，在前面各章所研究的控制系统中，各个变量都是时间的连续函数，称为连续控制系统。随着计算机被引入控制系统，使控制系统中有一部分信号不是时间的连续函数，而是一组离散的脉冲序列或数字序列，这样的系统称为离散控制系统。

离散控制系统是以微处理器及微型计算机为基础，融汇计算机技术、数据通信技术、CRT 屏幕显示技术和自动控制技术为一体的计算机控制系统，它对生产过程进行集中操作管理和分散控制。

离散系统与连续系统相比，有许多分析研究方面的相似性。利用 z 变换法研究离散系统，可以把连续系统中的许多概念和方法推广应用于离散系统。

9.1 离散系统

通常，当离散控制系统中的离散信号是脉冲序列形式时，称为采样控制系统或脉冲控制系统；而当离散系统中的离散信号是数码序列形式时，称为数字控制系统或计算机控制系统。在理想采样及忽略量化误差情况下，数字控制系统近似于采样控制系统，将它们统称为离散系统。

9.1.1 采样控制系统

采样器在采样控制系统中可以有多个位置，用得最多的是误差采样控制的闭环采样系统，其典型结构图如图 9-1 所示。图中，S 为采样开关，$G_h(s)$ 为保持器的传递函数，$G_o(s)$ 为被控对象的传递函数，$H(s)$ 为测量元件的传递函数。

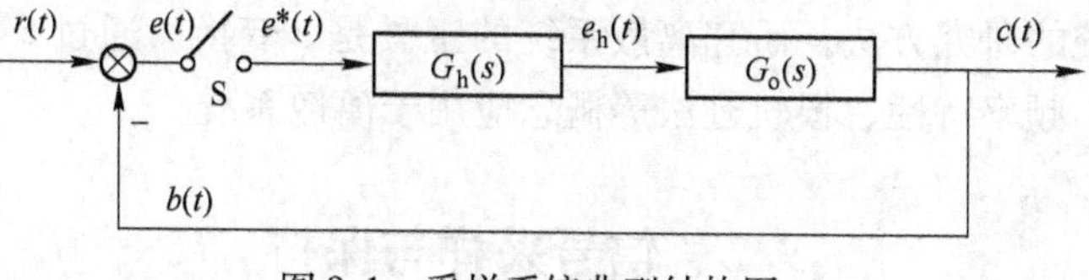

图 9-1 采样系统典型结构图

9.1.2 数字控制系统

数字控制系统的典型原理图如图 9-2 所示。它由工作于离散状态下的计算机（数字控制器）$G_c(s)$，工作于连续状态下的被控对象 $G_o(s)$ 和测量元件 $H(s)$ 组成。在每个采样周期中，计算机先对连续信号进行采样编码（即 A/D 转换），然后按控制律进行数码运算，最后将计算结果通过 D/A 转换器转换成连续信号控制被控对象。因此，A/D 转换器和 D/A 转换器是计算机控制系统中的两个特殊环节。

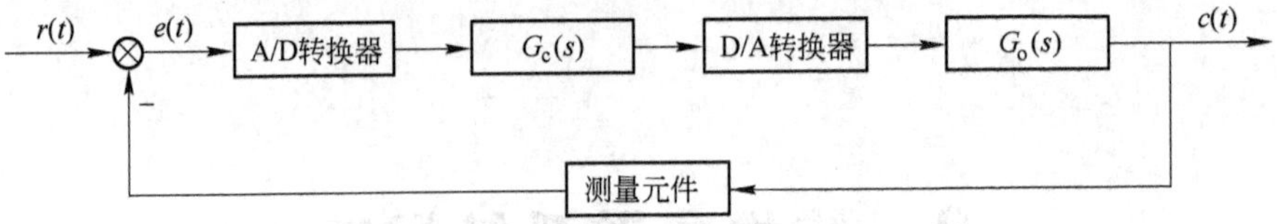

图 9-2 计算机控制系统典型原理图

9.1.2.1 A/D 转换器

A/D 转换器是把连续的模拟信号转换为离散数字信号的装置。A/D 转换包括两个过程：一是采样过程，即每隔 T 秒对连续信号 $e(t)$ 进行一次采样，得到采样信号 $e^*(t)$ 如图 9-3 所示；二是量化过程，在计算机中，任何数值都用二进制表示，因此，幅值上连续的离散信号 $e^*(t)$ 必须经过编码表示成最小二进制数的整数倍，成为离散数字信号 $\bar{e}^*(t)$，才能进行运算。数字计算机中的离散数字信号 $\bar{e}^*(t)$ 在时间和幅值上都是间断的。

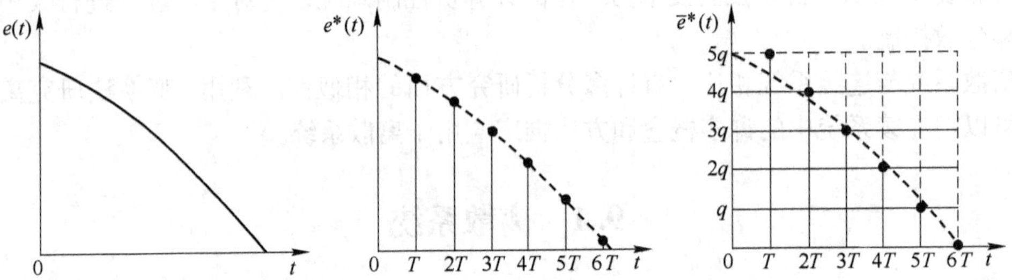

图 9-3 A/D 转换过程

9.1.2.2 D/A 转换器

D/A 转换器是把离散的数字信号转换为连续模拟信号的装置。D/A 转换也有两个过程：一是解码过程，把离散数字信号转换为离散的模拟信号；二是复现过程，经过保持器将离散模拟信号复现为连续模拟信号。

如果量化单位 q 足够小，则由量化引起的幅值的断续性（即量化误差）可以忽略。若认为采样编码过程瞬时完成，则 A/D 转换器就可以用一个每隔 T 秒瞬时闭合一次的理想采样开关 S 来表示。这样，数字控制系统等效于采样控制系统。

在离散系统中，系统的一处或多处信号是脉冲序列或数码，控制的过程是不连续的；不能沿用连续系统的研究方法。研究离散系统的工具是 z 变换，通过 z 变换，可以把我们熟悉的传递函数、频率特性、根轨迹法等概念应用于离散系统。

9.2 信号采样与保持

采样和保持对于离散系统来说非常重要，因此，为了定量研究离散系统，必须用数学方法对信号的采样过程和保持过程加以描述。

9.2.1 信号采样

在采样控制系统中，把连续信号转变为脉冲序列的过程称为采样过程，简称采样。实现采样的装置称为采样器，或采样开关。用 T 表示采样周期，单位为 s 。$f_s = 1/T$ 表示采样频率，单位为 s^{-1}；$\omega_s = 2\pi f_s = 2\pi/T$ 表示采样角频率，单位为 r/s。在实际应用中，采样开关多为电子开关，闭合时间极短，采样持续时间 τ 远小于采样周期 T，也远小于系统连续部分的最大时间常数。

9.2.1.1 采样信号的数学表示

一个理想采样器可以看成是一个载波为理想单位脉冲序列 $\delta_T(t)$ 的幅值调制器，即理想采样器的输出信号 $e^*(t)$，是连续输入信号 $e(t)$ 调制在载波 $\delta_T(t)$ 上的结果，如图9-4所示。

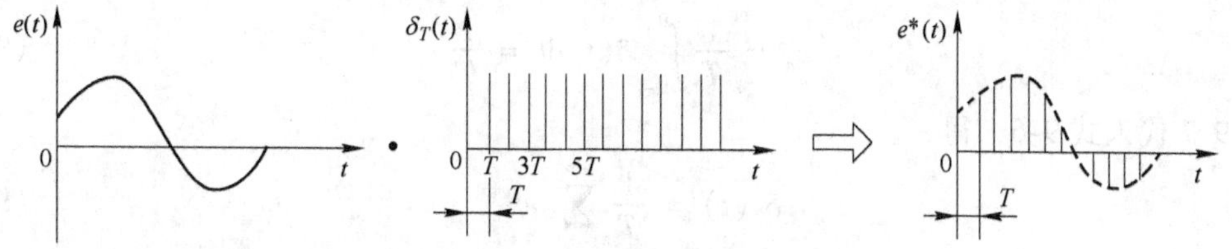

图9-4 信号的采样

用数学表达式描述上述调制过程，则有

$$e^*(t) = e(t)\delta_T(t) \tag{9-1}$$

理想单位脉冲序列 $\delta_T(t)$ 可以表示为

$$\delta_T(t) = \sum_{n=0}^{\infty} \delta(t - nT) \tag{9-2}$$

其中 $\delta(t - nT)$ 是出现在时刻 $t = nT$，强度为1的单位脉冲，故式9-1可以写为

$$e^*(t) = e(t)\sum_{n=0}^{\infty} \delta(t - nT)$$

由于 $e(t)$ 的数值仅在采样瞬时才有意义，同时，假设

$$e(t) = 0 \qquad \forall t < 0$$

所以 $e^*(t)$ 又可表示为

$$e^*(t) = \sum_{n=0}^{\infty} e(nT)\delta(t - nT) \tag{9-3}$$

9.2.1.2 采样信号的拉氏变换

对采样信号 $e^*(t)$ 进行拉氏变换，可得

$$E^*(s) = L[e^*(t)] = L\left[\sum_{n=0}^{\infty} e(nT)\delta(t - nT)\right] = \sum_{n=0}^{\infty} e(nT)L[\delta(t - nT)] \tag{9-4}$$

根据拉氏变换的位移定理，有

$$L[\delta(t - nT)] = e^{-nTs}\int_0^{\infty} \delta(t)e^{-st}dt = e^{-nTs}$$

所以，采样信号的拉氏变换

$$E^*(s) = \sum_{n=0}^{\infty} e(nT)e^{-nTs} \tag{9-5}$$

9.2.1.3 香农采样定理

前已指出，要对对象进行控制，通常要把采样信号恢复成原连续信号。但是信号能否恢复到原来的形状，主要决定于采样信号是否包含反映原信号的全部信息。实际上这又与采样频率有关。下面分析采样前后信号频谱的关系。

式 9-2 表明，理想单位脉冲序列 $\delta_T(t)$ 是周期函数，可以展开为傅氏级数的形式，即

$$\delta_T(t) = \sum_{n=-\infty}^{+\infty} c_n e^{jn\omega_s t} \tag{9-6}$$

式中，$\omega_s = 2\pi/T$，为采样角频率；c_n 是傅氏系数，其值为

$$c_n = \frac{1}{T}\int_{-T/2}^{T/2} \delta_T(t) e^{-jn\omega_s t} dt$$

由于在 $[-T/2, T/2]$ 区间中，$\delta_T(t)$ 仅在 $t = 0$ 时有值，且 $e^{-jn\omega_s t}|_{t=0} = 1$，所以

$$c_n = \frac{1}{T}\int_{0_-}^{0_+} \delta(t) dt = \frac{1}{T} \tag{9-7}$$

将式 9-7 代入式 9-6，得

$$\delta_T(t) = \frac{1}{T}\sum_{n=-\infty}^{+\infty} e^{jn\omega_s t} \tag{9-8}$$

再把式 9-8 代入式 9-1，有

$$e^*(t) = \frac{1}{T}\sum_{n=-\infty}^{+\infty} e(t) e^{jn\omega_s t} \tag{9-9}$$

上式两边取拉氏变换，由拉氏变换的复数位移定理，得到

$$E^*(s) = \frac{1}{T}\sum_{n=-\infty}^{+\infty} E(s + jn\omega_s) \tag{9-10}$$

令 $s = j\omega$，得到采样信号 $e^*(t)$ 的傅氏变换

$$E^*(j\omega) = \frac{1}{T}\sum_{n=-\infty}^{+\infty} E[j(\omega + n\omega_s)] \tag{9-11}$$

其中，$E(j\omega)$ 为非周期连续信号 $e(t)$ 的傅氏变换，即

$$E(j\omega) = \int_{-\infty}^{+\infty} e(t) e^{-j\omega} dt \tag{9-12}$$

它的频谱 $|E(j\omega)|$ 是频域中的非周期连续信号，如图 9-5 所示，其中 ω_h 为频谱 $|E(j\omega)|$ 中的最大角频率。

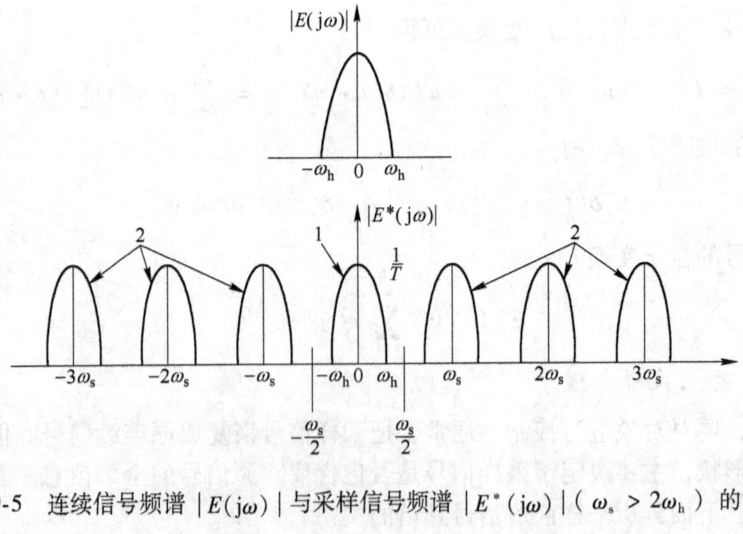

图 9-5 连续信号频谱 $|E(j\omega)|$ 与采样信号频谱 $|E^*(j\omega)|$（$\omega_s > 2\omega_h$）的比较

采样信号 $e^*(t)$ 的频谱 $|E^*(j\omega)|$，是连续信号频谱 $|E(j\omega)|$ 以采样角频率 ω_s 为周期的无穷多个频谱的延拓，如图 9-5 所示。其中，$n=0$ 的频谱称为采样频谱的主分量，如曲线 1 所示，它与连续频谱 $|E(j\omega)|$ 形状一致，仅在幅值上变化了 $1/T$，其余频谱（$n=\pm1, \pm2, \cdots$）都是由于采样而引起的高频频谱。图 9-5 表明的是采样角频率 ω_s 大于两倍 ω_h 的情况，采样频谱中没有发生频率混叠，利用图 9-6 所示的理想低通滤波器可恢复原来连续信号的频谱。

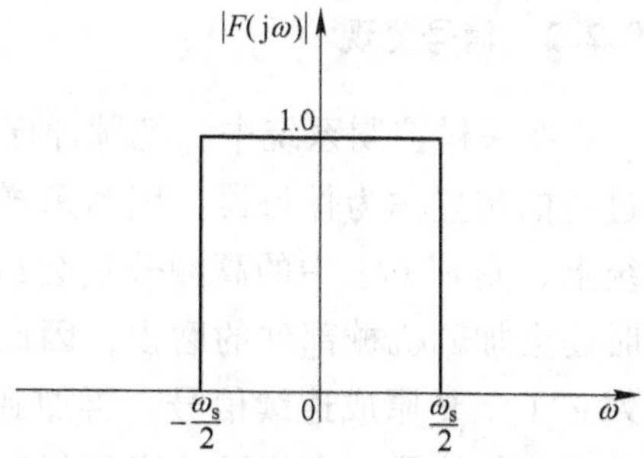

图 9-6 理想低通滤波器的频率特性

如果加大采样周期 T，采样角频率 ω_s 相应减小，当 $\omega_s < 2\omega_h$ 时，采样频谱的主分量与高频分量会产生频谱混叠，如图 9-7 所示。这时，即使采用理想滤波器也无法恢复原来连续信号的频谱。因此，要从采样信号 $e^*(t)$ 中完全复现出采样前的连续信号 $e(t)$，对采样角频率 ω_s 应有一定的要求。

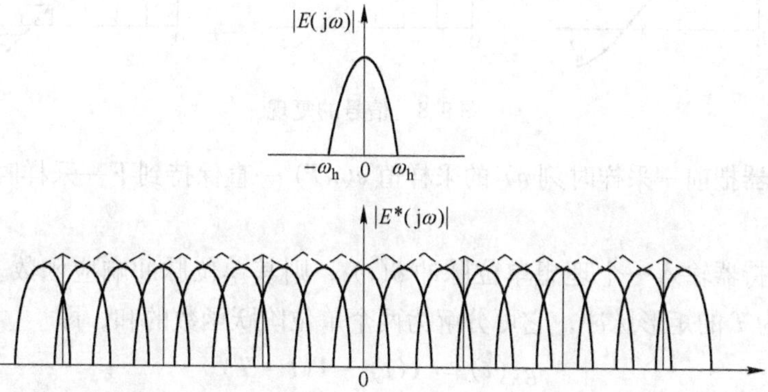

图 9-7 连续信号频谱 $|E(j\omega)|$ 与采样信号频谱 $|E^*(j\omega)|$（$\omega_s < 2\omega_h$）的比较

香农采样定理指出：如果采样器的输入信号 $e(t)$ 具有有限带宽，即有直到 ω_h 的频率分量，若要从采样信号 $e^*(t)$ 中完整地恢复信号 $e(t)$，则模拟信号的采样角频率 ω_s，或采样周期 T 必须满足下列条件：

$$\omega_s \geqslant 2\omega_h \quad 或 \quad T \leqslant \frac{\pi}{\omega_h} \tag{9-13}$$

这就是说，如果选择的采样角频率足够高，使得对连续信号所含的最高次谐波，能做到在一个周期内采样两次以上的话，那么经采样后所得到的脉冲序列，就包含了原连续信号的全部信息。就有可能通过理想滤波器把原信号毫无失真地恢复出来。否则采样频率过低，信息损失很多，原信号就不能准确复现。

由图 9-5 可见，在满足香农采样定理的条件下，要想不失真地将采样器输出信号复现成原来的连续信号，需要采用图 9-6 所示的理想低通滤波器，然而理想低通滤波器物理上不可实现，因此工程上常用零阶保持器。

在设计离散系统时，香农采样定理是必须严格遵守的一条准则，它指明了从采样信号中不失真地复现原连续信号的采样周期 T 的上界或采样角频率 ω_s 的下界。

9.2.2 信号复现

在采样控制系统中，把脉冲序列转变为连续信号的过程称为信号复现。实现复现过程的装置称为保持器。因为采样器输出的是脉冲序列 $e^*(t)$，如果直接加到连续系统上，则 $e^*(t)$ 中的高频分量会给系统中的连续部分引入噪声，影响控制质量，严重时还会加剧机械部件的磨损，因此，需要在采样器后面串联一个保持器，以使脉冲序列 $e^*(t)$ 复原成连续信号，再加到系统的连续部分。如图 9-8 所示，最简单的保持器是零阶保持器，它将脉冲序列复现为阶梯信号。当采样频率足够高时，阶梯接近于原连续信号。

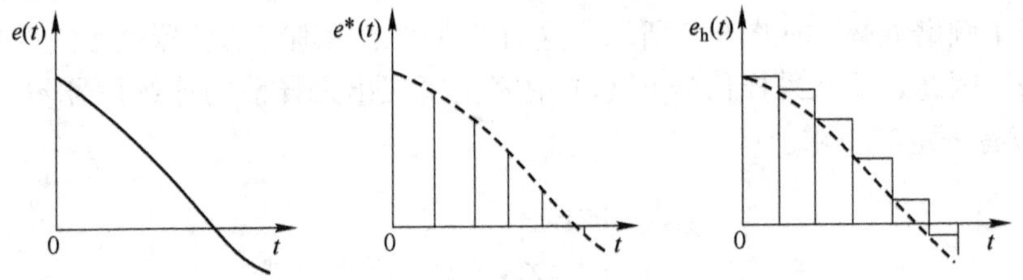

图 9-8 信号的复现

零阶保持器把前一采样时刻 nT 的采样值 $e(nT)$ 一直保持到下一采样时刻 $(n+1)T$ 到来之前。

给零阶保持器输入一个理想单位脉冲 $\delta(t)$，则其单位脉冲响应函数 $g_h(t)$ 是幅值为 1，持续时间为 T 的矩形脉冲，它可分解为两个单位阶跃函数的和，即

$$g_h(t) = 1(t) - 1(t-T) \tag{9-14}$$

对脉冲响应函数 $g_h(t)$ 取拉氏变换，可得零阶保持器的传递函数

$$G_h(s) = \frac{1}{s} - \frac{e^{-Ts}}{s} = \frac{1-e^{-Ts}}{s} \tag{9-15}$$

在式 9-15 中，令 $s = j\omega$，得零阶保持器的频率特性：

$$G_h(j\omega) = \frac{1-e^{-j\omega T}}{j\omega} = \frac{2e^{-j\omega t/2}(e^{j\omega t/2} - e^{-j\omega t/2})}{2j\omega} = T\frac{\sin(T\omega/2)}{T\omega/2}e^{-jT\omega/2} \tag{9-16}$$

若以采样角频率 $\omega_s = 2\pi/T$ 来表示，则上式可表示为

$$G_h(j\omega) = \frac{2\pi}{\omega_s} \cdot \frac{\sin \pi(\omega/\omega_s)}{\pi(\omega/\omega_s)}e^{-j\pi(\omega/\omega_s)} \tag{9-17}$$

根据上式，可画出零阶保持器的幅频特性和相频特性图，如图 9-9 所示。由图可见，零阶保持器具有如下特性。

(1) 低通特性：零阶保持器基本上是一个低通滤波器，但不是理想低通滤波器。高频分量仍有一部分可以通过，从而造成数字控制系统的输出频谱在高频段存在纹波。

(2) 相角滞后特性：由相频特性可见，零阶保持器要产生相角滞后，且随 ω 的增大而加大，从而使系统的稳定性变差。

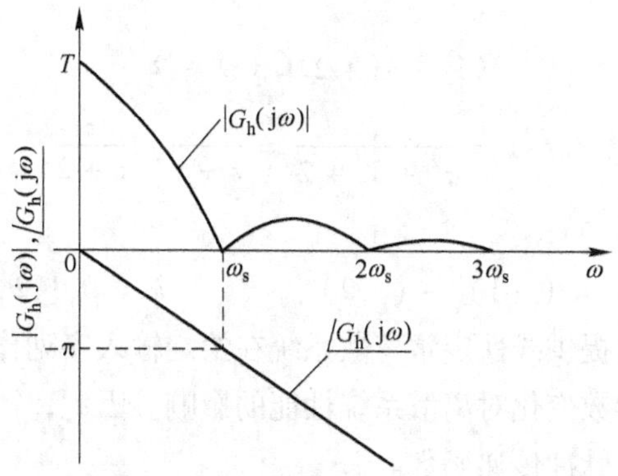

图9-9 零阶保持器的频率特性

9.3 离散系统的数学模型

离散控制系统的数学模型包含三个基本内容：差分方程、z 变换、脉冲传递函数。这些内容与连续系统中数学模型的基本内容：微分方程、拉氏变换、传递函数有平行的对应关系。本节主要介绍差分方程及其解法，脉冲传递函数的定义，以及求开环脉冲传递函数和闭环脉冲传递函数的方法。

9.3.1 线性常系数差分方程及其解法

对于线性定常离散系统，k 时刻的输出 $c(k)$，不但与 k 时刻的输入 $r(k)$ 有关，而且与 k 时刻以前的输入 $r(k-1), r(k-2), \cdots$ 有关，同时还与 k 时刻以前的输出 $c(k-1), c(k-2), \cdots$ 有关。这种关系一般可以用 n 阶后向差分方程来描述，即

$$c(k) = -\sum_{i=1}^{n} a_i c(k-i) + \sum_{j=0}^{m} b_j r(k-j) \tag{9-18}$$

式中，$a_i, i \in (1, n)$ 和 $b_j, j = 0, 1, \cdots, m$ 为常系数，$m \leqslant n$。式9-18 称为 n 阶线性常系数差分方程。

线性定常离散系统也可以用 n 阶前向差分方程来描述，即

$$c(k+n) = -\sum_{i=1}^{n} a_i c(k+n-i) + \sum_{j=0}^{m} b_j r(k+m-j) \tag{9-19}$$

工程上求解常系数差分方程通常采用迭代法和 z 变换法。迭代法适于用计算机求解，下面主要介绍 z 变换法。

方法如下：对差分方程两端取 z 变换，并利用 z 变换的实数位移定理，得到以 z 为变量的代数方程，然后对代数方程的解 $C(z)$ 取 z 反变换，可求得输出序列 $c(k)$。

例 9-1 试用 z 变换法解下列差分方程

$$c(k+2) + 3c(k+1) + 2c(k) = 0$$

已知初始条件为 $c(0) = 0, c(1) = 1$，求 $c(k)$。

解：对方程两边取 z 变换，并应用时移定理，得

$$z^2 C(z) - z^2 c(0) - zc(1) + 3zC(z) - 3zc(0) + 2C(z) = 0$$

代入初始条件，整理后得

$$(z^2+3z+2)C(z)=z$$

$$C(z)=\frac{z}{z^2+3z+2}=\frac{z}{z+1}-\frac{z}{z+2}$$

查变换表，进行反变换得

$$c(k)=(-1)^k-(-2)^k \qquad k=0,1,2,\cdots$$

差分方程的解，可以提供线性定常离散系统在给定输入序列作用下的输出响应序列特性，但不便于研究系统参数变化对离散系统性能的影响。因此，需要研究线性定常离散系统的另一种数学模型——脉冲传递函数。

9.3.2 脉冲传递函数

9.3.2.1 脉冲传递函数定义

设离散系统如图9-10所示，如果系统的输入信号为 $r(t)$，采样信号 $r^*(t)$ 的 z 变换函数为 $R(z)$，系统连续部分的输出为 $c(t)$，采样信号 $c^*(t)$ 的 z 变换函数为 $C(z)$，则线性定常离散系统的脉冲传递函数定义为：在零初始条件下，系统输出采样信号的 z 变换 $C(z)$ 与输入采样信号的 z 变换 $R(z)$ 之比，记作

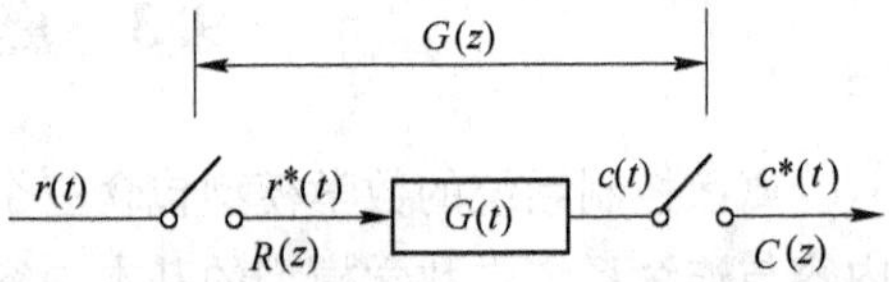

图9-10 开环采样系统

$$G(z)=\frac{C(z)}{R(z)}=\frac{\sum_{n=0}^{\infty}c(nT)z^{-n}}{\sum_{n=0}^{\infty}r(nT)z^{-n}} \tag{9-20}$$

所谓零初始条件，是指在 $t<0$ 时，输入脉冲序列各采样值 $r(-T),r(-2T),\cdots$ 以及输出脉冲序列各采样值 $c(-T),c(-2T),\cdots$ 均为零。

式9-20表明，如果已知 $R(z)$ 和 $G(z)$，则在零初始条件下，线性定常离散系统的输出采样信号为

$$c(nT)=Z^{-1}[C(z)]=Z^{-1}[G(z)R(z)]$$

9.3.2.2 脉冲传递函数的性质

脉冲传递函数的性质如下：

(1) 脉冲传递函数是复变量 z 的复函数（一般是有理分式）；

(2) 脉冲传递函数只与系统自身的结构、参数有关；

(3) 系统的脉冲传递函数与系统的差分方程有直接关系；

(4) 系统的脉冲传递函数是系统的单位脉冲响应序列的 z 变换；

(5) 系统的脉冲传递函数在 z 平面上有对应的零、极点分布。

9.3.2.3 由传递函数求脉冲传递函数

传递函数 $G(s)$ 的拉氏反变换是单位脉冲函数 $k(t)$，将 $k(t)$ 离散化得到脉冲响应序

列 $k(nT)$，将 $k(nT)$ 进行 z 变换可得到 $G(z)$，这一变换过程可表示如下：

$$G(s) \Rightarrow L^{-1}[G(s)] = k(t) \Rightarrow \text{离散化}\, k(t) = k(nT) \Rightarrow Z[k(nT)] = G(z)$$

上述变换过程表明，只要将 $G(s)$ 表示成 z 变换表中的标准形式，直接查表可得 $G(z)$。

由于利用 z 变换表可以直接从 $G(s)$ 得到 $G(z)$，而不必逐步推导，所以常把上述过程表示为 $G(z) = Z[G(s)]$，并称之为 $G(s)$ 的 z 变换。

9.3.3 开环系统脉冲传递函数

当开环离散系统由几个环节串联组成时，由于采样开关的数目和位置不同，求出的开环脉冲传递函数也不同。

9.3.3.1 串联环节之间有采样开关时

图 9-11a 所示两个串联环节间有采样器隔开，所以有

$$R_1(z) = G_1(z)R(z) \tag{9-21}$$

$$C(z) = G_2(z)R_1(z) \tag{9-22}$$

式中，$G_1(z)$、$G_2(z)$ 分别为线性环节 $G_1(s)$、$G_2(s)$ 的脉冲传递函数，即 $G_1(z) = Z[G_1(s)]$，$G_2(z) = Z[G_2(s)]$，则由式 9-21 和式 9-22 可得

$$C(z) = G_1(z)G_2(z)R(z)$$

所以，图 9-11a 所示系统的脉冲传递函数为

$$G(z) = \frac{C(z)}{R(z)} = G_1(z)G_2(z)$$

可见，两个环节间有采样器隔开时，则环节串联等效脉冲传递函数为两个环节的脉冲传递函数的乘积。同理，n 个环节串联，且所有环节之间均有采样器隔开时，则等效脉冲传递函数为所有环节的脉冲传递函数的乘积。即

$$G(z) = G_1(z)G_2(z)\cdots G_n(z) \tag{9-23}$$

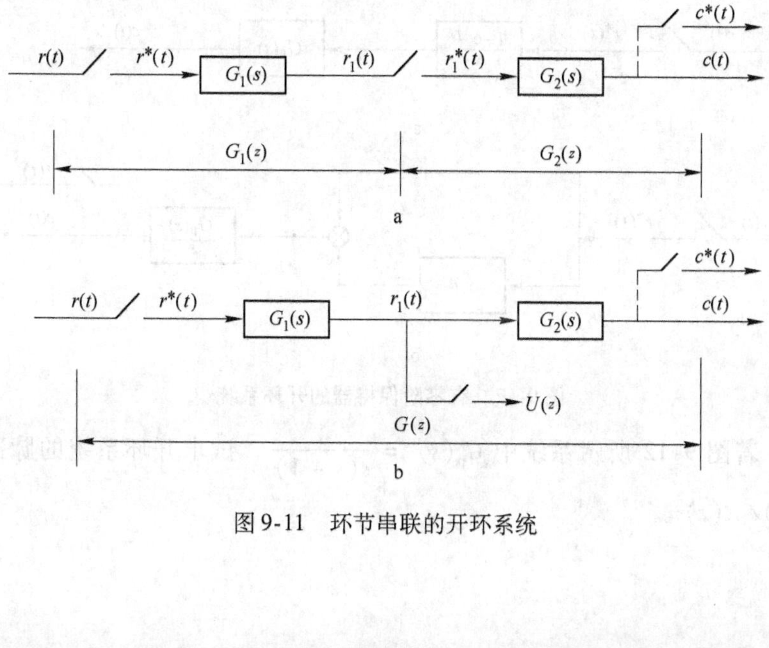

图 9-11 环节串联的开环系统

9.3.3.2　串联环节之间无采样开关时

如图 9-11b 所示，由于环节间没有采样器，因而 $G_2(s)$ 环节输入的信号不是脉冲序列，而是连续函数，所以不能像图 9-11a 那样求 $G_2(z)=C(z)/R_1(z)$，而应先把 $G_1(s)$、$G_2(s)$ 进行串联运算求出等效环节 $G_1(s)G_2(s)$，则 $G_1(s)G_2(s)$ 的 z 变换才是 $C(z)$、$R(z)$ 之间的脉冲传递函数。即

$$G(z)=\frac{C(z)}{R(z)}=Z[G_1(s)G_2(s)]=G_1G_2(z) \tag{9-24}$$

式中，$G_1G_2(z)$ 表示 $G_1(s)G_2(s)$ 乘积经采样后的 z 变换。显然

$$Z[G_1(s)G_2(s)]=G_1G_2(z)\neq G_1(z)G_2(z) \tag{9-25}$$

即各环节传递函数乘积的 z 变换，不等于各环节传递函数 z 变换的乘积。

由此可知，两个串联环节间无采样器隔开时，则等效脉冲传递函数等于两个环节传递函数乘积经采样后的 z 变换。同理，此结论也使用于多个环节串联而无采样器隔开的情况，即有

$$G(z)=Z[G_1(s)G_2(s)\cdots G_n(s)]=G_1G_2\cdots G_n(z) \tag{9-26}$$

9.3.3.3　有零阶保持器时

设有零阶保持器的开环离散系统如图 9-12a 所示。将图 9-12a 变换为图 9-12b 所示的等效开环系统，则有

$$C(z)=Z\left[(1-e^{-sT})\frac{G_p(s)}{s}\right]R_{(z)}=(1-z^{-1})Z\left[\frac{G_p(s)}{s}\right]R(z)$$

于是，有零阶保持器时，开环系统脉冲传递函数为

$$G(z)=\frac{C(z)}{R(z)}=(1-z^{-1})Z\left[\frac{G_p(s)}{s}\right] \tag{9-27}$$

零阶保持器不改变开环脉冲传递函数的阶数，也不影响开环脉冲传递函数的极点，只影响开环零点。

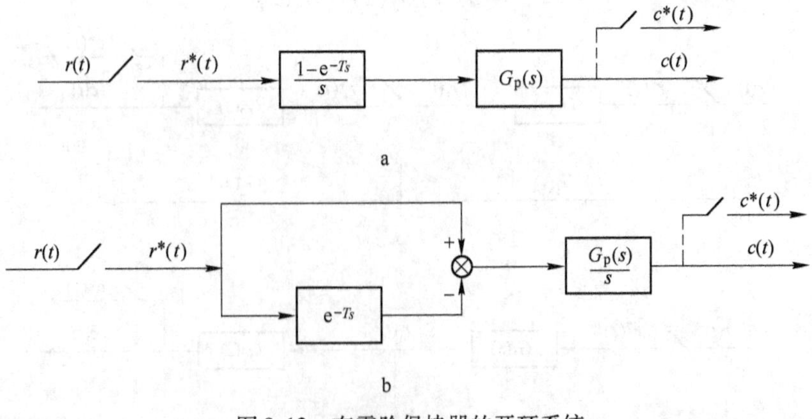

图 9-12　有零阶保持器的开环系统

例 9-2　若图 9-12 所示系统中 $G_p(s)=\dfrac{1}{s(s+1)}$，试求开环系统的脉冲传递函数 $G(z)=C(z)/R(z)$。

解： $$\frac{G_p(s)}{s}=\frac{1}{s^2(s+1)}=\frac{1}{s^2}-\frac{1}{s}+\frac{1}{s+1}$$

查变换表，进行 z 变换，得

$$Z\left[\frac{G_p(s)}{s}\right]=Z\left[\frac{1}{s^2}-\frac{1}{s}-\frac{1}{s+1}\right]=\frac{Tz}{(z-1)^2}-\frac{z}{z-1}+\frac{z}{z-e^{-T}}$$

根据式 9-27 得

$$G(z)=\frac{z-1}{z}\left[\frac{Tz}{(z-1)^2}-\frac{z}{z-1}+\frac{z}{z-e^{-T}}\right]=\frac{T}{z-1}-1+\frac{z-1}{z-e^{-T}}$$
$$=\frac{(T-1+e^{-T})z+1-(T+1)e^{-T}}{z^2-(1+e^{-T})z+e^{-T}}$$

9.3.3.4 并联环节的脉冲传递函数

如图 9-13 所示，先介绍两个等效图形。

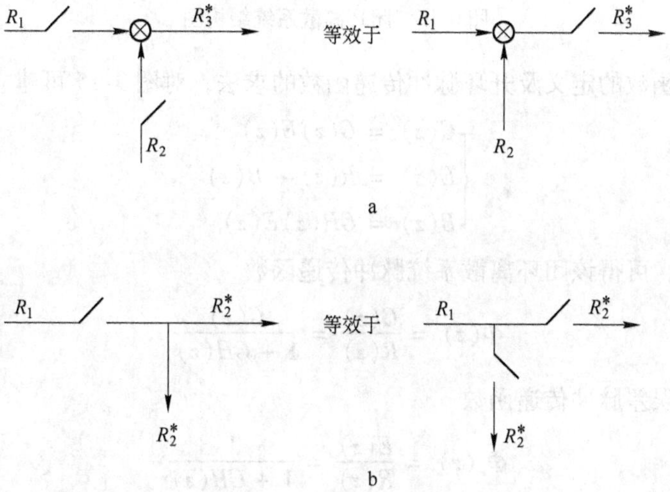

图 9-13 并联环节的等效

注意并联环节后的变量是相加减关系，只有同类型的变量才能相加减。因此我们讨论图 9-14 所示的并联环节。

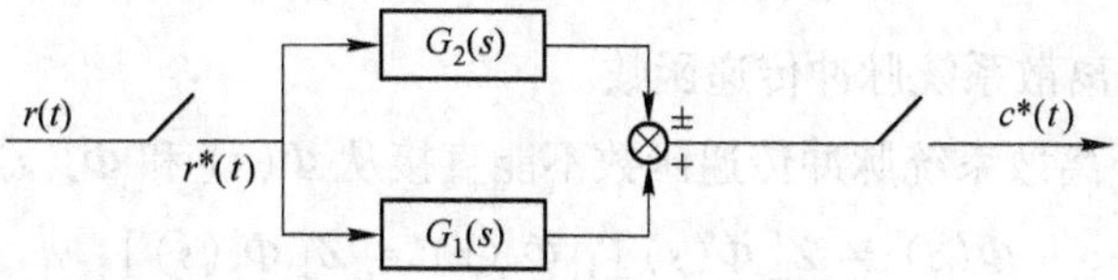

图 9-14 并联环节方框图

显然有

$$C(s)=R^*(s)\left[G_1(s)\pm G_2(s)\right]$$
$$C^*(s)=R^*(s)\left[G_1(s)\pm G_2(s)\right]$$
$$C(z)=R(z)G_1(z)\pm C(z)G_2(z)$$

即 $$G(z)=\frac{C(z)}{R(z)}=G_1(z)\pm G_2(z)$$

9.3.4 闭环系统脉冲传递函数

由于采样器在闭环系统中可以有多种配置，因此闭环离散系统结构图形式并不唯一。图 9-15 是一种比较常见的误差采样闭环离散系统结构图。图中，虚线所示的理想采样开关是为了便于分析而设的，所有理想采样开关都同步工作，采样周期为 T。

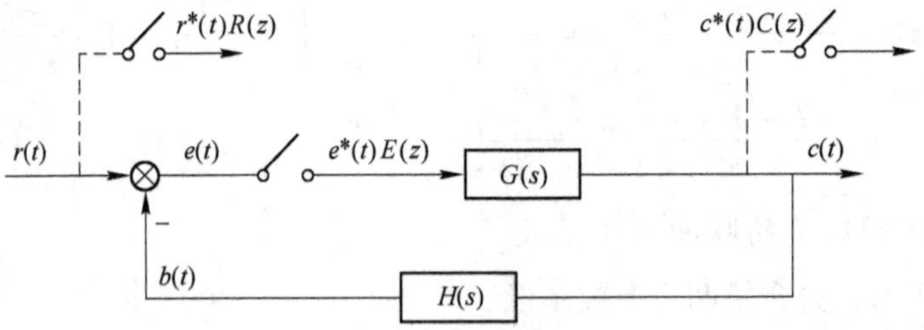

图 9-15 闭环离散系统结构图

由脉冲传递函数的定义及开环脉冲传递函数的求法，对图 9-15 可建立方程组如下：

$$\begin{cases} C(z) = G(z)E(z) \\ E(z) = R(z) - B(z) \\ B(z) = GH(z)E(z) \end{cases}$$

解上面联立方程，可得该闭环离散系统脉冲传递函数

$$\Phi(z) = \frac{C(z)}{R(z)} = \frac{G(z)}{1 + GH(z)} \tag{9-28}$$

闭环离散系统的误差脉冲传递函数

$$\Phi_e(z) = \frac{E(z)}{R(z)} = \frac{1}{1 + GH(z)} \tag{9-29}$$

式 9-28 和式 9-29 是研究闭环离散系统时经常用到的两个闭环脉冲传递函数。与连续系统相类似，令 $\Phi(z)$ 或 $\Phi_e(z)$ 的分母多项式为零，便可得到闭环离散系统的特征方程：

$$D(z) = 1 + GH(z) = 0 \tag{9-30}$$

式中，$GH(z)$ 为开环离散系统脉冲传递函数。

需要指出，闭环离散系统脉冲传递函数不能直接从 $\Phi(s)$ 和 $\Phi_e(s)$ 求 z 变换得来，即

$$\Phi(z) \neq Z[\Phi(s)],\ \Phi_e(z) \neq Z[\Phi_e(s)]$$

这是由于采样器在闭环系统中有多种配置的缘故。

用与上面类似的方法，还可以推导出采样器为不同配置形式的闭环系统的脉冲传递函数。但是，只要误差信号 $e(t)$ 处没有采样开关，输入采样信号 $r^*(t)$ 便不存在，此时不可能求出闭环离散系统的脉冲传递函数，而只能求出输出采样信号的 z 变换函数 $C(z)$ 。

表 9-1 列出了部分离散系统结构图及其脉冲传递函数。

表 9-1 部分离散系统结构图及其脉冲传递函数

序 号	结 构 图	$C(z)$
1	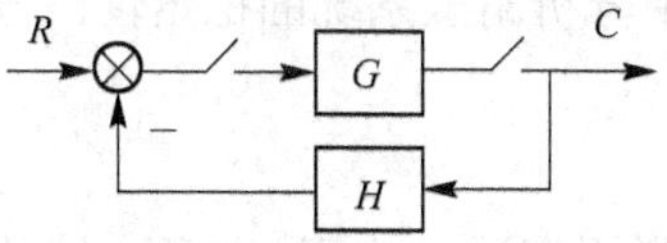	$C(z)=\dfrac{G(z)R(z)}{1+G(z)H(z)}$
2	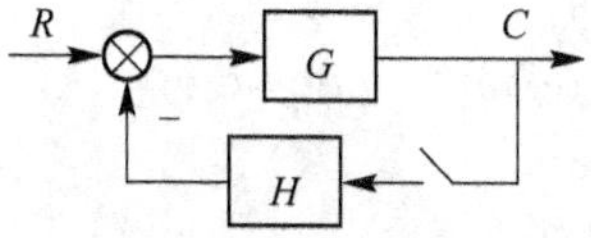	$C(z)=\dfrac{RG(z)}{1+HG(z)}$
3	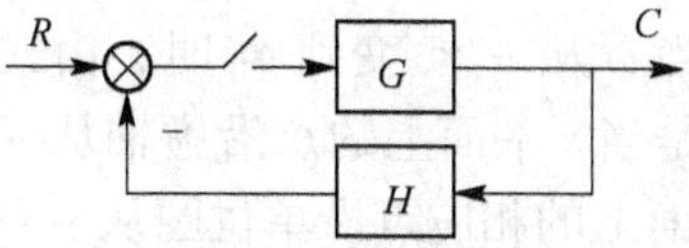	$C(z)=\dfrac{G(z)R(z)}{1+GH(z)}$
4	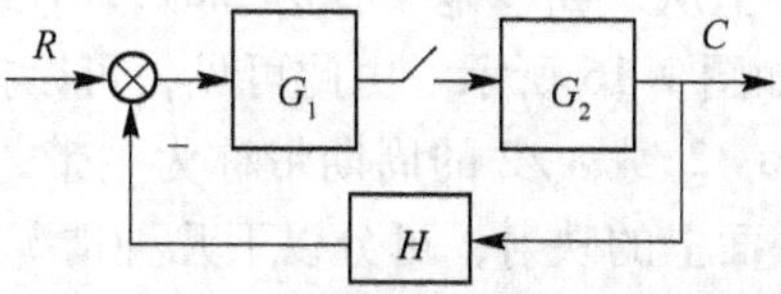	$C(z)=\dfrac{G_2(z)G_1R(z)}{1+G_1G_2H(z)}$
5	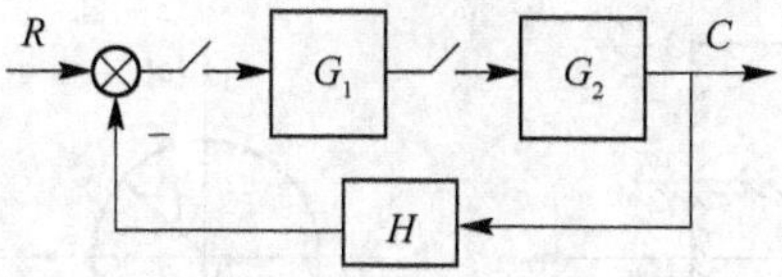	$C(z)=\dfrac{G_1(z)G_2(z)R(z)}{1+G_1(z)G_2H(z)}$
6	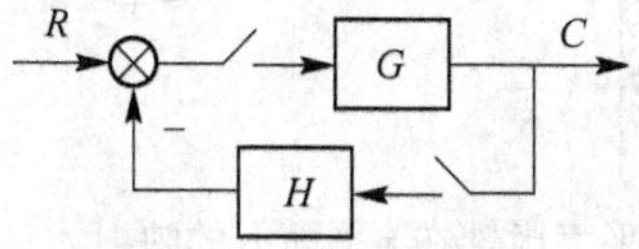	$C(z)=\dfrac{G(z)R(z)}{1+G(z)H(z)}$
7	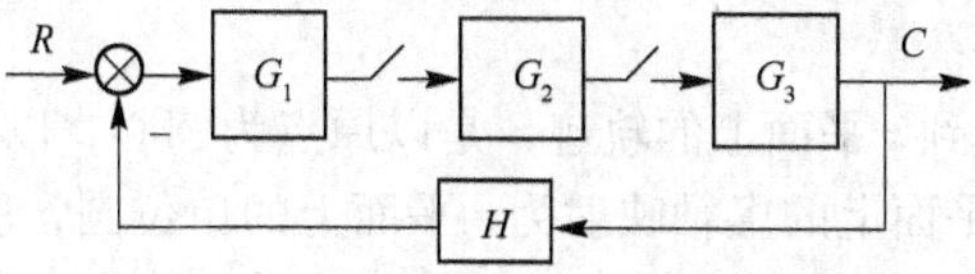	$C(z)=\dfrac{G_2(z)G_3(z)G_1R(z)}{1+G_2(z)G_1G_3H(z)}$
8	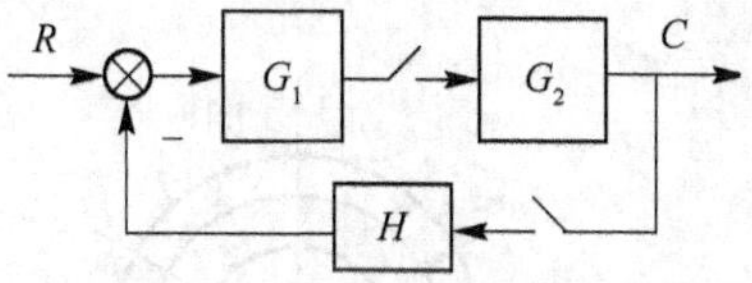	$C(z)=\dfrac{G_2(z)G_1R(z)}{1+G_2(z)G_1H(z)}$

9.4 离散系统的稳定性分析

稳定性分析是线性定常离散系统分析的重要内容。在 z 平面上分析离散系统的稳定性，可以借助于连续系统在 s 平面上稳定性的分析方法。为此首先需要研究 s 平面与 z 平面的映射关系。

本节主要讨论如何在 z 域和 ω 域中分析离散系统的稳定性。

9.4.1 s 域到 z 域的映射

在 z 变换定义中，$z = e^{sT}$（T 为采样周期）给出了 s 域到 z 域的映射关系。s 域中的任意点可表示为 $s = \sigma + j\omega$，映射到 z 域则为

$$z = e^{(\sigma + j\omega)T} = e^{\sigma T}e^{j\omega T} \tag{9-31}$$

于是 s 域到 z 域的基本映射关系式为

$$|z| = e^{\sigma T} \quad \angle z = \omega T \tag{9-32}$$

令 $\sigma = 0$，相当于取 s 平面的虚轴，当 ω 从 $-\infty$ 变到 ∞ 时，由式 9-31 知，映射到 z 平面的轨迹是以原点为圆心的单位圆。只是当 s 平面上的点沿虚轴从 $-\omega_s/2$ 移到 $\omega_s/2$ 时（其中 $\omega_s = 2\pi/T$，为采样角频率），z 平面上的相应点沿单位圆从 $-\pi$ 逆时针变化到 π，正好转了一圈；而当 s 平面上的点在虚轴上从 $-\omega_s/2$ 移到 $3\omega_s/2$ 时，z 平面上的相应点又将逆时针沿单位圆转过一圈。依次类推，如图 9-16 所示。由此可见，可以把 s 平面划分为无穷多条平行于实轴的周期带，其中从 $-\omega_s/2$ 到 $\omega_s/2$ 的周期带称为主带，其余的周期带称为辅带。为了研究 s 平面上的主带在 z 平面上的映射，可分以下几种情况讨论。

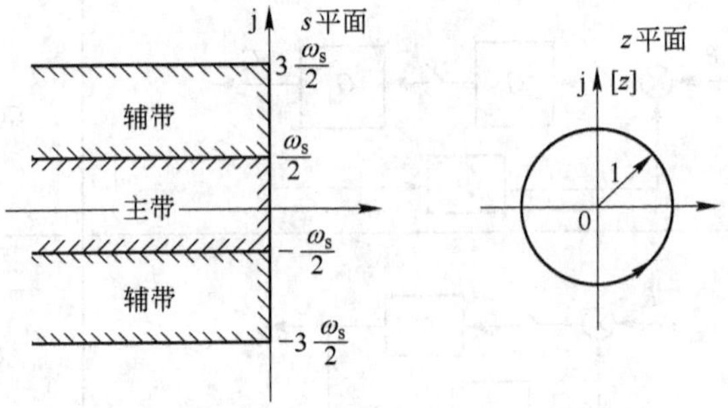

图 9-16 s 平面虚轴在 z 平面上的映射

9.4.1.1 等 σ 线映射

s 平面上的等 σ 垂线，映射到 z 平面上的轨迹，是以原点为圆心，以 $|z| = e^{\sigma T}$ 为半径的圆，如图 9-17 所示。由于 s 平面上的虚轴映射为 z 平面上的单位圆，所以左半 s 平面上的等 σ 线映射为 z 平面上的同心圆，在单位圆内；右半 s 平面上的等 σ 线映射为 z 平面上的同心圆，在单位圆外。

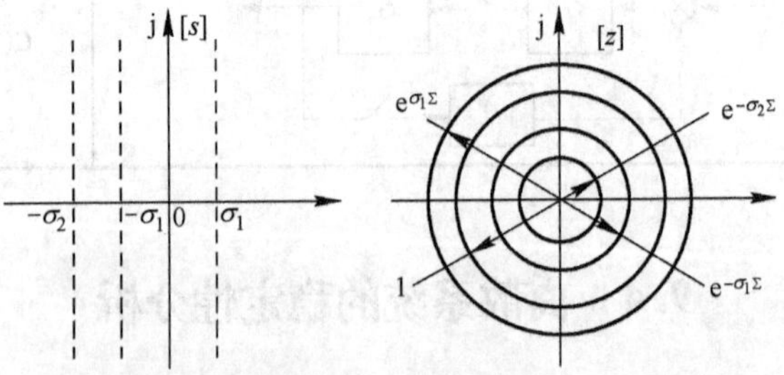

图 9-17 s 平面和 z 平面上的等 σ 轨迹

9.4.1.2 等 ω 线映射

在采样周期 T 确定的情况下，由式9-32可知，s 平面上的等 ω 水平线，映射到 z 平面上的轨迹，是一簇从原点出发的射线，其相角 $\angle z = \omega T$，以实轴正方向为基准，如图9-18所示。由图可见，s 平面上 $\omega = \omega_s/2$ 水平线，在 z 平面上正好映射为负实轴。

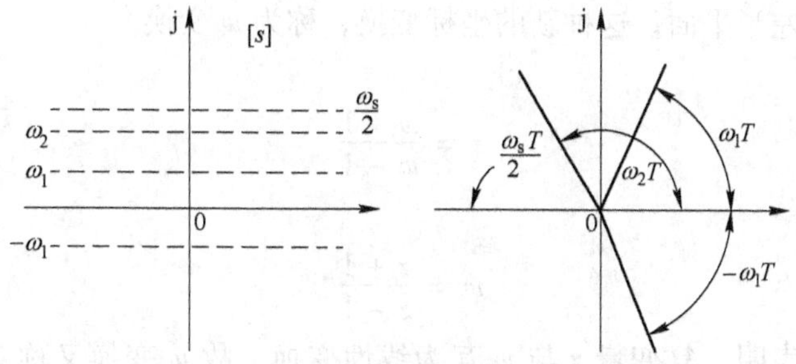

图9-18 s 平面和 z 平面上的等 ω 轨迹

有了以上映射关系，现在讨论 s 平面上周期带在 z 平面上的映射。设 s 平面上的主带如图9-19a所示，通过 $z = e^{sT}$ 变换，映射为 z 平面上的单位圆及单位圆内的负实轴，如图9-19b所示。类似地，由于

$$e^{(s+jn\omega_s)T} = e^{sT}e^{j2n\pi} = e^{sT} = z$$

因此左半 s 平面上所有辅带在 z 平面上均映射为相同的单位圆及单位圆内的负实轴。

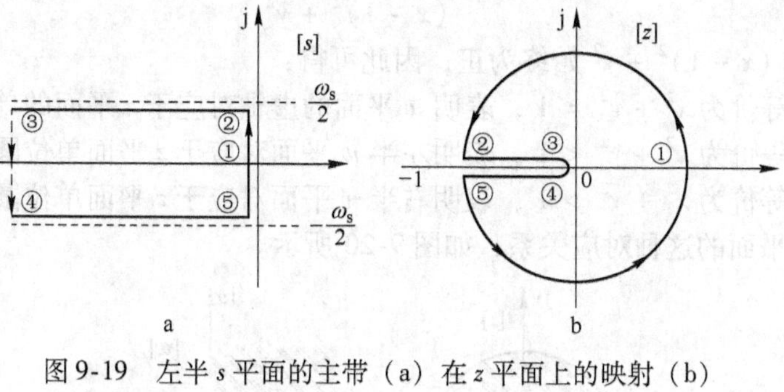

图9-19 左半 s 平面的主带（a）在 z 平面上的映射（b）

9.4.2 线性定常离散系统稳定的充分必要条件

离散系统稳定性的概念与连续系统相同。如果一个线性定常离散系统的脉冲响应序列趋于零，则系统是稳定的，否则系统不稳定。

由 s 域到 z 域的映射关系及连续系统的稳定判据，可知：

（1）s 左半平面映射为 z 平面单位圆内的区域，对应稳定区域；

（2）s 右半平面映射为 z 平面单位圆外的区域，对应不稳定区域；

（3）s 平面上的虚轴，映射为 z 平面的单位圆周，对应临界稳定情况，属不稳定。

所以，**线性定常离散系统稳定的充分必要条件是：系统闭环脉冲传递函数的全部极点均分布在 z 平面上以原点为圆心的单位圆内，或者系统所有特征根的模均小于1。**

9.4.3 离散系统的稳定性判据

9.4.3.1 w 变换与 w 域中的劳斯判据

连续系统中的劳斯稳定判据，实质上是用来判断系统特征方程的根是否都在左半 s 平面。而离散系统的稳定性需要确定系统特征方程的根是否都在 z 平面的单位圆内。因此在 z 域中不能直接套用劳斯判据，必须引入 z 域到 w 域的线性变换，使 z 平面单位圆内的区域映射成 w 平面上的左半平面，这种新的坐标变换，称为 w 变换。

如果令

$$z = \frac{w+1}{w-1} \tag{9-33}$$

则有

$$w = \frac{z+1}{z-1} \tag{9-34}$$

式 9-33 与式 9-34 表明，复变量 z 与 w 互为线性变换，故 w 变换又称双线性变换。令复变量

$$z = x + \mathrm{j}y\ ,\ w = u + \mathrm{j}v$$

代入式 9-34，得

$$u + \mathrm{j}v = \frac{(x^2+y^2)-1}{(x-1)^2+y^2} - \mathrm{j}\frac{2y}{(x-1)^2+y^2}$$

显然

$$u = \frac{(x^2+y^2)-1}{(x-1)^2+y^2}$$

由于上式的分母 $(x-1)^2+y^2$ 始终为正，因此可得：

(1) $u = 0$ 等价为 $x^2+y^2=1$，表明 w 平面的虚轴对应于 z 平面的单位圆周；

(2) $u < 0$ 等价为 $x^2+y^2<1$，表明左半 w 平面对应于 z 平面单位圆内的区域；

(3) $u > 0$ 等价为 $x^2+y^2>1$，表明右半 w 平面对应于 z 平面单位圆外的区域。

z 平面和 w 平面的这种对应关系，如图 9-20 所示。

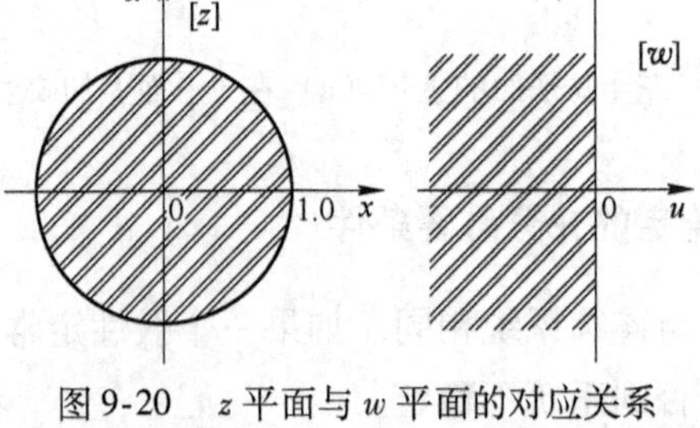

图 9-20 z 平面与 w 平面的对应关系

经过 w 变换之后，判别特征方程 $1+GH(z)=0$ 的所有根是否位于 z 平面上的单位圆内，转换为判别特征方程 $1+GH(w)=0$ 的所有根是否位于左半 w 平面。后一种情况正好与在 s 平面上应用劳斯稳定判据的情况一样，所以根据 w 域中的特征方程系数，可以直接应用劳斯判据判断离散系统的稳定性，称之为 w 域中的劳斯稳定判据。

9.4.3.2 朱利稳定判据

朱利判据是直接在 z 域内应用的稳定判据，朱利判据直接根据离散系统闭环特征方程

$D(z) = 0$ 的系数，判别其根是否位于 z 平面上的单位圆内，从而判断系统是否稳定。

设系统的闭环特征式为

$$D(z) = a_0 + a_1 z + a_2 z^2 + \cdots + a_n z^n \tag{9-35}$$

a_i 为系数，n 为阶次，且有 $a_n > 0$ 。将各系数排成朱利阵列，如表 9-2 所示。

表 9-2 朱利阵列

行数	z^0	z^1	z^2	…	z^{n-k}	…	…	z^{n-1}	z^n
1	a_0	a_1	a_2	…	a_{n-k}	…	…	a_{n-1}	a_n
2	a_n	a_{n-1}	a_{n-2}	…	a_k	…	…	a_1	a_0
3	b_0	b_1	b_2	…	b_{n-k}	…	…	b_{n-1}	—
4	b_{n-1}	b_{n-2}	b_{n-3}	…	b_{k-1}	…	…	b_0	—
5	c_0	c_1	c_2	…	c_{n-k}	…	c_{n-2}	—	—
⋮	⋮	⋮	⋮		⋮		⋮		
$2n-3$	q_0	q_1	q_2	—					
$2n-2$	q_2	q_1	q_0	—					

表 9-2 中 $k = 0,1,\cdots,n$ ，第一行为对应的方程系数。第二行及后面的偶次行的元素，分别为其前一行元素反顺序排列而得到。阵列中各元素定义如下：

$$b_k = \begin{vmatrix} a_0 & a_{n-k} \\ a_n & a_k \end{vmatrix},\ c_k = \begin{vmatrix} b_0 & b_{n-1-k} \\ b_{n-1} & b_k \end{vmatrix},\ \cdots$$

$$q_0 = \begin{vmatrix} p_0 & p_3 \\ p_3 & p_0 \end{vmatrix},\ q_1 = \begin{vmatrix} p_0 & p_2 \\ p_3 & p_1 \end{vmatrix},\ q_2 = \begin{vmatrix} p_0 & p_1 \\ p_3 & p_2 \end{vmatrix}$$

系统稳定的充要条件是：

$$D(1) > 0,\ D(-1)\begin{cases} > 0, n \text{ 为偶数} \\ < 0, n \text{ 为奇数} \end{cases}$$

且满足

$$\left.\begin{aligned} &|a_0| < a_n \\ &|b_0| > |b_{n-1}| \\ &|c_0| > |c_{n-2}| \\ &\qquad\vdots \\ &|q_0| > |q_2| \end{aligned}\right\} \text{共 } n-1 \text{ 个约束条件} \tag{9-36}$$

当上述条件均满足时，系统是稳定的。

对于离散系统而言，采样周期 T 和开环增益都对系统稳定性有影响。当采样周期一定时，加大开环增益会使离散系统的稳定性变差，甚至使系统变得不稳定；当开环增益一定时，采样周期越长，丢失的信息越多，对离散系统的稳定性及动态性能均不利。

思考题及习题

9-1 试求下列函数的 z 变换。

(1) $e(t) = a^{\frac{t}{T}}$ ；

(2) $e(t) = t^2 e^{-3t}$ ；

(3) $E(s) = \frac{1}{(s+2)^2}$ ；

(4) $E(s) = \dfrac{s+3}{s(s+1)(s+2)}$。

9-2 试分别用部分分式法、幂级数法和反演积分法求下列函数的 z 反变换。

(1) $E(z) = \dfrac{10z}{(z-1)(z-2)}$；

(2) $E(z) = \dfrac{-3+z^{-1}}{(1-2z^{-1}+z^{-2})}$。

9-3 试确定下列函数的终值。

(1) $E(z) = \dfrac{Tz^2}{(z-0.5)(z-1)}$；

(2) $E(z) = \dfrac{0.792z^2}{(z-1)(z^2-0.416z+0.208)}$。

9-4 试用 z 变换法求解下列差分方程：

(1) $c(k+2) - 6c(k+1) + 8c(k) = r(k)$

$r(k) = 1(k), c(k) = 0 (k \leqslant 0)$；

(2) $c(k+2) + 2c(k+1) + c(k) = r(k)$

$c(0) = c(T) = 0 \quad r(n) = n \quad (n = 0,1,2,\cdots)$；

(3) $c(k+3) + 6c(k+2) + 11c(k+1) + 6c(k) = 0$

$c(0) = c(1) = 1, c(2) = 0$；

(4) $c(k+2) + 5c(k+1) + 6c(k) = \cos(k\pi/2)$

$c(0) = c(1) = 0$。

9-5 试由以下差分方程确定脉冲传递函数。

$$c(n+2) - (1+e^{-0.5T})\cdot c(n+1) + e^{-0.5T}c(n) = (1-e^{-0.5T})\cdot r(n+1)$$

9-6 试求图 9-21 所示各闭环离散系统的脉冲传递函数 $\Phi(z)$ 或输出 z 变换 $C(z)$。

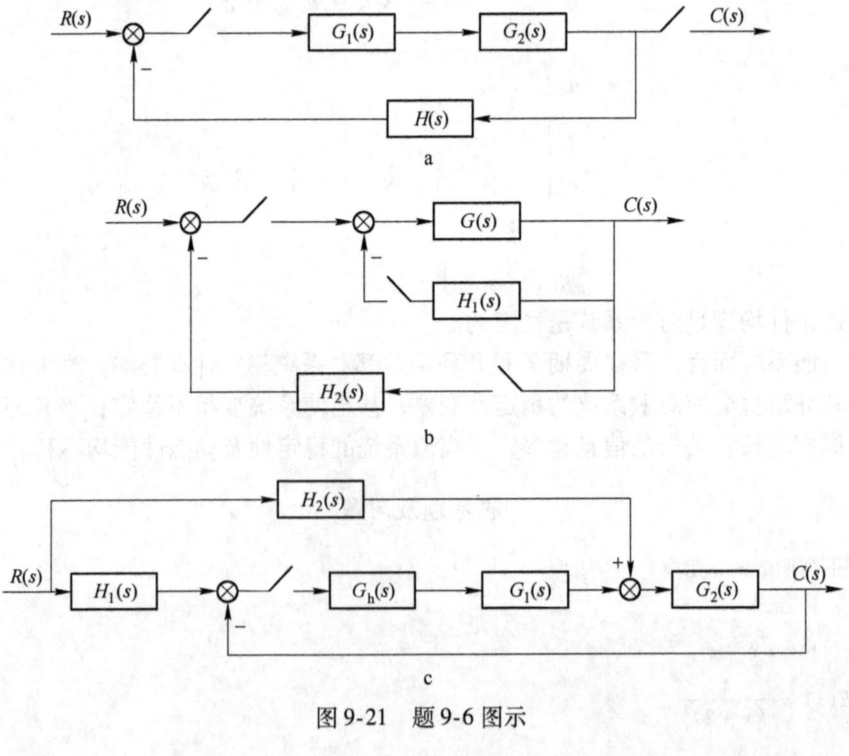

图 9-21 题 9-6 图示

附　　录

附录Ⅰ　拉普拉斯（Laplace）变换

机电控制工程所涉及的数学问题较多，经常要解算一些线性微分方程。按照一般方法解算比较麻烦，如果用拉普拉斯变换求解线性微分方程，可将经典数学中的微积分运算转化为代数运算，又能够单独地表明初始条件的影响，并有变换表可查找，因而是一种较为简便的工程数学方法。

1　拉普拉斯变换的定义

如果有一个以时间 t 为自变量的实变函数 $f(t)$，它的定义域是 $t \geqslant 0$，那么 $f(t)$ 的拉普拉斯变换定义为

$$L[f(t)] = F(s) = \int_0^\infty f(t)e^{-st}dt \tag{1}$$

式中，s 是复变数，$s = \sigma + j\omega$（σ、ω 均为实数）；$\int_0^\infty e^{-st}$ 称为拉普拉斯积分；$F(s)$ 是函数 $f(t)$ 的拉普拉斯变换，它是一个复变函数，通常也称 $F(s)$ 为 $f(t)$ 的象函数，而称 $f(t)$ 为 $F(s)$ 的原函数；L 是表示进行拉普拉斯变换的符号。

式 1 表明：拉氏变换是这样一种变换，即在一定条件下，它能把一实数域中的实变函数变换为一个在复数域内与之等价的复变函数 $F(s)$。

2　几种典型函数的拉氏变换

2.1　单位阶跃函数 $1(t)$ 的拉氏变换

单位阶跃函数是机电控制中最常用的典型输入信号之一，常以它作为评价系统性能的标准输入，这一函数定义为

$$1(t) = \begin{cases} 0 & t < 0 \\ 1 & t \geqslant 0 \end{cases}$$

单位阶跃函数如附图 1 所示，它表示在 $t = 0$ 时刻突然作用于系统一个幅值为 1 的不变量。

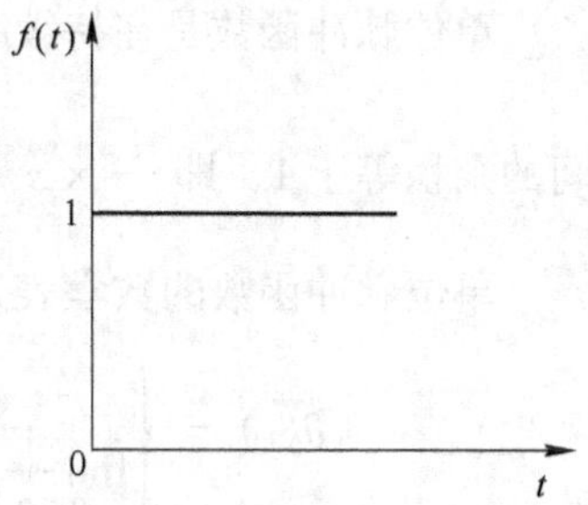

附图 1　单位阶跃函数

单位阶跃函数的拉氏变换式为

$$F(s) = L[1(t)] = \int_0^\infty 1(t)e^{-st}dt = -\frac{1}{s}e^{-st}\Big|_0^\infty$$

当 Re $(s) > 0$，则 $\lim\limits_{t\to\infty} e^{-st} \to 0$

所以　$$F(s) = -\frac{1}{s}e^{-st}\Big|_0^\infty = \left[0 - \left(-\frac{1}{s}\right)\right] = \frac{1}{s} \tag{2}$$

2.2 指数函数$f(t)=\mathrm{e}^{-at}$的拉氏变换

指数函数也是控制理论中经常用到的函数，其中a是常数。

$$F(s)=L[\mathrm{e}^{-at}]=\int_0^{\infty}\mathrm{e}^{-st}\mathrm{e}^{-at}\mathrm{d}t=\int_0^{\infty}\mathrm{e}^{-(a+s)t}\mathrm{d}t$$

令$s_1=s+a$

则与求单位阶跃函数同理，就可求得

$$F(s)=L[\mathrm{e}^{-at}]=\frac{1}{s_1}=\frac{1}{s+a}\tag{3}$$

2.3 正弦函数与余弦函数的拉氏变换

设$f_1(t)=\sin\omega t$，$f_2(t)=\cos\omega t$，则

$$F_1(s)=L[\sin\omega t]=\int_0^{\infty}\sin\omega t\mathrm{e}^{-st}\mathrm{d}t$$

由欧拉公式，有

$$\sin\omega t=\frac{\mathrm{e}^{\mathrm{j}\omega t}-\mathrm{e}^{-\mathrm{j}\omega t}}{2\mathrm{j}}$$

所以

$$\begin{aligned}F_1(s)&=\frac{1}{2\mathrm{j}}\left[\int_0^{\infty}\mathrm{e}^{\mathrm{j}\omega t}\mathrm{e}^{-st}\mathrm{d}t-\int_0^{\infty}\mathrm{e}^{-\mathrm{j}\omega t}\mathrm{e}^{-st}\mathrm{d}t\right]\\&=\frac{1}{2\mathrm{j}}\left[\int_0^{\infty}\mathrm{e}^{-(s-\mathrm{j}\omega)t}\mathrm{d}t-\int_0^{\infty}\mathrm{e}^{-(s+\mathrm{j}\omega)t}\mathrm{d}t\right]\\&=\frac{1}{2\mathrm{j}}\left[-\frac{1}{s-\mathrm{j}\omega}\mathrm{e}^{-(s-\mathrm{j}\omega)t}\Big|_0^{\infty}-\frac{1}{s+\mathrm{j}\omega}\mathrm{e}^{-(s+\mathrm{j}\omega)t}\Big|_0^{\infty}\right]\\&=\frac{1}{2\mathrm{j}}\left[-\frac{1}{s-\mathrm{j}\omega}-\frac{1}{s+\mathrm{j}\omega}\right]=\frac{\omega}{s^2+\omega^2}\end{aligned}\tag{4}$$

同理　　$F_2(s)=L[\cos\omega t]=\dfrac{s}{s^2+\omega^2}$　　(5)

2.4 单位脉冲函数$\delta(t)$的拉氏变换

单位脉冲函数是在持续时间$t=\varepsilon(\varepsilon\to 0)$期间幅值为$\dfrac{1}{\varepsilon}$的矩形波。其幅值和作用时间的乘积等于1，即$\dfrac{1}{\varepsilon}\times\varepsilon=1$，如附图2所示。

单位脉冲函数的数学表达式为

$$\delta(t)=\begin{cases}0 & t<0\text{ 或 }t>\varepsilon\\ \lim\limits_{s\to 0}\dfrac{1}{\varepsilon} & 0<t<\varepsilon\end{cases}$$

单位脉冲函数的重要性质：$\int_{-\infty}^{+\infty}\delta(t)\mathrm{d}t=1$

其拉氏变换式为

$$\Delta(s)=L[\sigma(t)]=\int_0^{\infty}\delta(t)\mathrm{e}^{-st}\mathrm{d}t=\int_{0^-}^{0^+}\delta(t)\mathrm{e}^{-st}\mathrm{d}t=1\tag{6}$$

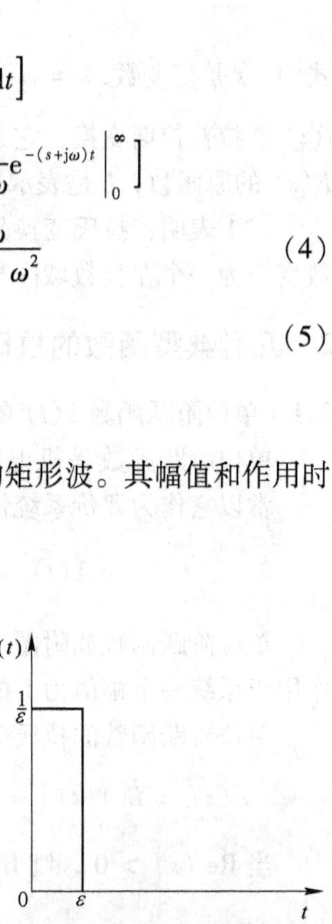

附图2　单位脉冲函数

2.5 单位速度函数的拉氏变换

单位速度函数，又称单位斜坡函数，其数学表达式为

$$f(t) = \begin{cases} 0 & t < 0 \\ 1 & t \geqslant 0 \end{cases}$$

如附图 3 所示。

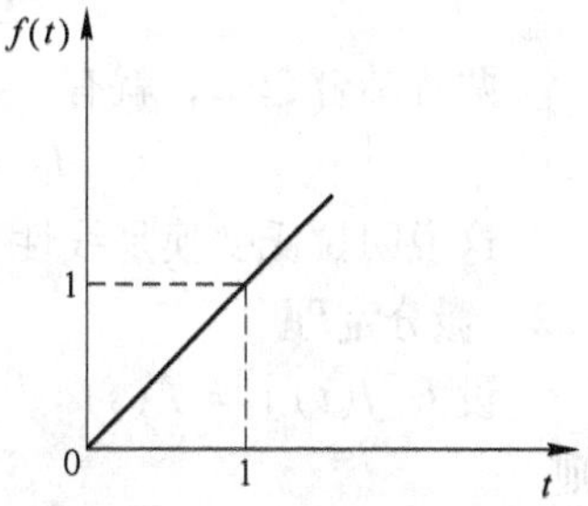

附图 3 单位速度函数

单位速度函数的拉氏变换式为 $F(s) = \int_0^{\infty} t\mathrm{e}^{-st}\mathrm{d}t$

利用分部积分法

$$\int_0^{\infty} u\mathrm{d}v = [uv]_0^{\infty} - \int_0^{\infty} v\mathrm{d}u$$

令

$$t = u \qquad \mathrm{e}^{-st}\mathrm{d}t = \mathrm{d}v$$

则

$$\mathrm{d}t = \mathrm{d}u \qquad v = -\frac{1}{s}\mathrm{e}^{-st}$$

所以

$$F(s) = -\frac{t}{s}\mathrm{e}^{-st}\Big|_0^{\infty} - \int_0^{\infty}\left(-\frac{1}{s}\mathrm{e}^{-st}\right)\mathrm{d}t$$

当 Re（s）>0 时，$\lim\limits_{t\to\infty}\mathrm{e}^{-st}\to 0$，则

$$F(s) = 0 + \frac{1}{s}\int_0^{\infty}\mathrm{e}^{-st}\mathrm{d}t = \frac{1}{s^2} \tag{7}$$

2.6 单位加速度函数的拉氏变换

单位加速度函数的数学表达式为

$$f(t) = \begin{cases} 0 & t < 0 \\ \dfrac{1}{2}t^2 & t \geqslant 0 \end{cases}$$

如附图 4 所示。

其拉氏变换式为

$$F(s) = L\left(\frac{1}{2}t^2\right) = \frac{1}{s^3} \qquad (\mathrm{Re}[s] > 0) \tag{8}$$

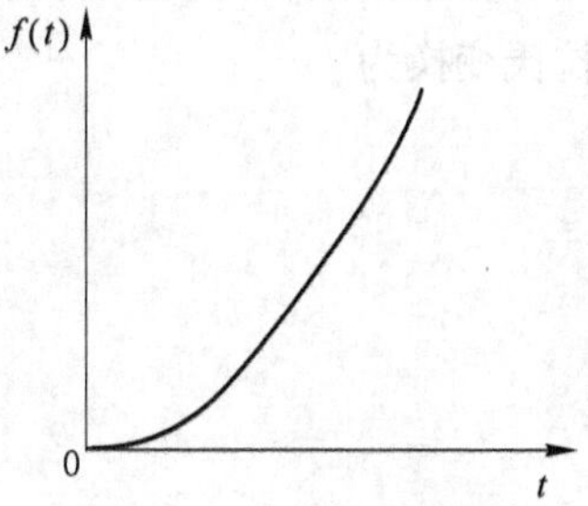

附图 4 单位加速度函数

3 拉氏变换的主要性质

根据拉氏变换定义或查表能对一些标准的函数进行拉氏变换和反变换，但利用以下的定理，则对一般的函数可以使运算简化。

3.1 叠加定理

拉氏变换也服从线性函数的齐次性和叠加性。

（1）齐次性。设 $L[f(t)] = F(s)$，则

$$L[af(t)] = aF(s) \tag{9}$$

式中，a 是常数。

（2）叠加性。设 $L[f_1(t)] = F_1(s)$，$L[f_1(t)] = F_1(s)$，则

$$L[f_1(t) + f_2(t)] = F_1(s) + F_2(s) \tag{10}$$

两者结合起来，就有

$$L[af_1(t) + bf_2(t)] = aF_1(s) + bF_2(s)$$

这说明拉氏变换是线性变换。

3.2 微分定理

设 $L[f(t)] = F(s)$

则

$$L\left[\frac{\mathrm{d}f(t)}{\mathrm{d}t}\right] = sF(s) - f(0)$$

式中 $f(0)$——函数 $f(t)$ 在 $t = 0$ 时刻的值，即初始值。

同样，可得 $f(t)$ 的各阶导数的拉氏变换是

$$\left.\begin{aligned} L\left[\frac{\mathrm{d}^2f(t)}{\mathrm{d}t^2}\right] &= s^2F(s) - sf(0) - f'(0) \\ L\left[\frac{\mathrm{d}^3f(t)}{\mathrm{d}t^3}\right] &= s^3F(s) - s^2f(0) - sf'(0) - f''(0) \\ &\vdots \\ L\left[\frac{\mathrm{d}^nf(t)}{\mathrm{d}t^n}\right] &= s^nF(s) - s^{n-1}f(0) - s^{n-2}f'(0) - \cdots - f^{(n-1)}(0) \end{aligned}\right\} \tag{11}$$

式中 $f'(0), f''(0), \cdots$——原函数各阶导数在 $t = 0$ 时刻的值。

如果函数 $f(t)$ 及其各阶导数的初始值均为零（称为零初始条件），则 $f(t)$ 各阶导数的拉氏变换为

$$\left.\begin{aligned} L[f'(t)] &= sF(s) \\ L[f''(t)] &= s^2F(s) \\ L[f'''(t)] &= s^3F(s) \\ &\vdots \\ L[f^n(t)] &= s^nF(s) \end{aligned}\right\} \tag{12}$$

3.3 复微分定理

若 $f(t)$ 可以进行拉氏变换，则除了在 $F(s)$ 的极点以外，

$$L[tf(t)] = \frac{\mathrm{d}}{\mathrm{d}s}F(s) \tag{13}$$

式中，$F(s) = L[f(t)]$。同样有

$$L[t^2f(t)] = \frac{\mathrm{d}^2}{\mathrm{d}s^2}F(s)$$

一般地，有

$$L[t^nf(t)] = (-1)^n \frac{\mathrm{d}^n}{\mathrm{d}s^n}F(s) \qquad n = 1,2,3,\cdots \tag{14}$$

3.4　积分定理

设 $L[f(t)]=F(s)$，则

$$L\left[\int f(t)\mathrm{d}t\right]=\frac{1}{s}F(s)+\frac{1}{s}f^{(-1)}(0)$$

式中　$f^{(-1)}(0)$——积分 $\int f(t)\mathrm{d}t$ 在 $t=0$ 时刻的值。

当初始条件为零时，

$$L\left[\int f(t)\mathrm{d}t\right]=\frac{1}{s}F(s) \tag{15}$$

对多重积分是

$$L\left[\underbrace{\int\cdots\int}_{n} f(t)(\mathrm{d}t)^n\right]=\frac{1}{s^n}F(s)+\frac{1}{s^n}f^{(-1)}(0)+\cdots+\frac{1}{s}f^{-n}(0) \tag{16}$$

当初始条件为零时，则

$$L\left[\underbrace{\int\cdots\int}_{n} f(t)(\mathrm{d}t)^n\right]=\frac{1}{s^n}F(s) \tag{17}$$

3.5　延迟定理

设 $L[f(t)]=F(s)$ 且 $t<0$ 时，$f(t)=0$，则

$$L[f(t-\tau)]=\mathrm{e}^{-\tau}F(s) \tag{18}$$

函数 $f(t-\tau)$ 为原函数 $f(t)$ 沿时间轴延迟了 τ，如附图 5 所示。

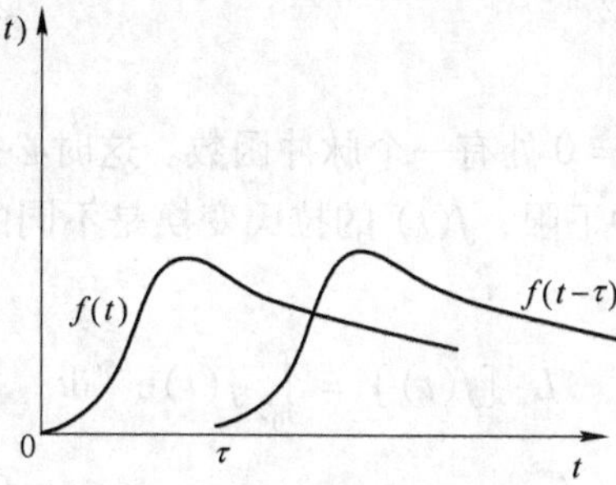

附图 5　函数 $f(t-\tau)$

3.6　位移定理

在控制理论中，经常遇到 $\mathrm{e}^{-at}f(t)$ 一类的函数，它的象函数只需把 s 用 $(s+a)$ 代替即可，这相当于在复数 s 坐标中，有一位移 a。

设 $L[f(t)]=F(s)$，则

$$L[\mathrm{e}^{-at}f(t)]=F(s+a) \tag{19}$$

例如 $\cos\omega t$ 的象函数 $L[\cos\omega t]=\dfrac{s}{s^2+\omega^2}$，则 $\mathrm{e}^{-at}\cos\omega t$ 的象函数为

$$L[\mathrm{e}^{-at}\cos\omega t]=\frac{s+a}{(s+a)^2+\omega^2}$$

3.7　初值定理

它表明原函数在 $t=0$ 时的数值。

$$\lim_{t\to 0}f(t)=\lim_{s\to\infty}sF(s) \tag{20}$$

即原函数的初值等于 s 乘以象函数的终值。

3.8　终值定理

设 $L[f(t)]=F(s)$，并且 $\lim\limits_{t\to\infty}f(t)$ 存在，则

$$\lim_{t\to\infty}f(t)=f(\infty)=\lim_{s\to 0}sF(s) \tag{21}$$

即原函数的终值等于 s 乘以象函数的初值。这一定理对于求瞬态响应的稳态值是很有用的。

3.9　卷积定理

设 $L[f(t)]=F(s)$，$L[g(t)]=G(s)$，则有

$$L[f(t)*g(t)]=F(s)G(s) \tag{22}$$

即两个原函数的卷积分的拉氏变换等于它们象函数的乘积。

式 22 中，$f(t)*g(t)$ 为卷积分的数学表示，定义为

$$f(t)*g(t)=\int_0^t f(t-\tau)g(\tau)\mathrm{d}\tau$$

3.10　时间比例尺的改变

$$L[f(\frac{t}{c})]=cF(cs) \tag{23}$$

式中　c——比例系数。

例如，$f(t)=\mathrm{e}^{-t}$ 的象函数 $L[\mathrm{e}^{-t}]=F(s)=\frac{1}{s+1}$，则 $f(\frac{t}{2})=\mathrm{e}^{-0.5t}$ 的象函数为

$$L[f(\frac{t}{2})]=L[\mathrm{e}^{-0.5t}]=2F(2s)=\frac{2}{2s+1}$$

3.11　拉氏变换的积分下限

在某些情况下，$f(t)$ 在 $t=0$ 处有一个脉冲函数。这时必须明确拉普拉斯积分的下限是 0^- 还是 0^+，因为对于这两种下限，$f(t)$ 的拉氏变换是不同的。为此，可采用如下符号予以区分：

$$L_+[f(t)]=\int_{0+}^{\infty}f(t)\mathrm{e}^{-5t}\mathrm{d}t \tag{24}$$

$$L_-[f(t)]=\int_{0-}^{\infty}f(t)\mathrm{e}^{-5t}\mathrm{d}t=L_+[f(t)]+\int_{0-}^{0+}f(t)\mathrm{e}^{-st}\mathrm{d}t \tag{25}$$

若在 $t=0$ 处 $f(t)$ 包含一个脉冲函数，则

$$L_-[f(t)]\neq L_+[f(t)]$$

因为在这种情况下

$$\int_{0-}^{0+}f(t)\mathrm{e}^{-st}\mathrm{d}t\neq 0$$

显然，如果 $f(t)$ 在 $t=0$ 处没有脉冲函数，则有

$$L_-[f(t)]=L_+[f(t)]$$

4　拉普拉斯反变换

拉普拉斯反变换的公式为

$$f(t)=L^{-1}[F(s)]=\frac{1}{2\pi\mathrm{j}}\int_{c-\mathrm{j}\infty}^{c+\mathrm{j}\infty}F(s)\mathrm{e}^{st}\mathrm{d}s \tag{26}$$

式中　L^{-1}——拉普拉斯反变换的符号。

通常用部分分式展开法将复杂函数展开成有理分式函数之和，然后由拉氏变换表一一查出对应的反变换函数，即得所求的原函数 $f(t)$ 。

4.1　部分分式展开法

在控制理论中，常遇到的象函数是 s 的有理分式（$n \geqslant m$）

$$F(s) = \frac{B(s)}{A(s)} = \frac{b_0 s^m + b_1 s^{m-1} + \cdots + b_{m-1}s + b_m}{a_0 s^n + a_1 s^{n-1} + \cdots + a_{n-1}s + a_n}$$

为了将 $F(s)$ 写成部分分式，首先将 $F(s)$ 的分母因式分解，则有

$$F(s) = \frac{b_0 s^m + b_1 s^{m-1} + \cdots + b_{m-1}s + b_m}{(s+p_1)(s+p_2)\cdots(s+p_n)}$$

式中，$p_1, p_2, \cdots, p_n$ 是 $A(s)$ 的根的负值，称为 $F(s)$ 的极点，按照这些根的性质，可分为以下几种情况来研究。

4.2　$F(s)$ 的极点为各不相同的实数时的拉氏反变换

$$F(s) = \frac{B(s)}{A(s)} = \frac{b_0 s^m + b_1 s^{m-1} + \cdots + b_{m-1}s + b_m}{(s+p_1)(s+p_2)\cdots(s+p_n)}$$

$$= \frac{A_1}{s+p_1} + \frac{A_2}{s+p_2} + \cdots + \frac{A_n}{s+p_n} = \sum_{i=1}^{n} \frac{A_i}{s+p_i} \tag{27}$$

式中，A_i 是待定系数，它是 $s = -p_i$ 处的留数，其求法如下

$$A_i = [F(s)(s+p_i)]_{s=-p_i} \tag{28}$$

再根据拉氏变换的迭加定理，求原函数

$$f(t) = L^{-1}[F(s)] = L^{-1}\left[\sum_{i=1}^{n} \frac{A_i}{s+p_i}\right] = \sum_{i=1}^{n} A_i e^{-p_i t}$$

例 1　求 $F(s) = \dfrac{s^2 - s + 2}{s(s^2 - s - 6)}$ 的原函数。

解：首先将 $F(s)$ 的分母因式分解，则有

$$F(s) = \frac{s^2 - s + 2}{s(s^2 - s - 6)} = \frac{s^2 - s + 2}{s(s-3)(s+2)} = \frac{A_1}{s} + \frac{A_2}{s-3} + \frac{A_3}{s+2}$$

$$A_1 = [F(s)s]_{s=0} = \left[\frac{s^2 - s + 2}{s(s-3)(s+2)}s\right]_{s=0} = -\frac{1}{3}$$

$$A_2 = [F(s)(s-3)]_{s=3} = \left[\frac{s^2 - s + 2}{s(s-3)(s+2)}(s-3)\right]_{s=3} = \frac{8}{15}$$

$$A_3 = [F(s)(s+2)]_{s=-2} = \left[\frac{s^2 - s + 2}{s(s-3)(s+2)}(s+2)\right]_{s=-2} = \frac{4}{5}$$

即得　$F(s) = -\dfrac{1}{3}\dfrac{1}{s} + \dfrac{8}{15}\dfrac{1}{s-3} + \dfrac{4}{5}\dfrac{1}{s+2}$

$$f(t) = L^{-1}[F(s)] = L^{-1}\left[-\frac{1}{3}\frac{1}{s}\right] + L^{-1}\left[\frac{8}{15}\frac{1}{s-3}\right] + L^{-1}\left[\frac{4}{5}\frac{1}{s+2}\right]$$

$$= -\frac{1}{3} + \frac{8}{15}e^{3t} + \frac{4}{5}e^{-2t} \qquad t \geqslant 0$$

4.3　$F(s)$ 含有共轭复数极点时的拉氏反变换

如果 $F(s)$ 有一对共轭复数极点 $-p_1$，$-p_2$，其余极点均为各不相同的实数极点。将 $F(s)$ 展成

$$F(s)=\frac{b_0s^m+b_1s^{m-1}+\cdots+b_{m-1}s+b_m}{(s+p_1)(s+p_2)\cdots(s+p_n)}$$

$$=\frac{A_1s+A_2}{(s+p_1)(s+p_2)}+\frac{A_3}{s+p_3}+\cdots+\frac{A_n}{s+p_n}$$

式中，A_1 和 A_2 可按下式求解

$$[F(s)(s+p_1)(s+p_2)]$$

$$=\left[\frac{A_1s+A_2}{(s+p_1)(s+p_2)}+\frac{A_3}{s+p_3}+\cdots+\frac{A_n}{s+p_n}\right](s+p_1)(s+p_2)\Bigg|_{\substack{s=-p_1\\s=-p_2}}$$

即

$$[F(s)(s+p_1)(s+p_2)]_{\substack{s=-p_1\\s=-p_2}}=[A_1s+A_2]_{\substack{s=-p_1\\s=-p_2}}\tag{29}$$

因为 $-p_1$（或 $-p_2$）是复数，故式29两边都应是复数，令等号两边的实部、虚部分别相等，得两个方程式，联立求解，即得 A_1、A_2 两个常数。

例2　已知 $F(s)=\dfrac{\omega_n^2}{s(s+\xi\omega_n+j\omega_d)(s+\xi\omega_n-j\omega_n)}$，试求其部分分式。

解：因为

$$F(s)=\frac{\omega_n^2}{s(s+\xi\omega_n+j\omega_d)(s+\xi\omega_n-j\omega_n)}\tag{30}$$

含有一对共轭复数极点 $s_1=-\xi\omega_n-j\omega_d$，$s_1=-\xi\omega_n+j\omega_d$ 和一个极点 $s_3=0$，故可将式30因式分解成

$$F(s)=\frac{A_1s+A_2}{s(s+\xi\omega_n+j\omega_d)(s+\xi\omega_n-j\omega_n)}+\frac{A_3}{s}\tag{31}$$

以下求系数 A_1、A_2 和 A_3。

由式30和式31相等，有

$$\frac{\omega_n^2}{s(s+\xi\omega_n+j\omega_d)(s+\xi\omega_n-j\omega_d)}=\frac{A_1s+A_2}{(s+\xi\omega_n+j\omega_d)(s+\xi\omega_n-j\omega_d)}+\frac{A_3}{s}\tag{32}$$

用 $(s+\xi\omega_n+j\omega_d)(s+\xi\omega_n-j\omega_d)$ 乘以上式两边，并令 $s=-\xi\omega_n-j\omega_d$，得到

$$\frac{\omega_n^2}{s}\Big|_{s=-\xi\omega_n-j\omega_d}=A_1s+A_2\Big|_{s=-\xi\omega_n-j\omega_d}$$

$$\frac{\omega_n^2}{-\xi\omega_n-j\omega_d}=A_1(-\xi\omega_n-j\omega_d)s+A_2$$

上式可进一步写成

$$-\xi\omega_n+j\omega_d=-A_1\xi\omega_n+A_2-jA_1\omega_d$$

由上式两边实部和虚部分别相等，可得 $\begin{cases}-\xi\omega_n=-A_1\xi\omega_n+A_2\\ \omega_d=-A_1\omega_d\end{cases}$

联立以上两式，可求得

$$A_1=-1$$

$$A_2=-2\xi\omega_n$$

为了求出系数 A_3，用 s 乘方程32两边，并令 $s=0$，将 $\omega_d=\omega_n\sqrt{1-s^2}$ 代入，得

$$A_3 = \frac{\omega_n^2}{(s+\xi\omega_n+j\omega_d)(s+\xi\omega_n-j\omega_d)}\bigg|_{s=0} = \frac{\omega_n^2}{(\xi\omega_n+j\omega_d)(\xi\omega_n-j\omega_d)} = 1$$

将所求得的 A_1，A_2，A_3 值代入式 31，并整理后得 $F(s)$ 的部分分式

$$F(s) = \frac{1}{s} + \frac{-s-2\xi\omega_n}{(s+\xi\omega_n-j\omega_d)(s+\xi\omega_n-j\omega_n)}$$

$$= \frac{1}{s} - \frac{s+\xi\omega_n}{(s+\xi\omega_n)^2+\omega_d^2} - \frac{\xi\omega_n}{(s+\xi\omega_n)^2+\omega_d^2}$$

查拉氏变换表便得 $L^{-1}[F(s)] = f(t)$。

例 3 已知 $F(s) = \dfrac{s+1}{s(s^2+s+1)}$，求 $f(t)$。

解：将 $F(s)$ 的分母因式分解，得

$$F(s) = \frac{s+1}{s(s+\frac{1}{2}+j\frac{\sqrt{3}}{2})(s+\frac{1}{2}-j\frac{\sqrt{3}}{2})} = \frac{A_0}{s} + \frac{A_1 s + A_2}{s^2+s+1}$$

$$A_0 = \left[\frac{s+1}{s(s^2+s+1)}s\right]_{s=0} = 1$$

$$\left[\frac{s+1}{s(s^2+s+1)}(s^2+s+1)\right]_{s=-\frac{1}{2}-j\frac{3}{2}} = [A_1 s + A_2]_{s=-\frac{1}{2}-j\frac{3}{2}}$$

$$\frac{-\frac{1}{2}-j\frac{3}{2}+1}{-\frac{1}{2}-j\frac{3}{2}} = A_1(-\frac{1}{2}-j\frac{3}{2}) + A_2$$

利用方程两边实部、虚部分别相等得

$$-\frac{1}{2}(A_1+A_2) = \frac{1}{2}$$

$$\frac{\sqrt{3}}{2}(A_1-A_2) = -\frac{\sqrt{3}}{2}$$

解得 $A_1 = -1$，$A_2 = 0$

所以

$$F(s) = \frac{s+1}{s(s^2+s+1)} = \frac{1}{s} - \frac{s}{s^2+s+1}$$

这种形式再作适当变换：

$$F(s) = \frac{1}{s} - \frac{s}{s^2+s+1}$$

$$= \frac{1}{s} - \frac{s}{(s+\frac{1}{2})^2 + (\frac{\sqrt{3}}{2})^2}$$

$$= \frac{1}{s} - \frac{s+\frac{1}{2}}{(s+\frac{1}{2})^2+(\frac{\sqrt{3}}{2})^2} + \frac{\frac{1}{2}}{(s+\frac{1}{2})^2+(\frac{\sqrt{3}}{2})^2}$$

查拉氏变换表得

$$f(t) = 1 - e^{-\frac{1}{2}t}\cos\frac{\sqrt{3}}{2}t + 0.57e^{-\frac{1}{2}t}\sin\frac{\sqrt{3}}{2}t \qquad t \geqslant 0$$

4.4 $F(s)$ 中含有重极点的拉氏反变换

设 $A(s) = 0$ 有 r 个重根，则

$$F(s) = \frac{b_0 s^m + b_1 s^{m-1} + \cdots + b_{m-1}s + b_m}{(s+p_0)^r (s+p_{r+1})\cdots(s+p_n)}$$

将上式展开成部分分式

$$F(s) = \frac{A_{01}}{(s+p_0)^r} + \frac{A_{02}}{(s+p_0)^{r-1}} + \cdots + \frac{A_{0r}}{s+p_0} + \frac{A_{r+1}}{s+p_{r+1}} + \cdots + \frac{A_n}{s+p_n} \tag{33}$$

式中，A_{r+1}，A_{r+2}，…，A_n 的求法与单实数极点情况下相同。

$A_{01}, A_{02}, \cdots, A_{0r}$ 的求法如下：

$$A_{01} = [F(s)(s+p_0)^r]_{s=-r_0}$$

$$A_{02} = \left\{\frac{d}{ds}[F(s)(s+p_0)^r]\right\}_{s=-r_0}$$

$$A_{03} = \frac{1}{2!}\left\{\frac{d^2}{ds^2}[F(s)(s+p_0)^r]\right\}_{s=-r_0}$$

$$\vdots$$

$$A_{0r} = \frac{1}{(r-1)!}\left\{\frac{d^{(r-1)}}{ds^{(r-1)}}[F(s)(s+p_0)^r]\right\}_{s=-r_0}$$

则

$$f(t) = L^{-1}[F(s)] = \left[\frac{A_{01}}{(r-1)!}t^{(r-1)} + \frac{A_{02}}{(r-2)!}t^{(r-2)} + \cdots + A_{0r}\right]e^{-r_0 t} + A_{r+1}e^{-r_{r+1}} + \cdots + A_n e^{-r_n t} \qquad (t \geqslant 0) \tag{34}$$

例 4 设 $F(s) = \dfrac{\omega_n^2}{s(s+\omega_n)^2}$，试求 $F(s)$ 的部分分式。

解： 已知

$$F(s) = \frac{\omega_n^2}{s(s+\omega_n)^2} \tag{35}$$

含有 2 个重极点，可将式 35 的分母因式分解得

$$F(s) = \frac{A_{01}}{(s+\omega_n)^2} + \frac{A_{02}}{(s+\omega_n)} + \frac{A_3}{s} \tag{36}$$

以下求系数 A_{01}、A_{02} 和 A_3。

$$A_{01} = \frac{\omega_n^2}{s(s+\omega_n)^2}(s+\omega_n)^2\bigg|_{s=-\omega_n} = -\omega_n$$

$$A_{02} = \frac{d}{ds}\left[\frac{\omega_n^2}{s(s+\omega_n)^2}(s+\omega_n)^2\right]\bigg|_{s=-\omega_n} = -\frac{\omega_n^2}{s^2}\bigg|_{s=-\omega_n} = -1$$

$$A_3 = \frac{\omega_n^2}{s(s+\omega_n)^2}s\bigg|_{s=0} = 1$$

将所求得的 A_{01}、A_{02} 和 A_3 值代入式 36，即得 $F(s)$ 的部分分式

$$F(s)=\frac{-\omega_n}{(s+\omega_n)^2}+\frac{-1}{s+\omega_n}+\frac{1}{s}$$

查拉氏变换表可得 $L^{-1}[F(s)]=f(t)$ 。

例 5　求 $F(s)=\dfrac{s+3}{(s+2)^2(s+1)}$ 的拉氏反变换。

解：将 $F(s)$ 展开为部分分式

$$F(s)=\frac{A_{01}}{(s+2)^2}+\frac{A_{02}}{(s+2)}+\frac{A_3}{s+1}$$

上式中各项系数为

$$A_{01}=\left[\frac{s+3}{(s+2)^2(s+1)}(s+2)^2\right]\bigg|_{s=-2}=\frac{-2+3}{-2+1}=-1$$

$$A_{02}=\left\{\frac{d}{ds}\left[\frac{s+3}{(s+2)^2(s+1)}(s+2)^2\right]\right\}_{s=-2}$$

$$=\left\{\frac{(s+1)-(s+3)}{(s+1)^2}\right\}\bigg|_{s=-2}=-2$$

$$A_3=\left[\frac{s+3}{(s+2)^2(s+1)}(s+1)\right]\bigg|_{s=-1}=2$$

于是

$$F(s)=\frac{-1}{(s+2)^2}-\frac{2}{(s+2)}+\frac{2}{s+1}$$

查拉氏变换表，得

$$f(t)=-(t+2)e^{-2t}+2e^{-t}\qquad(t\geqslant 0)$$

应当指出，对于在 $F(s)$ 分母中包含有较高阶次多项式的复杂函数，用人工算法进行部分分式展开则相当费时费力。这种情况下，采用 MATLAB 工具就方便多了。

5　应用拉氏变换解线性微分方程

应用拉氏变换解线性微分方程时，采用下列步骤：

（1）对线性微分方程中每一项进行拉氏变换，使微分方程变为 s 的代数方程；

（2）解代数方程，得到有关变量的拉氏变换表达式；

（3）用拉氏反变换得到微分方程的时域解。

整个求解过程如附图 6 所示。

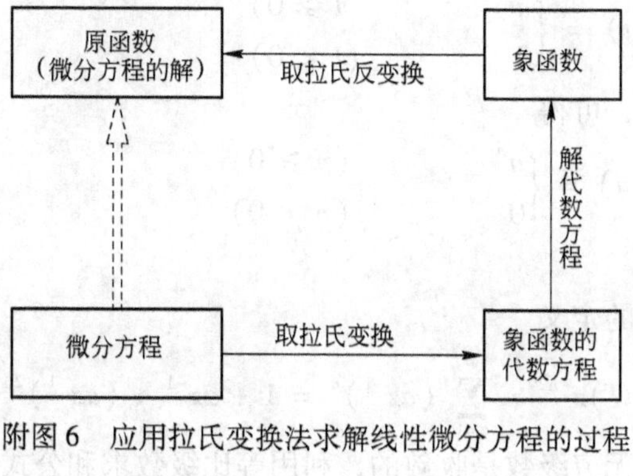

附图 6　应用拉氏变换法求解线性微分方程的过程

附录Ⅱ　z 变换

z 变换是从拉氏变换引申出来的一种变换方法，是研究线性离散系统的重要数学工具。

1　z 变换定义

由式 9－5，采样信号 $e^*(t)$ 的拉氏变换

$$E^*(s) = \sum_{n=0}^{\infty} e(nT)\mathrm{e}^{-nTs} \tag{37}$$

可见 $E^*(s)$ 为 s 的超越函数。为便于应用，进行变量代换

$$z = \mathrm{e}^{sT} \tag{38}$$

将式 38 代入式 37，则采样信号 $e^*(t)$ 的 z 变换定义为

$$E(z) = E^*(s)\big|_{s=\frac{1}{T}\ln z} = \sum_{n=0}^{\infty} e(nT)z^{-n} \tag{39}$$

z 变换定义式 39 变量 z^{-n} 的系数表示连续时间函数在采样时刻 nT 上的采样值。

有时将 $E(z)$ 记为

$$E(z) = Z[e^*(t)] = Z[e(t)] = Z[E(s)] \tag{40}$$

这些都表示对离散信号 $e^*(t)$ 的 z 变换。

2　z 变换方法

常用的 z 变换方法有级数求和法和部分分式法。

2.1　级数求和法

根据 z 变换的定义，将连续信号 $e(t)$ 按周期 T 进行采样，将采样点处的值代入式 39，可得

$$E(z) = e(0) + e(T)z^{-1} + e(2T)z^{-2} + \cdots + e(nT)z^{-n} + \cdots$$

再求出上式的闭合形式，即可求得 $E(z)$ 。

例 6　对连续时间函数

$$e(t) = \begin{cases} a^t & (t \geqslant 0) \\ 0 & (t < 0) \end{cases}$$

按周期 $T = 1$ 进行采样，可得

$$e(n) = \begin{cases} a^n & (n \geqslant 0) \\ 0 & (n < 0) \end{cases}$$

试求 $E(z)$ 。

解：按式 39 z 变换的定义

$$E(z) = \sum_{n=0}^{\infty} e(nT)z^{-n} = \sum_{n=0}^{\infty} (az^{-1})^n = 1 + az^{-1} + (az^{-1})^2 + (az^{-1})^3 + \cdots$$

若 $|z| > |a|$ ，则无穷级数是收敛的，利用等比级数求和公式，可得闭合形式为

$$E(z) = \frac{z}{z-a} \qquad |z| > |a|$$

2.2　部分分式法（查表法）

已知连续信号 $e(t)$ 的拉氏变换 $E(s)$，将 $E(s)$ 展开成部分分式之和，即

$$E(s) = E_1(s) + E_2(s) + \cdots + E_n(s)$$

且每一个部分分式 $E_i(s), i = 1,2,\cdots,n$，都是 z 变换表中所对应的标准函数，其 z 变换即可查表得出

$$E(z) = E_1(z) + E_2(z) + \cdots + E_n(z)$$

例 7　已知连续函数的拉氏变换为

$$E(s) = \frac{s+2}{s^2(s+1)}$$

试求相应的 z 变换 $E(z)$。

解： 将 $E(s)$ 展成部分分式：

$$E(s) = \frac{2}{s^2} - \frac{1}{s} + \frac{1}{s+1}$$

对上式逐项查 z 变换表，可得

$$E(z) = \frac{2Tz}{(z-1)^2} - \frac{z}{z-1} + \frac{z}{z-\mathrm{e}^{-T}} = \frac{(2T+\mathrm{e}^{-T}-1)z^2 + [1-\mathrm{e}^{-T}(2T+1)]z}{(z-1)^2(z-\mathrm{e}^{-T})}$$

3　z 变换的基本定理

3.1　线性定理

若 $E_1(z) = Z[e_1(t)]$，$E_2(z) = Z[e_2(t)]$，a，b 为常数，则

$$Z[ae_1(t) \pm be_2(t)] = aE_1(z) \pm bE_2(z) \tag{41}$$

z 变换是一种线性变换，其变换过程满足齐次性与均匀性。

3.2　实数位移定理

实数位移是指整个采样序列 $e(nT)$ 在时间轴上左右平移若干采样周期，其中向左平移 $e(nT+kT)$ 为超前，向右平移 $e(nT-kT)$ 为滞后。实数位移定理表示如下：

如果函数 $e(t)$ 是可 z 变换的，其 z 变换为 $E(z)$，则有滞后定理

$$Z[e(t-kT)] = z^{-k}E(z) \tag{42}$$

以及超前定理

$$Z[e(t+kT)] = z^{k}\left[E(z) - \sum_{n=0}^{k-1} e(nT)z^{-n}\right] \tag{43}$$

式中，k 为正整数。

实数位移定理的作用相当于拉氏变换中的微分或积分定理。应用实数位移定理，可将描述离散系统的差分方程转换为 z 域的代数方程。

3.3　复数位移定理

如果函数 $e(t)$ 是可 z 变换的，其 z 变换为 $E(z)$，则有

$$Z[a^{\mp bt}e(t)] = E(za^{\pm bT}) \tag{44}$$

3.4 终值定理

如果信号 $e(t)$ 的 z 变换为 $E(z)$，信号序列 $e(nT)$ 为有限值（$n=0, 1, 2, \cdots$），且极限 $\lim\limits_{n\to\infty} e(nT)$ 存在，则信号序列的终值

$$\lim_{n\to\infty} e(nT) = \lim_{z\to 1}(z-1)E(z) \tag{45}$$

在离散系统分析中，常采用终值定理求取系统输出序列的稳态值和系统的稳态误差。

3.5 卷积定理

设 $x(nT)$ 和 $y(nT)$ ，$n = 0,1,2,\cdots$ ，为两个采样信号序列，其离散卷积定义为

$$x(nT) * y(nT) = \sum_{k=0}^{\infty} x(kT)y[(n-k)T] \tag{46}$$

则卷积定理可描述为：
在时域中，若

$$g(nT) = x(nT) * y(nT) \tag{47}$$

则在 z 域中必有

$$G(z) = X(z)Y(z) \tag{48}$$

在离散系统分析中，卷积定理是沟通时域与 z 域的桥梁。利用卷积定理可建立离散系统的脉冲传递函数。

应当注意，z 变换只反映信号在采样点上的信息，而不能描述采样点间信号的状态。因此 z 变换与采样序列对应，而不对应唯一的连续信号。不论什么连续信号，只要采样序列一样，其 z 变换就一样。

4 z 反变换

已知 z 变换表达式 $E(z)$ ，求相应离散序列 $e(nT)$ 的过程，称为 z 反变换，记为

$$e(nT) = Z^{-1}[E(z)] \tag{49}$$

当 $n < 0$ 时，$e(nT) = 0$ ，信号序列 $e(nT)$ 是单边的，对单边序列常用的 z 反变换法有部分分式法，幂级数法和反演积分法。

4.1 部分分式法（查表法）

部分分式法又称查表法，根据已知的 $E(z)$ ，通过查 z 变换表找出相应的 $e^*(t)$ ，或者 $e(nT)$ 。考虑到 z 变换表中，所有 z 变换函数 $E(z)$ 在其分子上都有因子 z ，所以，通常先将 $E(z)/z$ 展成部分分式之和，然后将等式左边分母中的 z 乘到等式右边各分式中，再逐项查表反变换。

4.2 幂级数法

z 变换函数的无穷项级数形式具有鲜明的物理意义。变量 z^{-n} 的系数代表连续时间函数在 nT 时刻上的采样值。若 $E(z)$ 是一个有理分式，则可以直接通过长除法，得到一个无穷项幂级数的展开式。根据 z^{-n} 的系数便可以得出时间序列 $e(nT)$ 的值。

4.3 反演积分法（留数法）

反演积分法又称留数法。在实际问题中遇到的 z 变换函数 $E(z)$ ，除了有理分式外，也可能是超越函数，此时无法应用部分分式法及幂级数法来求 z 反变换，只能采用反演积分法。当然，反演积分法对 $E(z)$ 为有理分式的情形也适用。$E(z)$ 的幂级数展开形式为

$$E(z) = \sum_{n=0}^{\infty} e(nT)z^{-n} \tag{50}$$

设函数 $E(z)z^{n-1}$ 除有限个极点 z_1，z_2，…，z_k 外，在 z 域上是解析的，则有反演积分公式

$$e(nT) = \frac{1}{2\pi j}\oint_{\Gamma} E(z)z^{n-1}\mathrm{d}z = \sum_{i=1}^{k} \mathrm{Re}\,s\left[E(z)z^{n-1}\right]_{z\to z_i} \tag{51}$$

式中，$\mathrm{Re}\,s\left[E(z)z^{n-1}\right]_{z\to z_i}$ 表示函数 $E(z)z^{n-1}$ 在极点 z_i 处的留数，留数计算方法如下：

若 z_i，$i = 0,1,2,\cdots,k$，为单极点，则

$$\mathrm{Re}\,s\left[E(z)z^{n-1}\right]_{z\to z_i} = \lim_{z\to z_i}\left[(z-z_i)E(z)z^{n-1}\right] \tag{52}$$

若 z_i 为 m 阶重极点，则

$$\mathrm{Re}\,s\left[E(z)z^{n-1}\right]_{z\to z_i} = \frac{1}{(m-1)!}\left\{\frac{d^{m-1}}{dz^{m-1}}\left[(z-z_i)^m E(z)z^{n-1}\right]\right\}_{z=z_i}$$

常用函数的拉氏变换和 z 变换表见附表 1。

附表 1　常用函数的拉氏变换和 z 变换表

序　号	拉氏变换 $E(s)$	时间函数 $e(t)$	z 变换 $E(s)$
1	1	$\delta(t)$	1
2	$\frac{1}{1-\mathrm{e}^{-Ts}}$	$\delta_T(t) = \sum_{n=0}^{\infty}\delta(t-nT)$	$\frac{z}{z-1}$
3	$\frac{1}{s}$	$1(t)$	$\frac{z}{z-1}$
4	$\frac{1}{s^2}$	t	$\frac{Tz}{(z-1)^2}$
5	$\frac{1}{s^3}$	$\frac{t^2}{2}$	$\frac{T^2z(z+1)}{2(z-1)^3}$
6	$\frac{1}{s^{n+1}}$	$\frac{t^n}{n!}$	$\lim_{a\to 0}\frac{(-1)^n}{n!}\frac{\partial^n}{\partial a^n}(\frac{z}{z-\mathrm{e}^{-aT}})$
7	$\frac{1}{s+a}$	e^{-at}	$\frac{z}{z-\mathrm{e}^{-aT}}$
8	$\frac{1}{(s+a)^2}$	$t\mathrm{e}^{-at}$	$\frac{Tz\mathrm{e}^{-aT}}{(z-\mathrm{e}^{-aT})^2}$
9	$\frac{a}{s(s+a)}$	$1-\mathrm{e}^{-at}$	$\frac{(1-\mathrm{e}^{-aT})z}{(z-1)(z-\mathrm{e}^{-aT})}$
10	$\frac{b-a}{(s+a)(s+b)}$	$\mathrm{e}^{-at}-\mathrm{e}^{-bt}$	$\frac{z}{z-\mathrm{e}^{-aT}}-\frac{z}{z-\mathrm{e}^{-bT}}$
11	$\frac{\omega}{s^2+\omega^2}$	$\sin\omega t$	$\frac{z\sin\omega T}{z^2-2z\cos\omega T+1}$
12	$\frac{s}{s^2+\omega^2}$	$\cos\omega t$	$\frac{z(z-\cos\omega T)}{z^2-2z\cos\omega T+1}$
13	$\frac{\omega}{(s+a)^2+\omega^2}$	$\mathrm{e}^{-at}\sin\omega t$	$\frac{z\mathrm{e}^{-aT}\sin\omega T}{z^2-2z\mathrm{e}^{-aT}\cos\omega T+\mathrm{e}^{-2aT}}$
14	$\frac{s+a}{(s+a)^2+\omega^2}$	$\mathrm{e}^{-at}\cos\omega t$	$\frac{z^2-z\mathrm{e}^{-aT}\cos\omega T}{z^2-2z\mathrm{e}^{-aT}\cos\omega T+\mathrm{e}^{-2aT}}$
15	$\frac{1}{s-(1/T)\ln a}$	$a^{t/T}$	$\frac{z}{z-a}$

参考文献

[1] 杨叔子，杨克冲．机械工程控制基础［M］．5版．武汉：华中科技大学出版社，2005.
[2] 王益群，孔祥东．控制工程基础［M］．北京：机械工业出版社，2004.
[3] 杨前明，吴炳胜．机械工程控制基础［M］．武汉：华中科技大学出版社，2010.
[4] 胡寿松．自动控制原理［M］.5版．北京：科学出版社，2008.
[5] 董景新，赵长德．控制工程基础［M］．北京：清华大学出版社，2004.
[6] 宋志安，徐瑞银．机械工程控制基础［M］．北京：国防工业出版社，2008.
[7] 姚伯威．控制工程基础［M］．北京：国防工业出版社，2004.
[8] 吴麟．自动控制原理［M］．北京：清华大学出版社，1990.
[9] 钱学森，宋健．工程控制论［M］．北京：机械工业出版社，1980.
[10] 朱骥北．机械工程控制基础［M］．北京：机械工业出版社，2003.

冶金工业出版社部分图书推荐

书　　名	定价(元)
机械工程基础	29.00
机械可靠性设计与应用	20.00
机械安装与维护	22.00
机械设备维修基础	28.00
机械安装实用技术手册	159.00
现代润滑技术	55.00
过程装备力学分析	18.00
画法几何及机械制图习题集（第2版）	18.00
机械制图	30.00
机械电子工程实验教程	29.00
起重运输机械	32.00
微电子机械加工系统（MEMS）技术基础	26.00
电机拖动基础	25.00
可编程序控制器及常用控制电器（第2版）	30.00
机械工程材料	32.00
机械制造工艺及专用夹具设计指导	14.00
工程机械概论	39.00
液压可靠性与故障诊断（第2版）	49.00
CATIA V5R17 高级设计实例教程	35.00
CATIA V5R17 工业设计高级实例教程	39.00
CATIA V5R17 典型机械零件设计手册	42.00
电子皮带秤	30.00
机械振动学	25.00
液力偶合器选型匹配500问	49.00